新编21世纪职业教育精品教材
婴幼儿照护类专业系列教材

婴幼儿
行为观察与指导

主　编／艾桃桃　李玥婧　张文军
副主编／田园园　付红珍　宋木子　陆　瑶　陆丽冕
参　编／秦国梅　周亚云　潘　云　冼心媛　覃小珊
张　筠　李　维　唐　媚

中国人民大学出版社
·北京·

前　言

随着教育民生工程的不断发展与提升，进一步优化了教育生态，支撑了教育高质量发展。党的二十大报告从“实施科教兴国战略，强化现代化建设人才支撑”的高度，对“办好人民满意的教育”作出专门部署，彰显了以人民为中心发展教育的价值追求，为推动教育改革发展指明了方向。这更加需要托育工作者全面提升自己，以高质量发展为主线，以深化教育改革为动力，加快建设教育强国、办好人民满意的教育。

对于专业的托育工作者来说，要履行保育和教育婴幼儿的重要责任，就需要不断地了解婴幼儿。观察是托育工作者了解婴幼儿首要的，也是最重要的手段，是托育工作者从事婴幼儿托育工作的基本方法。观察可以帮助托育工作者更好地了解婴幼儿的兴趣、需要和发展能力，发现婴幼儿之间的个体差异，探究婴幼儿行为背后的意义和原因。

由于 0 ～ 3 岁婴幼儿早期发展观察记录资料相对缺乏，而我国对 0 ～ 3 岁婴幼儿早期发展的关注也不过是近二十年来才开始的，因此针对相关领域的实证研究较少。鉴于以上原因，本书编者团队以学前儿童行为观察为核心，吸收了当前国内外关于 0 ～ 3 岁婴幼儿早期发展的最新理论和研究成果，收集了大量的家庭、幼儿园、早教中心的案例，具有较强的理论性、实践性和应用性。

本书把 0 ～ 3 岁婴幼儿行为观察和 3 ～ 6 岁幼儿行为观察合并在一起，旨在向教学者展示如何更全面地观察、解释婴幼儿的行为，并在此基础上进行有效指导。本书系统地阐述了婴幼儿行为观察的基本概念，全面具体地介绍了观察婴幼儿行为的科学方法和记录方法，比较全面地探讨了对 0 ～ 6 岁婴幼儿进行行为观察的基本理论、基本要求，并提供案例引导学习者结合现状思考和分析问题，培养学习者进行科学的观察记录以及分析解释的能力，使学习者能够敏锐地观察婴幼儿，严谨地分析他们的行为，从而根据婴幼儿相应的发展水平进行适时、适当的指导。

保育和教育的前提是要对婴幼儿进行充分的了解，关注婴幼儿不同发展水平及需要。托育工作者要想真正了解婴幼儿，做好托育工作，就需要利用行为观察的方法、工具进行观察与记录，全面掌握婴幼儿行为观察的要点，从多角度分析婴幼儿某一行为产生的原因，探索和实施这一主题内容下的婴幼儿行为观察与指导。同时，托育工作者要通过实践，反思自己的教育理念和保教行为，感悟和提升自己的教育教学能力，成为反思型教师。

本书比较全面地介绍了对0～6岁婴幼儿进行行为观察与记录的理论知识与实际操作方法，从婴幼儿行为观察与记录的体系出发，在对婴幼儿行为观察进行概述的基础上，分别介绍了婴幼儿行为观察的基本方法、0～3岁婴幼儿生活行为的观察与指导、3～6岁幼儿生活行为的观察与指导等内容，结合具体情境和案例，引导学习者结合当前托幼机构保教工作的现实情境思考和分析问题。因此，本书可以作为教师培训和托幼机构教研活动的指导手册，书中的每个学习模块都可以成为教师培训或教研活动的参考，帮助教学者在活动中观察婴幼儿，根据婴幼儿的表现和需要调整活动，并给予适宜的指导。

本书的主要特点如下：

（1）课程思政，立德树人。

课程思政是落实立德树人根本任务的战略举措，是全面提高人才培养质量的首要任务，是对所有课程的要求，是对新时代教师育人职责的深化与拓展，是对教育理念的发展。本书在教学内容中着重体现了课程思政的引领作用，贯彻党的二十大精神，以建设高质量教育体系为重点，从学生身心特点和思想实际出发，持续深化课程中思想政治理论课改革创新，用习近平新时代中国特色社会主义思想铸魂育人，推进思政课程和课程思政同向同行。在案例中全面贯彻社会主义核心价值观，践行立德树人的根本任务。

（2）案例丰富，理实一体。

全书密切联系0～6岁婴幼儿行为的实际情况，收集了大量婴幼儿行为观察与记录的实际案例，以帮助学习者学习。另外，教学者也可以借助这些实际案例来说明重要的理论问题，帮助学习者加深理解。

（3）设计思路新颖，结构完整。

本书中的每个模块均有学习目标、思维导图、教学导航、工作任务与重点、案例分享与讨论、同步练习、情景任务探索、知识拓展、学习评价与反思等栏目，这些小栏目的设置，使学习者可以在学习之前先了解每一模块的主要内容，然后在学习中有目的地练习与实践，在课后进行复习与思考，最后还可以借助相关资源进行深入的拓展学习，并对学习成果进行评价和反思。

（4）可读性强，方便理解。

在本书撰写过程中，编者为方便学习者学习，尽量将一些较为深奥的理论转化为可读性强的文字，并配以一些图表、照片等具体形象的材料，帮助学习者理解和运用。另外，本书还根据托育工作者实际操作的方便性原则，对进行行为观察与记录的流程做了相应的介绍。

本书由广西幼儿师范高等专科学校的艾桃桃老师、李玥婧老师、张文军教授共同主编和统稿，艾桃桃拟定编写框架和撰写全书提纲。艾桃桃、李玥婧、田园园、付红珍、宋木子、陆瑶、陆丽冕、秦国梅、周亚云、潘云、冼心媛、覃小珊等参与编写工作，张文军教授提供丰富的幼儿园实践案例资源和专业指导统筹，张筠、李维、唐媚提供部分课程资源，宋木子老师协助主编统稿。具体分工如下：模块一由付红珍完成；模块二由陆瑶、冼心媛完成；模块三由周亚云完成；模块四由艾桃桃、宋木子、覃小珊完成；模块五由陆丽冕、艾桃桃完成；模块六由田园园完成；模块七由潘云完成；模块八由李玥婧完成；模块九由秦国梅、艾桃桃完成。

本书为2023年度广西职业教育教学改革研究项目（GXZZJG2023B201）“基于OBE理念SPOC混合式教学在‘婴幼儿行为观察与分析’课程实践研究”的阶段性研究成果；广西幼儿师范高等专科学校2021年12月—2022年12月取得高级职称人员和获得博士学位人员科研项目“‘校企合作’理念下‘婴幼儿家庭教养指导’课程建设研究”（2023GCCR09）阶段性研究成果；广西幼儿师范高等专科学校2019年度工作过程系统化课程专项建设项目“学前儿童心理发展”（GXYZ-XTHKC-3）（重点）的课题研究成果。

本书在编写过程中直接或间接地参考和借鉴了许多有关学前教育研究的最新学术成果、文献资料以及诸多托幼园所一线教育工作者的实践经验总结，在此对这些资料的原作者们一并表示由衷的感谢与深深的敬意。编者希望本书能够成为现在和未来的托育、早教、幼儿保育专业婴幼儿行为观察与指导的理论和实践之间的“桥梁”，帮助教师和学生们不断实现自身的专业发展。

由于编写时间和编写经验有限，书中难免存在不妥之处，敬请广大读者不吝赐教。

编者

2022年4月

目　录

模块一　婴幼儿行为观察概述

学习目标

思政目标：在婴幼儿行为观察中体会工作的乐趣，坚持立德树人的根本任务，培养热爱婴幼儿的情感。

知识目标：了解婴幼儿行为观察的基本理论知识。

能力目标：掌握婴幼儿行为观察的基本方法。

思维导图

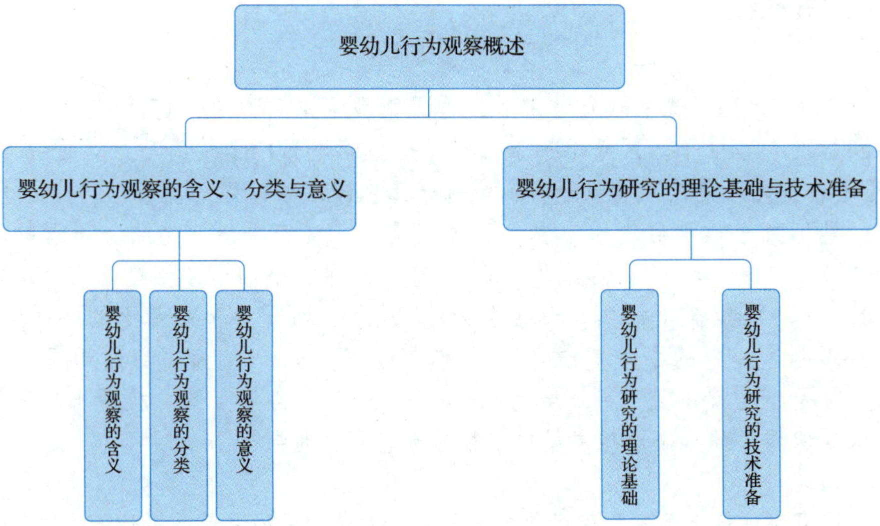

教学导航

0～6岁是人生的开端，是个体发展的早期阶段，也是教育的最基础阶段。心理学、脑科学的研究表明，0～6岁是大脑、语言、精细动作等发育最快、可塑性最强的关键期，遵循0～6岁婴幼儿身心发展的特点与规律，为婴幼儿提供适宜的发展与教育条件，能起到事半功倍的效果。

通过学习本模块，你将了解婴幼儿行为观察的相关知识，掌握婴幼儿行为观察的基本方法和指导策略。

工作任务与重点

本模块主要阐述了婴幼儿行为观察的基础知识。学习者的工作任务包括：了解行为、观察及婴幼儿行为观察的含义、婴幼儿行为观察的意义；掌握婴幼儿行为观察的基本方法和程序；学会运用相关方法对婴幼儿进行观察，记录和分析婴幼儿的相关行为表现，并进行解释评价，给出相应的指导建议。

本模块的重点是掌握婴幼儿行为观察方法，并根据观察记录进行婴幼儿行为分析指导。

案例分享与讨论

上午10:20，鲜果时光结束后，思思跑到水龙头旁边，打开水龙头洗手。我看到她没有卷袖子，两只小袖子正湿哒哒地滴水呢！于是我马上走过去对她说："思思，你是不是忘了卷袖子呀？小袖子正在流泪呢，你知道吗？""知道了。"接着，她把袖子拧干后卷了上去，又继续洗手。洗完手后，她顺势用湿的小手把袖子放了下来。我弯下腰对思思说："思思，你的小袖子又要流眼泪了。你知道为什么吗？"她摇了摇头。我接着说："因为小袖子只喜欢干干的小手来摸它，而思思刚才摸它的小手是湿湿的。"她想了想，说："老师，我用干干的小手摸它，它是不是就不哭了，还会对我笑，是吗？"我点了点头。接着思思就去拿毛巾认真地擦了擦小手。接着她摸了摸袖子，甜甜地笑了。

讨论：

1. 案例中的老师是如何指导思思养成洗手卷袖子和用干手放袖子的好习惯的？
2. 婴幼儿行为观察的方法有哪些？如何在观察的基础上对婴幼儿进行有效指导？

主题 1　婴幼儿行为观察的含义、分类与意义

观察无处不在，无论是对于 3 ～ 6 岁的幼儿，还是对于 0 ～ 3 岁的婴幼儿，观察都有着重要的作用。从呱呱坠地之时起，孩子便无时无刻不在表达他的意愿。学前阶段是婴幼儿发展的关键期，在这个阶段，每个婴幼儿发展的速度都不尽相同，成长环境也各不相同。每个幼儿的发展都是一个持续的过程，对于教育者和保育者来说，观察和记录便显得尤为重要。教育者和保育者必须要了解婴幼儿成长关键期的行为发展特点，学会观察婴幼儿的行为，并能进行记录与解释。

一、婴幼儿行为观察的含义

（一）什么是行为

行为是心理学、教育学中一个非常重要的概念，也是一个复杂的概念。不同的学科对于行为有着不同的定义，本书主要从心理学的角度出发，将行为分为广义的行为和狭义的行为。

1. 广义的行为

从广义来理解时，行为就不局限于可直接观察的外在活动，还包括以观察可见的行为线索间接推知内在的心理活动及心理活动的过程。一个人的动机、态度、思考、情绪等都是行为。本书中的行为采用广义的行为概念。基于这一概念，我们认为，在观察婴幼儿时，教师常常是通过婴幼儿外在的行为表现去推测、解释及验证婴幼儿行为背后的意义。

2. 狭义的行为

从狭义来理解时，行为指的是个人表现在外且能够被直接观察记录或测量的活动。一个人的一言一行、一举一动都是行为，行为是人的基本动作表现，是可以直接被观察或测量的活动。如孩子打人、哭闹等行为。

婴幼儿行为是指婴幼儿所表现出来的一切活动。婴幼儿的行为既有外显行为，如婴幼儿的表情、动作，也有内隐行为，如意识作用、记忆等。对于教育者来说，只有了解这些行为的内在心理表现，才能真正地理解婴幼儿，了解婴幼儿真正的需求，真正促进婴幼儿的发展。

（二）什么是观察

1. 观察的含义

我们每个人都是观察者，我们每天都在进行各种各样的观察。对于教师来说，“观察”

一词并不陌生，但却有着不一样的含义及价值。观察有助于我们进一步了解婴幼儿的发展特点，以便为其提供相应的学习准备，进而促进婴幼儿的发展。

观察是直接了解婴幼儿、研究婴幼儿最有效的办法。教师通过观察了解婴幼儿，不仅可以发现婴幼儿的个别特点，发现婴幼儿的长处和不足，还可以对自己的教育方式进行调整，从而做到因势利导、因材施教，引导婴幼儿全面协调地发展。由此可见，教师的观察对于婴幼儿的成长作用巨大。意大利著名幼儿教育家蒙台梭利曾指出："作为一名教育工作者，应该有一双敏锐的眼睛。"不会观察的教师不是称职的教师。这就要求幼儿教师具有敏锐的观察力，有观察婴幼儿兴趣、爱好的意识，观察婴幼儿需要的是什么，这样才能避免教育工作的盲目性。

究竟什么是真正的观察？我们应该如何理解和把握？从字面上看，"观察"包括"观"与"察"，即"仔细看"和"看明白"，它是一个既看又想的过程。观察不仅是人类感觉器官直接感知事物的过程，也是人类大脑积极思维的过程；不仅是看（听）或者运用感官感受的过程，也是一个看（听）明白、看（听）懂的过程。所以，心理学上把观察看作有目的、有计划、比较持久的知觉。它是以视觉为主，融其他感觉为一体的综合感知，是知觉的一种高级形式。观察中包含着积极的思维活动，因此，人们也把它称为思维的知觉。

从教育学上来说，观察是指观察者制订相关观察计划，通过眼睛等感觉器官不断地发现所要观察的对象的一些动作行为，通过记录和分析发现问题并得出相关结论的一种教育方法及过程。

2. 观察的过程

观察并不是随意的看，是需要借助耳朵、眼睛等感觉器官对所看到的现象进行分析和解释。要进行观察分析，就需要我们进一步了解观察的基本过程。

（1）注意。注意是指心理活动对一定对象的指向和集中，它通过一定的意志将感知觉集中在观察的对象上。观察始于观察者对于某一对象的注意，观察者会看到、听到、感觉到发生的事情等。

（2）焦点与背景。注意将感知觉集中到感知对象上，我们所要观察的内容就会在观察的背景中产生焦点，因此焦点即引起注意的事物——观察的对象。我们所要观察的对象不可能孤立地存在于环境之中，引起观察对象发生某种反应的刺激便是背景，它与观察对象互为依靠而存在。我们通过对焦点与背景的梳理，确定好观察的对象、观察的环境、观察的内容以及观察的方法，为接下来正式开始观察做准备。

（3）客观描述。客观描述是观察者必须具备的能力。客观描述主要是指在进行观察时，尽可能地将自己所看到的一切通过语言描述或文字的形式记录下来，在描述时要尽可能翔实客观地记录，不能加入观察者任何个人的主观猜测、解释和判断。描述的语言更多的是"他（她）……"，而不是"该宝宝……"或者"我认为……"。如："明明抱着皮球下楼了，自己一个人在那里玩皮球，她把球扔出去，又过去把皮球抱回来，又将皮球扔出去，还开心地哈哈大笑起来。"这就是一段客观的语言描述，用客观的语言将婴幼儿的行为描述出来，不加任何个人的主观臆断，仅仅是对现象或行为进行描述。在现实生活中，为了得到更为全面的资料，在观察时也可以借助于仪器设备，如照相机、摄像机等。

（4）主观介入。人的内在动机、情感及价值判断对观察活动的参与即主观介入。虽然观察时保持客观十分重要，但人无法像机器一样完全机械化，且个体的内在动机、情感及价值判断因人而异，因此在观察记录中主观介入是难以避免的。然而，主观介入也并非坏事。因为主观介入可以增强观察动机，并通过分析、归纳、统整、猜测、推理等方法，使客观事实走出琐碎零散的状态。

（5）判断与结论。观察的最后环节就是对观察到的结果进行判断与分析，赋予观察结果一定的意义。根据客观事实及主观想法对观察对象进行解释就是判断。每一次观察都应该有判断，这个判断可能是观察记录中暂时的、有待验证的想法，也可能是最后的结论。判断需要专业的知识与技巧，考虑综合因素得出一定的结论，特别是教师需要提出一些专业的建议给家长，让家长学会如何照顾婴幼儿，保证他们健康地成长。

因此，对婴幼儿的观察过程需要经历注意（事情的起因）、焦点与背景（观察对象）、客观描述（对观察对象行为的描述）、主观介入（观察者主观参与）、判断与结论（结论与建议）这五个步骤。通过这个过程我们就可以确定观察目的与对象、寻找观察方法、整理和分析观察结果，最后提出专业性的建议和策略。

（三）什么是婴幼儿行为观察

婴幼儿行为观察，顾名思义，就是对婴幼儿常见行为的观察，结合前文对“行为”“观察”“观察过程”等的阐释，婴幼儿行为观察的概念可界定为：在自然情境中，观察者有目的、有计划地借助多种感官、仪器、工具收集婴幼儿的信息，进而获得事实资料，最后对婴幼儿行为进行分析、解读与判断的过程。其目的是解读婴幼儿行为，记录客观事实，发现婴幼儿差异。

二、婴幼儿行为观察的分类

（一）正式观察与非正式观察

根据观察过程是否事先确定好具体的观察项目和观察程序，观察可以分为正式观察和非正式观察。

1. 正式观察

正式观察主要是指在预设的目标下，使用相应的工具，设计好观察内容及方式，再进入现场观察的方式。正式观察有以下四个特点：（1）必须预先对要观察的行为做好界定，要预测好什么情境、时间会发生什么类型的行为，并且对行为的后果也要做好相当程度的估计。（2）观察的过程是在一定控制下进行的。（3）要对观察者进行训练，建立观察者信度。(4)采用相对严格、先进的方式，通常以量化的方法分析所得资料，结果比较可靠。

2. 非正式观察

非正式观察主要是指没有提前进行预想就进入现场观察的方式，其收集和分析是参差进行的，欠缺科学性。其优点在于比较灵活；可以进行比较深入的研究，能够发现行为的意义或行为产生的原因，可以说明行为现象的实质；样本少，大多以参与观察为主，在互动的过程中可以帮助被观察者及观察者本人有所成长。其缺点是比较耗费时间和精力，样本少，无法得出普遍性的行为理论。

(二) 参与观察与非参与观察

根据观察者和被观察者的互动关系，观察可以分为参与观察和非参与观察。

1. 参与观察

参与观察主要是指观察者参与到被观察者的活动中来进行的观察。参与观察的主要特点是在与婴幼儿密切的相互接触和直接体验中，观察婴幼儿的行为。其优点在于观察情境比较自然，可以与婴幼儿互动，深入了解一些问题，可以不断调整观察的目标和内容。其缺点是观察结果难以验证，主观性较强，比较费时费力，对观察者的能力要求较高。

在参与观察中，观察者可以参与到婴幼儿的游戏、生活、社交等行为中，通过直接体验和接触婴幼儿，记录婴幼儿的一切表现性行为。当观察者与被观察者彼此之间不熟悉时，观察者可以通过角色扮演等方式加入婴幼儿的活动中去拉近彼此之间的距离，从而获得更为真实客观的资料。但是，在参与观察中，观察者的个人主观判断性太强，被观察者也容易受到观察者的影响，从而大大降低了观察结果的客观性。因此，在参与观察中，观察者既要与被观察者保持良好的关系，又要时刻提醒自己观察者的身份，保持观察资料的客观性。

2. 非参与观察

非参与观察是指观察者不会直接参与到被观察者的相关活动中，完全以局外人的身份进行观察。非参与观察的主要特点是观察的方式可以是公开的，也可以是隐蔽的，可以使用设备辅助进行。其优点是所得结论比较客观，操作比较容易。其缺点在于对观察对象的深入观察比较难，会受到“研究效应”“社会赞许”的影响，同时会受到一些具体条件的限制。

非参与观察相对于参与观察来说，观察者更容易集中注意力，观察的结果更为客观。例如在户外区角活动时，一位老师正在观察孩子之间合作的行为，老师站在孩子的不远处认真地用摄像机记录着孩子的语言、动作等行为，孩子们开心地玩着，根本没有意识到老师正在观察他们。在这样的情境中，孩子们的表现更为真实自然，教师得到的资料也更为客观真实。

（三）描述观察、取样观察和评定观察

根据记录方式的不同，观察可以分为描述观察、取样观察和评定观察。

1. 描述观察

描述观察是指观察者通过语言详细记录、描述婴幼儿连续、完整的行为表现的方法。这种方法的特点是用一段文字详细记录婴幼儿的行为表现。其优点是资料完整、自然、生动；缺点是个案有限、费时费力，难以做到量化分析。常见的描述观察法有日记描述法、轶事记录法、连续记录法、样本描述法。描述观察特别考验观察者的观察能力以及记录能力，需要快速反应和记录，对观察者的能力要求极高。如下例：

观察目的：了解幼儿的手工操作能力

观察对象：点点、小小

性　　别：女

观察时间：2021 年 11 月 28 日

开始时间：8:30　　　　　　　　　　结束时间：9:10

观察地点：幼儿园

观 察 者：李老师

观察方法：轶事记录法

观察记录：

冬天到了，小一班的点点想起了路旁卖糖葫芦的场景，于是今天的区角活动时间她制作起了“冰糖葫芦”。她先在手工区找到一根筷子大小的小棍子，然后穿起珠子来。她先穿了一颗红色的珠子，然后随手拿起一颗黄色的珠子穿了起来，接着又穿了一颗蓝色的方体珠……

小小也是小一班的，她是一个非常喜欢黄色的小女孩。在用珠子给自己制作发饰的过程中，她先选了一颗黄色的圆形珠子，又选了一颗黄色的方形珠子，接着又选了一颗黄色的三角形珠子……她一直挑选黄色的珠子，不管珠子的形状是什么样的。

分析与评估：

点点随意地选取一颗颗珠子，将它们穿成一串“冰糖葫芦”，她注重的不是穿出什么样的“冰糖葫芦”，而是注重穿“冰糖葫芦”的过程，并乐在其中。可以看出孩子们是因为游戏而游戏，在“随意”的动作中表现出了无目的性和无意识性。幼儿的自我意识也在渐渐地形成，就像小小那样，知道自己喜欢什么，不喜欢什么。因为小小喜欢黄色，所以她一直挑选黄色的珠子穿。幼儿从一开始的“碰到什么选什么”到“喜欢什么选什么”再到后期的“需要什么选什么”，从幼儿选材的过程中可以看出幼儿的意识经历了一个有层次的发展过程：渐渐具有了目的意识，即经历了从无意识到意识萌芽，又从泛泛的目的意识到初步构想再到清晰的构想的过程。

指导建议：

虽然小班幼儿的手工操作从大人的角度看往往“不尽如人意”，但随着幼儿年龄的增长，幼儿运用材料创作作品的水平逐步提高。如大班幼儿可运用穿珠材料创作出不同形式的作品（线状、面状和体状），我们要相信幼儿操作和创造的潜能。幼儿手工活动的开展离不开教师的支持与引导：教师要常常提供幼儿活动过程图片、作品图片和作品实物，激发幼儿继续创造的热情；有序地提供适宜的手工材料和辅助材料，创设活动条件，营造活动氛围；开展自主性区域活动、生成性集体教学活动和互动性亲子活动，丰富幼儿经验。

2. 取样观察

取样观察主要是指依据一定的标准选取婴幼儿的一些心理活动和行为表现，对其进行记录，或者在特定的时间内对某种行为进行观察记录的一种方法。其主要特点是不遵循行为发生的顺序，而是按事先选好的顺序进行观察。其优点是因为只对选定的行为进行观察，所以提高了观察的针对性，省时省力，比较适用于群体儿童或大样本观察。其缺点是观察记录的资料不够完整、详细。

取样观察分为时间取样观察和事件取样观察。时间取样观察是指以事先设定好的时间间隔为取样标准，以此来统计预设的行为是否出现以及出现的频率的一种观察方法。时间取样观察适合于观察婴幼儿出现频率较高的一些动作行为，如观察孩子粗大动作的发展、日常生活习惯等。事件取样观察主要运用于观察婴幼儿某种特定的行为，记录事件发生的详细过程以及发生的原因及结果，记录的内容要有一定的连续性，包括从事件的开始一直到结束的所有详细信息。事件取样观察的针对性较强，记录的重点在于事件本身，便于观察者根据记录分析婴幼儿出现某种行为的前因后果。

取样观察要求观察者有极高的专业素养。当观察者在进行取样观察时，应首先确定观察的目的，选取观察对象，确定对应的行为，然后选取某个特定时间段或某个特定的事件，记录被观察者的行为表现频率，最后再进行分析。这种方法需要的前期准备工作较为复杂，但是在观察过程中观察者非常清楚自己需要做哪些事，可以在短时间内获取大量信息。如下例：

观察目的：了解幼儿如厕逗留行为
观察对象：全体幼儿
观察地点：幼儿园
观 察 者：苗老师
观察方法：事件取样观察

日期	逗留发生时间	逗留原因			逗留行为小记
		同伴交谈	玩耍、打闹	观察	
1月13日	晨间活动	√		√	2
1月13日	区域活动		√		1

续表

日期	逗留发生时间	逗留原因			逗留行为小记
		同伴交谈	玩耍、打闹	观察	
1月14日	集体活动		√		1
1月14日	午睡活动			√	1
1月15日	区域活动	√	√		2
1月16日	晨间活动	√			1
1月16日	午餐活动		√		1
1月16日	午睡活动			√	1
1月17日	晨间活动	√	√		2
次数		4	5	3	12

分析与评估：

（1）逗留行为总次数：1月13日—17日五天内，共发生12次逗留行为。

（2）逗留原因：12次逗留行为中，原因为“同伴交谈”的有4次，原因为“玩耍、打闹”的有5次，原因为“观察”的有3次。

（3）以逗留原因发生的时间来分：“同伴交谈”3次发生在晨间活动时，1次发生在区域活动时；“玩耍、打闹”发生在除午睡活动外的其他所有活动中；“观察”1次发生在晨间活动时，2次发生在午睡活动时。

指导建议：

（1）在观察的五天内，幼儿的如厕逗留行为没有大的差别，基本都在2～3次，但每天不同时间段的逗留频率是不一样的。例如：五天内晨间活动的逗留总共出现了5次，其中有3次都是同伴交谈，所以可以理解为孩子们一个晚上没有见面，早上刚到幼儿园时很希望能有和伙伴自由交谈的时间，因此教师在晨间可以给孩子们一段时间进行自由交谈，以满足孩子们渴望交流的心理。

（2）在逗留行为的内容中，“玩耍、打闹”行为基本有可能会出现在除了午睡活动以外的任何一种活动中，分析其原因可能是：幼儿在如厕时感觉可以脱离教师的视线范围，心情格外放松，所以借机会在厕所尽情地玩耍一会儿，有的幼儿会发生打闹行为，但基本都不会是激烈的冲突。因而在面对这样的逗留情况时，在不影响其他活动的前提下，教师可以在注意幼儿如厕安全的同时，不过多地干预孩子的玩耍，给孩子一些自由放松的时间。

（3）午睡时间是个别幼儿在如厕时逗留“观察”的主要时间，因为午睡时厕所没有其他人，很安静，个别不太喜欢睡觉的幼儿就会情不自禁地想多在厕所逗留一会儿，一会儿看看水管，一会儿看看下水道，特别是冲水对幼儿十分有吸引力。其实幼儿感兴趣的是管道设备，喜欢看排水冲便。作为教师，可以给幼儿讲讲冲水的知识，不压抑孩子的求知欲，也能避免孩子在如厕时过多逗留。

3. 评定观察

评定观察是对婴幼儿的行为做出判断的一种方法，用以评定婴幼儿的行为中是否有某种行为或者判断婴幼儿的行为处于什么等级等，行为检核法和等级评定法都属于评定观察方法。评定观察的优点是容易设计和运用，应用性比较广，观察者所需的训练比较少。其缺点是难以掌握评价尺度，容易带有主观偏见，容易造成评定的等级误差，难以分析行为的原因。这种方法一般适用于新教师了解新班级整体婴幼儿的情况，或是家长了解自己孩子的发展是否正常。如下例：

观察目的：了解婴幼儿精细动作发展水平
观察对象：龙龙（36 个月）
性　　别：女
观察时间：2020 年 1 月 12 日
观察地点：幼儿园
观 察 者：李老师
观察方法：等级评定法

精细动作行为表现	评定等级
垒高积木	1　2　3√　4　5
使用筷子	1　2√　3　4　5
涂鸦	1　2　3√　4　5
撕纸	1　2　3√　4　5
粘贴	1　2√　3　4　5
倒水	1　2√　3　4　5

分析与评估：

从上面的案例中我们可以发现龙龙的精细动作发展水平不是很高，使用筷子、粘贴、倒水这些精细动作的发展处于较低水平，能够简单地进行垒高积木和涂鸦，撕纸处于中等发展水平。这说明龙龙的抓握等基本动作发展得还可以，但手指的灵活度还有待提高。

指导建议：

（1）应该多提供一些需要双手配合的材料让龙龙去玩，以锻炼其手指的灵活度以及双手的配合能力。

（2）应该多给予示范和帮助，带领她一起来玩粘贴、涂鸦等游戏，让其体验动作过程，在游戏中促进其精细动作的发展。

（3）作为教师，应该进一步加强家园合作，针对龙龙的发展水平及时与家长交流，告诉家长正确的教养方式，让家长在家里通过一些材料来锻炼婴幼儿的精细动作。

三、婴幼儿行为观察的意义

（一）对婴幼儿的意义

1. 展示已有经验，促进发展

婴幼儿已有经验，是指婴幼儿通过实践已经获得的知识、技能或者是亲身的经历，是婴幼儿通过探索生活和精神世界获得的知识基础及逐步建立积累起的经验，也称作前期经验，包括情感的、社会的、自我意识的等多方面。《幼儿园教育指导纲要（试行）》中指出："教育活动目标要以《幼儿园工作规程》和本《纲要》所提出的各领域目标为指导，结合本班幼儿的发展水平、经验和需要来确定。"教学的目的是促进婴幼儿的发展，因此教学设计要从"师本设计"转变到"生本设计"，关注"为什么学""学什么""怎么学"，而这一系列问题都要基于对婴幼儿已有经验的了解。恰当地运用婴幼儿的原有经验，关注婴幼儿自我经验，需要教师在幼儿园教育活动开始前，通过文字、表格、图画等各种方式，调查、收集婴幼儿获取的已有信息。此时，只有心中已经形成或计划好了婴幼儿可能已有的经验结构，后续教育活动的开展才能达到婴幼儿的"最近发展区"。

2. 加强亲子沟通

语言是人与人之间最有效的情感连接，而对于语言表达能力尚不完善的 0 ～ 3 岁婴幼儿来说，正值对照顾者的依恋发展的高峰期，其与父母之间如何加强情感连接，是每个照顾者都应该考虑的问题。我们通过观察婴幼儿外在行为和内隐行为的表现，对症下药，了解孩子所需，真正做到爱孩子，而与此同时，孩子也会主动与我们建立起一致的情感连接。

（二）对家长的意义

婴幼儿由于语言系统发展不是很完善，特别是 1 岁以前的婴幼儿，基本靠动作、表情等来表达自己的意愿，很多时候家长由于不理解婴幼儿的一些行为，就无法满足婴幼儿的基本需求。比如 1 岁以前的婴幼儿会以自身不同的哭声来表达五种不同的意愿，分别是饿了、拉了、不舒服、困了、生气，如果家长不理解他们的这些哭声表示的意义，就无法正确地满足婴幼儿的需求，导致教养不一致。

1. 了解婴幼儿行为的原因，促进沟通交流

作为婴幼儿的教养者，如果我们不了解其行为的内隐含义，不会观察，就无法深入地与孩子进行沟通，无法理解婴幼儿内心的表达，进而导致对婴幼儿照顾不当。

2. 全面了解婴幼儿发展水平，提供正确的教养支持

0 ～ 6 岁是婴幼儿发展差异极大的一个阶段，其在每一个月都会产生巨大的变化，因此只有通过观察，了解各个阶段婴幼儿已有的发展水平和即将达到的目标，才能给予婴幼儿正确的教养支持，促进其全面发展。

（三）对教师的意义

1. 了解婴幼儿能力发展水平

0～6岁是婴幼儿发展的关键期，只有通过观察，了解婴幼儿各年龄段的特点，找到婴幼儿已有的发展水平，才能进一步提供正确的教养支持，促进他们的发展。

在对婴幼儿行为的观察中，教师不仅仅承担着观察者的角色，也是被观察者中的一员，我们在观察过程中应该不断学习新的观察方法，还要吸收别人好的观察经验，积极与他人交流，要敢于接受同行以及家长的观察，不断改进自己的教学方式，提升自己的教学能力，很好地将理论与实践相结合。

2. 发现个体差异，全面了解婴幼儿学习状况

每一个孩子由于生活环境的不同，其生理及心理的基础也会有所不同，所以婴幼儿个体之间存在很大差异。因此要促进婴幼儿的发展，就必须认真观察，了解每一位婴幼儿行为背后的含义、兴趣、个性及需要等，对其行为进行深入的分析，对不同的幼儿采取不同的教学方式，促进每一位婴幼儿全面健康发展。

3. 增进家园联系

作为婴幼儿的教育者，教师是幼儿园园所和婴幼儿家庭之间的桥梁，教师可以通过专业知识的讲解，让家长进一步成长，并了解自家孩子在园所的发展情况，信任园所，信任教师，进一步增进幼儿园园所与家庭之间的联系。

同步练习

1. 简述什么是观察、什么是行为。

2. 简述婴幼儿行为观察的分类。

3. 简述婴幼儿行为观察的意义。

4. 简述观察的基本过程。

情景任务探索

6 个月的婴儿是否会使用二指捏拿物品

知识拓展

家园合作的建议

主题 2　婴幼儿行为研究的理论基础与技术准备

一、婴幼儿行为研究的理论基础

自 20 世纪 70 年代以来，不同行为研究理论的主张、观点与方法有融合的趋势。研究发现，源自各种理论的诸多方法的综合使用对婴幼儿行为的观察、培养、干预与塑造最为有效。

（一）成熟势力说

成熟势力说的代表人物是格塞尔，他是 20 世纪美国著名儿童心理学家、医生，以研究儿童的行为发展而著名。他最早提出成熟发展理论，其主要观点为：儿童的发展是一个在基因的决定和指引下自然展开的过程，儿童的发展是生物成熟的自然结果。格塞尔将这一基因指导和决定的过程称为成熟。

格塞尔认为，儿童的发展具有以下特性：

（1）成长同一性。在基因指导下成长起来的每个儿童都经历着相同的发展序列，其成长过程是相同的。

（2）个体差异性。在气质和成长风格上，每个儿童都是独一无二的。

（3）成熟决定性。在儿童学习产生之前，有一段准备时期，这是学习和教育发生的前提，在准备好之前所进行的学习和教育不会产生明显的效果。

（4）环境重要性。发展是由遗传决定的，但要想让儿童真正实现自己的发展可能性，就需要一个满意的环境作为支持。

儿童行为发展具有以下原则：

（1）发展方向性原则。儿童机体和动作发展具体表现为由上到下、由中心到边缘、由粗大动作到精细动作。

（2）对称性原则。这指的是人类的身体结构是建立在左右两侧均等的基础之上的对称结构，如耳朵是对称的两只。

（3）相互交织原则。人体的结构和动作是相互对称的，对称的两边需要均衡发展。在发展过程中，某一阶段由某一方面占优势，在另一个阶段又会由另一方面占优势。通过相互交织，达到相互平衡，最终把发展引向整合并达到趋于成熟的高一级水平。

（4）机能不对称原则。这是相互交织原则的一个特例，即不是所有方面的发展都完全平衡，如一般右手比左手灵活。

（5）个体成熟原则。在儿童成熟之后，后天环境和教育的作用才可以有效实施。

（6）自我调节的波动原则。有机体的成长是在趋于稳定的前进与不稳定的前进之间不断波动的。儿童学习新事物呈现出“进两步，退一步，然后再进两步”的发展趋势。

（二）行为主义理论

行为主义理论认为，行为不论适当与否，都是儿童对其所在环境及环境中的人的反应方式。当儿童与同伴及成人互动时，他是在社会情境中学习反应的方式，并学习他人如何回应别人的社会行为。最终，儿童调整自己的行为以配合他人的期待。在行为主义理论看来，适当的行为和问题行为都受环境增强与否的影响。适当的行为如果受到增强则会继续维持；同样的，问题行为如果受到增强也会继续产生。两种行为如果都没有受到增强则都会消除。儿童许多问题行为由于引起他人的注意而持续增强，许多适当的行为则因为受到忽视而中断。

班杜拉（Albert Bandura）所倡导的社会学习理论便秉承了行为主义学派的主张：儿童因观察模仿他人的示范，学习如何对各种不同情境做出反应。观察学习常发生在幼儿园教室中（如儿童因教师和同伴的示范而表现出关心、礼貌等行为），儿童特别喜欢模仿他们所认同的人的行为模式。此外，某些情况（如儿童看到他们的榜样被奖励）会更容易造成儿童对榜样行为的模仿。

行为主义理论认为，儿童出现问题行为是一种正常的情况，是他们有限的社会经验造成的。成人能够用系统的方法，将儿童的问题行为改变为较适当的行为。例如，教师可以通过奖励儿童受欢迎的、适宜的行为来促进其积极行为的养成。还有一种有效促进适当行为的方法是忽视儿童的不适宜行为。当然这有时候难以做到，特别是在不适宜行为会给他人带来伤害的时候，一定不能置之不理。

（三）精神分析理论

精神分析理论源于弗洛伊德（Sigmund Freud）的研究，为讨论儿童为何产生问题行为提供了另一种观点和处理的方法。这一理论强调分析问题行为的根本原因。《儿童：挑战》（*Children：The challenge*）一书的作者德雷克斯（Rudolf Dreikurs）认为，所有的问题行为都源于四类根本的动机之一：希望获得关注；向成人争取权利；想要反对成人；感到无助或无法达到合理的期望。在改变问题行为方面，德雷克斯提倡用鼓励和合理的后果，胜过用奖赏和惩罚。

另一个源于精神分析理论的应用则是埃里克森（Erik Erikson，1963）的心理社会发展阶段理论。根据此理论，成人必须清晰地了解儿童每一个发展阶段的需求，认识到各个发展阶段儿童所要面对的任务。

例如，婴儿期（0～1.5岁）的发展任务是获得信任感，克服不信任感，体验希望的实现。因此，为了发展婴儿的信任感，成人需提供一个一致且充满爱的环境。充足的信任感是建立积极关系和指导的必要基础。儿童早期（1.5～3岁）的发展任务是获得自主感而克服羞怯和疑虑感，体验意志的实现。因此，他们需要许多机会在安全、有爱、合理的环境中练习独立自主。如果无法自立，他们将带着羞愧和怀疑进入下一个阶段。学龄初期（3～6岁）儿童的发展任务是获得主动感，克服罪疚感，体验目的的实现。他们需要在没有成人的责难和批评的环境中试探、满足他们的好奇心，尝试新的冒险；如果失败，则会造成他们的退缩。

精神分析理论给予教师的启示是：当幼儿产生问题行为时要谨慎地检视产生这一行为的原因有哪些。通常情况下，幼儿的问题行为是对他们无法控制或无法了解的情境的回应，如父母的离异、健康问题等。如果成人推测出哪些原因引发了幼儿的问题行为，就能敏锐且有效地处理这些问题。

此外，教师还要考虑儿童心理社会发展阶段。例如，3～6岁儿童追求主动感却会做出违背班级常规的行为，如争抢其他儿童的玩具，高声尖叫，遇到挫折时咬人、打人，或者常常对合理的要求说“不”。教师如果认为儿童的这些行为只是在不成熟地表现主动性，而不是问题行为，就会温和地加以指导，再引导其转向这一行为的积极面。

（四）认知发展理论

皮亚杰（Jean Piaget）提出了儿童认知发展的阶段，以及道德发展的阶段，奠定了认知理论的基础。皮亚杰认为学习就是转变旧的经验、建立新的经验以发展新知识的过程。儿童的学习来自对自己的动作和对自身环境的探究。

皮亚杰提出的建构主义发展观认为，个体的知觉和思考方式是图示，人通过同化与顺应两种方式来达到与环境的平衡。个体出生之后，其认知的发展会经历以下四个阶段：

（1）感知运动阶段（0～2岁）：幼儿运用反射性和自发性动作理解事物，并逐渐获得客体永恒性。

（2）前运算阶段（3～6岁）：幼儿以为自己便是世界的中心，出现泛灵论。此阶段幼儿的思维具有刻板性、不可逆性，没有获得物体守恒的概念。

（3）具体运算阶段（7～11岁）：个体认知显著发展，获得了物体守恒的概念，能用实在的事物进行逻辑思维和演算，能够排列、分类，思维渐渐去集中化，脱离自我中心。

（4）形式运算阶段（11岁后）：个体有了抽象逻辑思维的能力，能够运用符号、文字进行高级的思考，较高的理解能力使得个体可以从多种维度进行思考。

皮亚杰在运用对偶故事法进行实际研究后得出结论，认为道德发展分为以下四个阶段：

（1）前道德阶段（0～2岁）：没有道德意识的阶段。

（2）他律道德阶段（3～6岁）：又称权威阶段。这时的幼儿虽然认识到了规则的存在，但是视理论规则为高高在上的权威。

（3）自律道德阶段（7～12岁）：开始理解规则的真正含义，规则不再被认为是绝对的和不变的。

（4）公正道德阶段（12岁左右）：个体产生良心，并能够引入道德判断的主观责任。

皮亚杰认为，3～6岁儿童处于前运算期，其内心图式的构建需要与外界环境积极互动，需要具体、形象、生动的环境，游戏可以很好地满足这一需求。在多次游戏进行之后，儿童可以逐渐减弱自我中心主义的倾向，获得物体守恒的概念和运算能力，进而可以构建复杂的图式结构，也可以进行符号的复杂表征，儿童的认知就会向高层次的概念、推理、判断发展，进入具体运算期。

皮亚杰的建构主义理论重视物质环境和社会环境对儿童发展的影响，理论中关于儿童游戏、环境对儿童认知结构（图式）发展的作用等，可以让我们对儿童发展有一个全新的认识。在实际的教育工作中，可以将游戏与环境作为观察的重点进行记录，也可以将其视为观察方案中解读儿童的一个重要途径。教师要以归纳、推理培养儿童逻辑思考的能力以及自主性。通过逻辑及推理，教师帮助儿童了解他们的行为对他人的影响，重点在于引导儿童了解他人的权利及感受，而不是对儿童进行惩罚式的训诫或限制。此外，成人要让儿童有机会做决定及体验这些决定的后果。逻辑推理及做决定的机会可以帮助儿童发展自我控制。这样，儿童的动作就会越来越依据内在的统一，而非仅是别人叫他做的事情。

延伸的建构主义理论开始考虑到他人对儿童学习的影响，即社会建构模型。布鲁纳

（Jerome Bruner）提出了“鹰架”（scaffolding）这一概念。他认为家长或其他儿童能够帮助儿童使学习变得更加可操纵——尤其是在儿童学习新东西的时候。例如，在指导孩子解决问题时，让孩子学会通过提问题来解决问题。

（五）社会文化理论

维果斯基的理论也探讨人的心理发展。其提出的社会文化理论认为，儿童是通过与他们所处的环境的互动来进行学习的。儿童在和成人及能力较强的同伴互动时的学习能力和效果要远远优于单独学习。他把儿童自己能够学习的知识和儿童在他人帮助下学习到的知识之间的距离称为最近发展区。他强调提供儿童经验的重要性，要给儿童足够的指导使他们能够学习新的技能。这适用于儿童知觉动作技能（如益智拼图）、大肌肉动作技能（如骑三轮车）和社会技能（如分享）的学习。

（六）人本主义

人本主义的行为研究虽然也关注儿童行为的转变，但其更强调成人对儿童及其行为的引导与支持，成人与儿童间所有的互动必须基于尊重和悦纳。正如人本主义心理学者所主张的：为了帮助儿童建立积极的行为，转变不适宜的行为，成人应在教育教学中创设良好的成人与儿童的关系。因此，教师不应再劝告、说教、引导儿童，而要积极倾听（active listening），将儿童发出的信息返回给他们（例如：“听起来你很生气，因为他们不带你玩。”）。这样的反应提醒成人儿童正在沟通什么；同时，成人应该让儿童自己去解决问题。当成人有问题时，则需用不同的方法，用“我感受如何”（例如：“当我看到积木丢在地上，我担心有人会踩到、滑倒、受伤。”）告诉儿童他们的行为给成人的感受如何。成人要以自己的真情实感真诚地与儿童交往，因为只有在自由、轻松的气氛下，儿童才能心情愉快、活泼开朗，富有兴趣地形成积极的行为。

人本主义理论提醒我们，在指导儿童行为时要给予他们极大的关注和尊重，要仔细倾听幼儿的想法并坦诚地说出自己的感受，不用贬低、羞辱、嘲笑等方法应对幼儿的问题行为。

二、婴幼儿行为研究的技术准备

（一）描述类方法

描述类方法，是指观察者在观察中，用文字或是音频、视频等方式记录下婴幼儿身心变化发展过程，再对观察记录进行研究的方法类别。描述类方法具体的有日记法、轶事记录法、实况详录法和样本描述法。

1. 日记法

（1）日记法概述。

日记法是研究儿童最古老、最常使用的方法。它是在对同一个或同一组儿童长期反复的观察过程中，以日记的形式对儿童的行为表现进行描述的方法。这是一种纵向的个案研究方法，着重记录儿童在较长时期内所出现的新行为，记录其发展变化过程中具有里程碑意义的事件，如幼儿叫出第一声爸爸妈妈、第一次爬行等。日记法常用于研究儿童的成长和发展过程，因此又被称为“儿童传记法”。

在教育观察的发展历史中，有许多著名的教育家都曾采用过日记法进行婴幼儿发展的研究。国外最早使用这一方法的是裴斯泰洛奇，他在 1774 年完成了《一个父亲的日记》，记录了他对自己孩子长达 3 年的观察过程。皮亚杰也用日记法描述了自己女儿的认知发展过程，成为其认知发展理论的重要基础，并出版著作《儿童心理学》。著名的心理学家普莱尔对自己的儿子进行了长期的科学观察，并以日记方式加以详细记录，在此基础上于 1882 年完成了世界上第一本儿童心理学教科书《儿童心理的发展》。在我国，最早采用日记法开展研究的是著名的儿童教育家陈鹤琴先生。他以自己的儿子陈一鸣为观察对象，从其出生开始，进行了长达 808 天的“实地考察、实地试验”，在大量原始资料的基础上，于 1925 年出版了中国幼儿心理学著作《儿童心理之研究》。

依据日记法记录内容维度的单一性与多样性，可以将其分为两类：主题性日记与综合性日记。主题性日记主要记录的是幼儿发展过程中某一方面所出现的所有新行为。例如，记录婴幼儿成长过程中语言发展的主题日记，它仅对婴幼儿语言发展领域新出现的“咿呀”发音、“我要买这个娃娃”需求的提出等特定行为进行记录，而不涉及婴幼儿动作发展或婴幼儿认知发展。而综合性日记则全面综合地记录婴幼儿在成长过程中多方面的行为表现，着重记录其发展过程中新的、具有里程碑意义的事件。例如，家长为了记录婴幼儿的成长历程用于纪念，会依照婴幼儿发展的时间线索记录婴幼儿在各个方面的表现，可能记录“幼儿能够自己拿勺子了”“幼儿能够自主地用勺子给自己盛汤喝了”“幼儿能够用勺子给妈妈盛汤喝了”，这涉及了动作发展、认知发展及品德发展等多个维度。

（2）日记法的实际运用。

在实际的婴幼儿观察中如何使用日记法呢？以下展示的是陈鹤琴先生的日记记录。

陈鹤琴的日记记录法

一鸣到了第十个月的时候，一听见人唱歌，也就作唱歌的声调。到了第 54 个星期的时候，看见他堂兄读书，他也要读书，看见他堂兄写字，他一定要写字，你不给他读不给他写，他就要哭。

2. 轶事记录法

（1）轶事记录法概述。

轶事记录法是自然观察中最容易使用的一种观察记录方法，可以不受时间和地点的限制，也不要求对观察对象连续跟踪观察，观察者可以随时随地地记录对自己有价值和有意义的事情。轶事是指有趣的事情，是从观察者的视角选取的，只要是观察者认为重要的或觉得有价值的或有兴趣的事情都可以记录下来。因为它简单方便且可以事后记录，所以应用非常广泛。

（2）轶事记录法的实际运用。

轶事记录法：了解婴幼儿不愿意画画的原因

轶事记录法常常用于记录儿童发展过程中观察者认为有价值、有意义的典型事件或行为表现，可以帮助观察者深入了解幼儿发展状况，便于分析婴幼儿，进一步提出指导建议。轶事记录法使用方便简单，能够及时记录婴幼儿的偶发事件，完整展现幼儿的真实情况。

3. 实况详录法

（1）实况详录法概述。

实况详录法是指观察者在一段时间内持续不断地、尽可能地记录被观察者所有的行为动作表现，然后进行分析的一种方法。记录的内容包括被观察者与其他人互动时的言行举止，以及被观察者所处的环境、背景等。实况详录法的资料是原始的、未被加工的。它是详细、如实地进行记录的观察方法，不是像个案式地纵向展开，又比轶事记录法记录得更加客观与详尽。

具体而言，实况详录法需要对观察时间内的所有事件一一进行记录，发生什么就记录什么，不可遗漏，文字叙述应当与发生的事件完全对应，不遗漏任何一个细节，包括被观察者的动作、神情，发生地点的细节叙述，事件的起因、经过和结果等。观察记录时不是以观察者主观判断事件重要与否为是否记录的标准，而是以观察到的事件是否发生为考量，只要是与观察对象有关的言行和环境都要被如实表述，要将观察到的内容原原本本记录下来。所以实况详录法可以保存大量的原始数据资料，具有非常大的开放性，可以提供婴幼儿行为的具体描述，展现真实、自然的事件场景，并且能更好地表现幼儿的个性和行为风格等。这也就体现了实况详录法的永久性保存价值。

实况详录法记录的资料详尽可靠，不会产生如轶事记录法的歧义偏差，因此它不仅可以为观察提供材料，还可以作为不同目的研究的原始资料，既可以用于多次、多方面的婴幼儿发展定性或定量分析，也可以用于观察个体日后的发展水平、发展速度等，以进行内部差异化对比，还可以将这些记录进行解析后用于婴幼儿发展的多个维度的常模研究，对深入研究婴幼儿有巨大帮助。

（2）实况详录法的实际运用。

在幼儿园等教育机构中，教师要观察儿童的自主进餐行为，就可以使用实况详录法。

首先，选择一次完整的活动进行观察。观察时间应适当，不宜过长或过短，时间过长观察者容易疲劳，时间过短观察到的资料太少。如有特殊需要，可以适当延长观察时间。但相应地，应该安排两组观察者轮流进行观察。

其次，选择适合的观察记录方式。实况详录法要求所记录的情况详尽、真实、有序，不能掺有观察者主观的评价、推测或者解释。如果采用人工手记，对记录者的要求比较高，且真实性会打折扣。因此，最好可以借助摄像机、录音笔等现代化教学设备，把教学时间内的现场实况完整地摄录下来，事后研究人员可以反复地观察研究。如果条件允许，可以使用两台或两台以上摄像机从不同的角度同时进行拍摄，以全面观察对象的动作、语言、表情等。若暂时不具备摄录条件，则可以选择多位观察者分工合作，事后进行统一的归纳整理。

实况详录法：从不吃到自主进餐的变化（节选）

最后，对观察记录所得资料进行评析，分析是否收集到了所需要的材料，如果观察所得的资料不足或未满足预期，则可以进行多次实况记录观察。

4. 样本描述法

（1）样本描述法概述。

样本描述法是指对观察到的行为和场景进行详细、持续描述的一种描述类观察方法。在进行观察之前，要求观察者确定好一些既定的标准，据此记录所观察到的事件及行为状况。

和实况详录法类似的是，样本描述法也要对观察对象的行为、观察的场景和事件发展进行记录，但两者又有以下区别：

首先，样本描述法需要有比较精确的细节部分的记录。教师运用样本描述法对儿童进行观察记录时，必须找出一段时间（5～30分钟），在这段时间内不受干扰地进行观察和记录，而不能像实况详录法那样，在当时仅仅记录一些重点，等观察结束后，再根据记录的重点加以扩展。

其次，与实况详录法随意、快捷不同，样本描述法是描述类观察法中唯一的结构性观察方法，需要观察者提前制订计划，确定要观察婴幼儿的哪一方面或几方面，比如是语言的发展还是动作的发展。样本描述法只观察记录既定目标之内的发展维度情况。

最后，样本描述法是非参与性观察。幼儿园教师在使用这一方法时应该尽量避免引起幼儿对自己的关注，以免影响观察结果。

总的来说，样本描述法不同于之前三种描述类方法的随意和便捷，它有一个固定的记录模式，对场景、行为等的文字描述都要按照一定的顺序。它所记录的内容具有计划性，主观色彩较少。

样本描述法：样本描述观察记录

（2）样本描述法的实际运用。

样本描述法需要详细记录，有严格的细节和既定标准，还有清晰明确的写作格式，有利于初学者学习。

（二）抽样类方法

现实中，描述类方法在运用时需要投入大量的时间和精力进行文字记录工作，并且记录中可能存在疏忽和偏差，而且收集到的数据可能不具有针对性。因此，实际工作中还需要一种有选择性地进行观察记录的方法。

抽样，是指在进行观察之前，确定好观察标准，再抽取一部分对象作为观察样本，记录并分析样本的情况，由此推论总体数据的情况。它需要观察者先进行观察方案设计，确定一个预设的观察目标，据此观察记录次数、时间或场景。相较于描述法记录的详细与具体而言，抽样类方法更偏向于记录某一时间段内观察的大量对象，进行简化记录，标记所得数据，由此进行总体情况的推算。在实际使用之中，抽样类有两种常用的具体方法：时间取样法和事件取样法。

1. 时间取样法

（1）时间取样法概述。

时间取样法是指观察者以一定的时间间隔为取样标准，专门观察和记录儿童在特定的时间范围内所发生的特定行为表现以及相关事件的一种方法。

第一，特定指的是预先确定。例如，观察者想要研究集体活动中幼儿不专注的行为，这就是指要观察在集体活动这一时间跨度内幼儿不专注这一行为，具体而言就是指观察幼儿在集体活动中是否出现不专注行为及出现的频次。

第二，时间间隔指的是观察者以一定的时间单位来记录若干可以量化的行为。例如，观察者想要了解幼儿在园的进餐情况，就可以选择在幼儿园一日三餐的时间点进行观察，每天一次或是多次，每次在规定时间（半个小时）内划定时间单位（如每 4 分钟）记录某些行为出现的次数或者发生的情况。

第三，时间间隔的划分方法一般分为两种：规律性的和随机的。比如，教师观察幼儿在区域活动中的攻击性行为发生频次情况，确定每 7 分钟进行一次观察并记录，这就是规律性的时间间隔划分。当然，教师也可以随机地进行观察记录，不用选择确定的时间间隔。

该方法适用于观察记录那些经常出现的、容易被观察到的行为，偶尔发生的或者内隐的行为不适宜用此方法进行研究。

（2）时间取样法的实际运用。

接下来我们结合具体案例学习时间取样法。

时间取样法：注意力不集中行为观察

观察者：　　　　　　　　　　观察日期：

编号	姓名	各时距观察时间	行为类别				各行为类别次数统计	备注
			第一轮 10:00—10:10	第二轮 10:10—10:20	第三轮 10:20—10:30	第四轮 10:30—10:40		
1		10:00	A					
		10:10		B				

续表

编号	姓名	各时距观察时间	行为类别				各行为类别次数统计	备注
			第一轮 10:00—10:10	第二轮 10:10—10:20	第三轮 10:20—10:30	第四轮 10:30—10:40		
		10:20			C			
		10:30						
2		10:00	A					
		10:10		B				
		10:20			C			
		10:30						
…	…	…						

说明：注意力不集中行为类别代码：东张西望—A；从事不相干活动—B；离开位置—C。

时间取样法：时间取样法的步骤

从案例可以看出，时间取样包含了两个重点：第一，寻找目标对象行为中某些特定的行为，或是具有代表性的和典型的行为；第二，代表性行为也只局限于特定的时间间隔内。

2. 事件取样法

（1）事件取样法概述。

事件取样法是指有针对性地观察预先确定的行为表现或者事件并记录其完整过程的方法。

它需要预先确定某个或某些行为表现或者事件作为观察对象，再根据对其的专门观察和完整记录推断一般的行为表现。其核心是事件，即事先确定的行为或事件。

运用事件取样法进行观察，观察者必须等待所选行为表现或者事件出现之后才能进行记录。因此，观察者首先必须明确观察目的，了解观察对象的一般状况。同时，要具备相当的耐心，以便在最适合的时间和场合进行观察和记录。记录时不仅仅要记录行为表现或者事件本身，还应该把行为或事件发生的背景情况及前因后果完整地记录下来。

与时间取样法相比，二者都是记事，却有不同之处。时间取样法是严格划定好时间，在规定的时间段内进行观察和记录；而事件取样法则不受时间的限制，一旦确定的行为表现或事件出现便开始观察和记录。此外，时间取样法侧重记录在规定时间段内预先设定的行为或事件是否出现、出现的次数及持续的时间；而事件取样法则侧重记录特定行为表现或者事件的特点及发生的全部过程，包括背景条件及前因后果。与时间取样法相同的是，事件取样法可以事先计划和安排，在有准备的情况下获取有代表性的观察结果，它可以在一定程度上保持行为表现或事件记录的连续性和完整性，也可以对行为的频率、持续时长、因果关系和事件程度进行具体记录。因此，它多运用于相对比较广泛且经常出现的行为表现或者事件的观察，也是教育工作者常常使用的一种观察记录方法。

（2）事件取样法的实际运用。

运用事件取样法的典型案例是美国科学家霍尔·戴维进行的一项关于学前儿童争执行为的研究。他选择了保育学校中幼儿的争执行为作为观察目标，在幼儿自由活动时间内观察自发的争执事件，并进行完整的描述与记录。

事件取样法：老鼠也是有颜色的

（三）评定的方法

描述类方法需要大量的文字记录；抽样类方法虽然节约了文字的使用，但是其统计与整理较为困难，因而在实际使用时可以用一种更为简单的方法进行观察记录，这类方法评定类方法。具体而言，评定类方法可分为行为检核法与等级评定法，在实施观察时仅需要观察者依据观察情况做出判断、评定即可。

1. 行为检核法

（1）行为检核法概述。

行为检核法又称清单法或者核查清单法，是指观察者根据一定的观察目的，事先拟定所需要观察的项目，并将它们排列成清单式的表格，然后通过观察，根据检核表内容逐一检视儿童行为出现与否的一种观察与记录方法。

行为检核表一般包括两部分。第一部分是静态的描述内容，指观察对象及情境中具有稳定性的项目，如年龄、性别、观察时间等。第二部分是行为检核项目，也是观察的重点，即列出所要观察内容的重要项目，列出重要项目之后，需要逐一分项列出可观察到的具体行为，然后按照逻辑对细化后的行为指标进行组织整理。观察者可以按照习惯、观察计划、幼儿活动特点或行为的难易程度等多种标准对项目进行排列。使用行为检核表的关键在于使用前要制订周密和详细的计划。该方法可以与描述法、取样法等方法共同使用。其观察目的明确、省时省力、简便易行，教师可以根据实际情况自制行为检核表，进行标准参照测试，也可以采用已有的标准化行为检核表对本校、本班学生进行测试，然后将结果与常模进行比对。但是，这种方法只是判定一定的行为是否出现，它不保留原始实况，不能提供关于行为表现的实质材料，包括一些背景资料和行为表现的全部状况。

（2）行为检核法的实际运用。

在实际使用中，行为检核法能否顺利实施，关键在于所编制的行为检核表是否合理。在编制行为检核表时应注意以下几点：观察者需要明确观察目标；熟知观察记录的行为项目，所列的行为项目应尽量完整全面，防止出现遗漏；选择统一的记录方式；项目的排列应按照一定的逻辑，体现严谨的观察态度；选择适宜的观察地点或情境；观察时保持客观，避免偏见。具体如下：

首先，研究者应从研究的目的出发，列出需要观察和评定的主要内容及其行为表现，即所研究的问题包括了哪些内容，每项内容包含了哪几方面的行为表现。例如，研究婴幼儿与教师的互动，观察项目就包括教师对幼儿提出要求、教师安抚幼儿情绪、婴幼儿寻求教师帮助、婴幼儿向教师提出问题等。

其次，将主要内容分解为可观察和评定的具体项目，即各方面的详细表现。例如："对几何形体的认识"就可以分解成"是否能按要求正确指认下列图形：圆形、正方形、长方形、三角形"等。

最后，将分解出的具体项目按照一定的逻辑顺序排列，制作行为检核表，可以按照项目完成的难易程度或者项目首字母的顺序进行排列。

行为检核法非常实用，经常被用于幼儿园等教育机构观察之中，婴幼儿教师仅需要依据行为进行标记，不用详细记录场景、时间等内容。这一方法常用于记录儿童的发展状况，体现出非常强的测试性。此外，运用行为检核法时，不需要记录实际发生情况的原始资料，不涉及"事件起因""事件结果"，只依照表格记录是否发生了预定的行为即可，是一种封闭的记录方法。这也体现了行为检核法极强的选择性，仅仅记录关于观察目的的行为，在操作时可以节约大量的时间和精力。行为检核法可以用来评价儿童身心各个方面的发展状况，也可以用来测量教育干预后的效果，操作十分方便，可行性非常强，可以用于幼儿园一日活动的观察记录、区角活动信息记录、课程改进计划等。

行为检核法：幼儿教师的互动记录

2. 等级评定法

（1）等级评定法概述。

与行为检核法相似，等级评定法关注的也是儿童所出现的一些特定的行为表现。不同的是，等级评定法是指观察者在对儿童进行观察后，对其行为表现所达到的水平进行评定，并对其行为质量的高低进行量化判断的一种方法。在等级评定法中，观察者不仅可以用等级量表来评定儿童是否有某些行为表现，而且可以将行为表现按其完成程度划分等级，评价其质量和水平。这就有效弥补了行为检核法的缺陷，可以记录行为的水平、发生频率等情况。

等级评定法在使用时可以不进行现场直接记录，可以在观察之后，依据观察者的印象快速回忆，对观察行为进行记录。当然，在实际使用时，一边观察一边记录可以有效保证其真实性。等级评定法侧重于对观察到的实际情况进行评估，它的使用价值很大程度上也依托于评定标准的制定，要对评定内容、人物、场景等的具体数值、图形等进行预设。所以，等级评定法也是封闭性的，在实际使用中需要观察记录人员对观察对象行为程度进行主观的判断，对使用者有一定的要求。观察者要按照表格进行记录，做到客观公正，不要将个人的偏见和先入为主的观念带入研究。等级评定表可以分为数字等级量表、图形量表等，都是等级评定法中较为常用的工具。

（2）等级评定法的实际运用。

在实际运用中，多用等级评定表将观察的信息数量化，对行为表现的质量做出判断和评价。评定时可以用等级（如优、中、差）、数字（如1、2、3、4、5）或字母（如A、B、C、D）来表示不同的水平，也可以用有间隔等级的文字进行描述，如合格、基本合格、不合格或者反应极快、反应一般、反应很慢、无反应等。评定时可以当场评定，也可以在观察结束之后根据印象进行评定。评定之前应对各种等级的具体标准指标做出明确的规定，避免标准模糊不清造成的研究误差。评定时应由不同观察者同时进行，以保证观察和评定的准确性和一致性。

等级评定法：幼儿区角活动评定表

同步练习

1. 简述皮亚杰的认知发展理论。

2. 试论述维果斯基社会文化理论的观点。

3. 简述人本主义的观点。

4. 婴幼儿行为研究需要哪些技术准备？

情景任务探索

观察幼儿认知发展的状况

知识拓展

婴幼儿行为观察实施的一般程序

幼儿观察中儿童发展理论的价值

学习评价与反思

学习情况评价表

姓名：________　　　　学号：________

评价项目		评价标准	状态水平描述		
			自我评价	小组评价	教师评价
学习内容评价	基础知识	是否了解行为、观察及行为观察的含义			
		是否了解婴幼儿行为观察的分类及观察记录的方法			
		是否了解幼儿观察的基本程序			
		能否对幼儿活动进行科学客观的解释和分析			
	技能表现	能否运用一种观察方法进行观察记录			
		能否对观察记录进行分析解读			
		能否用婴幼儿行为研究理论进行指导			
		能否根据所学知识及案例对幼儿的实际情况进行观察分析			

续表

<table>
<tr><th colspan="2" rowspan="2">评价项目</th><th rowspan="2">评价标准</th><th colspan="3">状态水平描述</th></tr>
<tr><th>自我评价</th><th>小组评价</th><th>教师评价</th></tr>
<tr><td rowspan="8">学习表现评价</td><td rowspan="4">学习能力</td><td>能否正确运用教材中的观察记录表进行观察记录</td><td></td><td></td><td></td></tr>
<tr><td>能否独立设计一份观察计划</td><td></td><td></td><td></td></tr>
<tr><td>能否结合本模块知识点对幼儿园教育实践进行反思</td><td></td><td></td><td></td></tr>
<tr><td>能否主动查阅相关专业书籍进行拓展阅读</td><td></td><td></td><td></td></tr>
<tr><td rowspan="4">学习态度</td><td>是否认真学习本模块的知识点</td><td></td><td></td><td></td></tr>
<tr><td>是否在课堂上积极参与到小组讨论当中</td><td></td><td></td><td></td></tr>
<tr><td>是否认真完成本模块的同步练习</td><td></td><td></td><td></td></tr>
<tr><td>对于本模块的困惑是否有请教同学或者老师</td><td></td><td></td><td></td></tr>
<tr><td>综合评价</td><td colspan="5">自我评价：

小组评价：

教师评价：</td></tr>
</table>

任课教师：________　　　　　　　　　　评价日期：________

模块二　婴幼儿行为观察的基本方法

学习目标

思政目标：愿意用不同的观察方法观察婴幼儿，了解并喜爱婴幼儿，提升婴幼儿行为观察的质量。

知识目标：了解婴幼儿行为观察的基本方法及各种方法的优缺点。

能力目标：能根据婴幼儿行为的特点及观察的目的，合理选择行为观察的方法。

思维导图

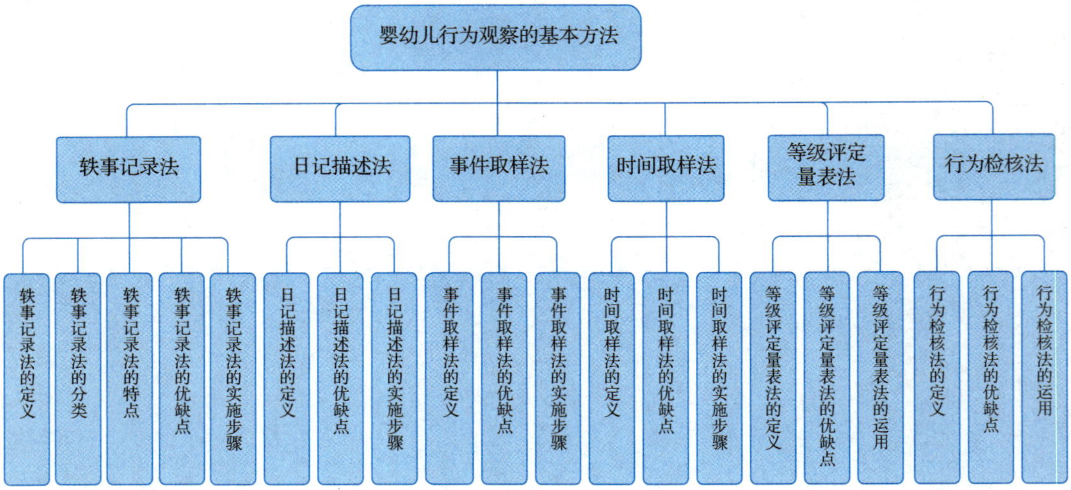

教学导航

0～6岁婴幼儿的身心发展是这个年龄段发展的重要内容，也是教师和家长们普遍关注的核心问题之一。但是，如何选择合适的方法记录婴幼儿那些看似不起眼却潜藏着发展契机的关键行为，并为他们提供最适宜的支持，这几乎是所有教师和家长面临的一个难点和重点。因此，掌握婴幼儿行为观察的不同方法显得尤为重要。

通过学习本模块，你将了解婴幼儿行为观察基本方法的特点及优缺点，能够根据婴幼儿行为的特点及观察的目的合理选择行为观察的方法。

工作任务与重点

本模块主要阐述了婴幼儿行为观察的基本方法的定义、特点及优缺点，以及每种方法的实施步骤。对于幼儿园教师而言，除了按部就班地完成常规的工作之外，还需要以开放的心态去面对婴幼儿，倾听他们的心声，“看看”他们在做什么，并给予其及时、有效的支持，从而促进婴幼儿身心的健康发展。了解和掌握婴幼儿行为观察的基本方法是进行行为观察的前提。本模块重点介绍轶事记录法、日记描述法、事件取样法、时间取样法、等级评定量表法、行为检核法等观察法的特点、优缺点及实施步骤。

案例分享与讨论

王老师经常对幼儿进行观察和记录，但是她感觉并不能在观察记录后给予幼儿有效的指导和支持。有一次，王老师在对某幼儿行为进行观察后这样记录：“×× 进入美工区玩了一会儿，过了不久，就到其他活动区去玩了，什么都没画出来。”

对此，王老师感到非常苦恼，对于以后该如何对幼儿行为进行观察与指导毫无头绪。

讨论：

1. 你在幼儿园见习或实习期间，有没有产生过跟王老师类似的烦恼？请谈一谈你的疑惑。

2. 王老师对幼儿的观察和记录存在什么问题？你了解哪些婴幼儿行为观察和记录的方法？

主题 1　轶事记录法

一、轶事记录法的定义

轶事指的是在日常生活中发生的独特或典型的事件，也可以是观察者非常感兴趣、认为有意义的事件。轶事记录法是指观察者在不刻意安排的情境中，用文字表述的方法对其感兴趣，认为有价值、有意义的任何可表现婴幼儿个性或某方面发展的行为事件进行记录的研究方法。轶事记录的内容通常包括事件发生的经过（事件发生的因果关系和来龙去脉）和事件发生的情境（事件发生时周围人、事、物的互动情形和人物对话等）。轶事记录法是教师常用的观察记录方法，主要用于对婴幼儿在园一日生活中表现出的有价值的行为及其情境进行观察记录。

轶事记录法所记录的轶事主要有以下三种类型。

（一）问题型轶事

这类轶事记录的是婴幼儿成长过程中遇到的各类问题。

案例评析：问题型轶事

1. 偶然发生的重要事件

这些偶然事件虽然发生的概率不高，但是对婴幼儿的成长发展具有重要意义，需要教师进行积极处理或加以干预，如幼儿打人、说谎、争执等事件。

2. 婴幼儿某方面发展的不足

在班级中，总会存在不爱说话、不听老师要求、注意力不集中、坐不住、进餐困难、入睡困难等婴幼儿，这些婴幼儿因为某方面发展不足而出现各种问题，更需要教师的关注与支持。

（二）发展型轶事

婴幼儿在发展的过程中，会在某些时间点出现具有里程碑意义的事件，包括第一次出现的事件以及婴幼儿在某一方面取得进步的事件。例如，第一次尝试独立进食，第一次和小伙伴分享玩具和零食，第一次讲故事，第一次在同伴面前发表自己的观点。

案例评析：发展型轶事

（三）趣味型轶事

在婴幼儿与同伴、家长、教师的互动过程中，家长和教师常常能发现婴幼儿独特的思维和身心发展特点，给家长和教师带来很多惊喜和思考，婴幼儿的这些童言童语等有趣的成长内容就称作趣味型轶事。

案例评析：趣味型轶事

二、轶事记录法的分类

根据观察是否有主题、成系统，可以将轶事记录分为两类：有主题的轶事记录和无主题的轶事记录。有主题的轶事记录是指观察者对婴幼儿某一特定的发展领域有兴趣，只记录与这个领域有关的事情。无主题的轶事记录是指观察者记录某一时间段内发生的事情，没有特定的目的，只要觉得某行为有意义或者对某行为感兴趣，就可以随时进行观察记录。

案例评析：主题型轶事

三、轶事记录法的特点

（一）低结构

低结构表现在使用轶事记录法时，观察前可以不预先制订系统的观察计划，不需要对观察情境进行严谨设定。

（二）弹性化

弹性化表现在轶事记录法的使用具有很强的弹性，观察如何实施依据观察者的实际需求而定，没有一定的规定或标准，也不受时间、地点等的限制。

（三）详细化

轶事记录法能够提供婴幼儿发展与学习状况的详细信息，向教师提供婴幼儿的发展与学习全貌。

四、轶事记录法的优缺点

（一）优点

（1）轶事记录法具有简单、方便、灵活的优点。其使用不受太多条件的限制，观察者不需要进行特别的准备和训练，只要情境适合，就可以随时随地用非常简单的工具（纸和笔）做记录。

（2）轶事记录法可以通过文字详细描述行为发生前后的关系，说明行为的背景及情境，有助于观察者了解婴幼儿，探讨婴幼儿的个性特征及成长发展状况。

（3）轶事记录法所记录的资料清晰、具体、客观，便于探究影响行为的因素，从而能更有针对性地对婴幼儿的成长与发展进行干预。

（4）轶事记录法所记录的资料具有一定的广度，不仅包含婴幼儿发展各个方面的内容，还包含轶事的背景和环境。

（5）轶事记录法以文字进行资料记录，所记录的研究资料可以长期保存，且任何时候都可以查阅。

（二）缺点

（1）轶事记录法需要观察者具有敏锐的观察力和耐心，同时需要付出较多的时间和精力。

（2）观察者选择所记录的对象及其行为时容易受偏见和喜好的影响，不同观察者关注的重点有所不同，对轶事的评判标准通常会存在较大差异，因此所记录的内容可能带有个人情感和主观性。

（3）轶事记录法运用文字进行记录，阅读者有可能对婴幼儿行为的理解出现偏差或错误。

（4）使用轶事记录法时，观察者很难边观察边进行仔细的记录，通常在观察时只进行非常简单的记录，事后再通过回忆补充内容，这容易导致记录的内容与事实存在出入。

五、轶事记录法的实施步骤

（一）根据观察目的确定记录方式

轶事记录法的记录方式包括随机观察和系统观察。随机观察的轶事记录目的在于了解不特定的观察对象、行为或事件，以此作为进一步观察的参考；系统观察的轶事记录是已确定好特定的观察对象、行为或事件，目的在于了解特定对象、行为或事件的具体情况，因此在观察前要先确定好观察的目的。

（二）选定观察的对象及情境

轶事记录法的观察内容主要是从观察者感兴趣的偶发事件、体现婴幼儿发展问题的事件或者具有重要成长意义的事件中选取，如果观察者能从这几个方面关注婴幼儿，就能快速选定观察的对象。观察者在观察前，需要根据其在观察活动中所扮演的角色选择观察的情境，若是参与观察，则以自然的互动方式进行，观察位置随实际活动的需要而移动；若是非参与观察，则选择不干扰观察对象活动的位置。

（三）仔细观察，记录客观事实

1. 记录的内容

（1）观察对象的基本情况：姓名、年龄、性别等。

（2）观察日期及时间。

（3）观察情境、地点等。

（4）事件描述：按照事件发生的顺序，对事件的开始、进展及结束这三个部分的内容进行客观、准确、具体的记录。

2. 记录的注意事项

（1）轶事记录的描述要客观，不能带有评判性。要尽可能快速地按照事件或行为发生的顺序进行记录，以引号的形式记录原话。在用词上避免使用一些带有主观性的描述，比如，“他很难过”“她心里乐开了花”等。

（2）轶事记录的描述要具体、细致，避免抽象概括，要让阅读轶事记录的人看得懂。

（3）轶事记录的描述要翔实，除了要描述观察对象的行为或事件外，还要完整描述观察的背景与情境，还原事实。

案例评析：轶事记录

（4）在观察时，如果难以迅速将内容记录下来，可以采用一些特殊符号或关键词进行标记。在观察结束后，要尽快将原始资料整理成可利用的文字资料，以免时间太久遗忘或疏漏了事件发生的经过。

（5）除了文字记录，还可以在轶事记录中放入相关的照片等，使资料更加丰富。

（四）行为分析

在完成观察与记录之后，需要运用理论知识分析婴幼儿行为的影响因素、内在的联系、存在的问题，了解婴幼儿行为表现背后的含义，将观察结果与婴幼儿发展相联系，进而了解婴幼儿真实的发展状况。

（五）科学评价并提出建议

在对婴幼儿行为表现进行分析后，还需要对所记录的行为进行科学分析，并提出建议。在对婴幼儿行为表现进行评价时，需要注意以下几点：（1）评价要具体；（2）不要对婴幼儿做绝对性的评价或假设；（3）要尽可能保持客观。在评价时，可以将婴幼儿的行为与同年龄的其他婴幼儿进行比较，还可以将婴幼儿的行为与研究结果或相关理论进行比较，从而了解婴幼儿的发展水平。

在分析后，还需要根据婴幼儿的行为表现特点，提出合理、可行的建议或改进措施。

轶事记录法示例如表 2 - 1、表 2 - 2 所示。

表 2－1　轶事记录法示例 1

轶事记录

幼儿姓名：天天	性别：男	编号：08
年龄：4 岁	观察日期：202× 年 5 月 8 日	
开始时间：11:00	结束时间：11:30	
地点：教室内	观察者：××	

观察记录：
天天取完餐盘后，坐在小椅子上，并没有拿勺子吃饭，而是将头偏向一侧，开始和旁边的小朋友说话："你爱吃大虾吗？今天的大虾有点小，我家里做的大虾比这个大多了！"旁边的幼儿不理他，拿着筷子夹起自己的大虾。但天天仍然不停地和旁边的幼儿讨论这个问题。忽然，天天离开座位，对教师说要去厕所小便。如厕后，他一蹦一跳地回到座位上，开始吃饭，刚吃了两口，又开始和另一边的小朋友说话了……

分析：
从观察中可以看出，在天天进餐的 30 分钟内，同周围幼儿说话 4 次，每次说话的时间为 30 秒至 1 分钟不等。该幼儿这种行为表现的原因主要有：天天是这学期刚刚从其他幼儿园转来的，以前的幼儿园教师没有这方面的纪律要求，因此他觉得想说什么就可以说什么；天天对同伴的习惯、特点有强烈的好奇心，主动寻求交往，想以此获得同伴的认可。

评价：
天天在幼儿园的规则意识有待加强，进餐习惯有待进一步培养。

建议：
通过个别教育，帮助天天尽快学会遵守班级规则；在晨间体育活动及游戏活动中，增强天天的规则意识；与天天家长取得联系，反馈他在园中的情况，争取家长的配合，如建议家长在家庭生活中帮助天天养成良好的进餐习惯。

表 2－2　轶事记录法示例 2

观察目的：了解婴幼儿手眼协调动作的发展情况
观察对象：飞飞（13 个月）
观察时间：202× 年 5 月 12 日 10:15—10:30
观察地点：家中客厅

观察记录：
飞飞正围着家中客厅的茶几小心翼翼地迈步走着，突然看到了茶几上放着一个牙签盒，便小心翼翼地走了过去，伸手够了一下，没够着，又踮了踮脚，左手使劲扒着茶几，伸长右臂去够，终于够到了，拿在手里摇了起来，听到有声音发出，便摇得越来越起劲，结果牙签从小孔里掉了出来，飞飞发现摇动牙签盒可以掉出东西，便又使劲摇，结果陆续有四根牙签掉在了地上。飞飞慢慢蹲下，坐在了地上，左手捡起一根牙签，横着把牙签放在盖子上，试着把牙签从小孔里插进去，但是没放进去，又把牙签竖过来试了试。只见他拿着牙签的左手左右晃动着，始终对不准牙签盒的小孔，就把牙签盒放在了地上，右手接过左手的牙签，竖着慢慢把牙签对准小孔，插了进去。飞飞面部出现了微笑的表情，接着又陆续捡起了地上的其他三根牙签，依次插进了牙签盒，继续晃动起来。

续表

分析： 这时候的飞飞仍然对可以发出声音的东西感兴趣，当发现牙签盒通过摇动可以发出声音，而且摇动后牙签会从小孔钻出，便继续摇动。牙签掉落后，飞飞进行各种尝试后将牙签对准小孔插了进去，其精细动作逐渐发展。
评价： 飞飞喜欢发声的物体，并在玩牙签盒的过程中尝试探索因果关系。飞飞的精细动作逐渐发展，手眼协调性逐渐增强。
建议： 在日常生活中，可以设计一些亲子游戏促进婴幼儿手部精细动作发展。从日常生活细节出发，训练婴幼儿的生活自理能力，锻炼其手眼协调能力。

同步练习

1. 简述轶事记录法的定义。

2. 论述轶事记录法的实施步骤。

3. 简述轶事记录法的优缺点。

情景任务探索

轶事记录分析

知识拓展

轶事记录法在幼儿评价中的应用

主题2　日记描述法

一、日记描述法的定义

日记描述法又称日记式记录法，是指运用写日记的方法，纵向对同一个或同一组婴幼儿的新行为或重要事件进行长期追踪观察与记录，重点记录所观察婴幼儿出现的发展性变化。该方法主要用于研究婴幼儿的成长与发展。

日记描述法一般分为两种类型：主题日记描述法和综合日记描述法。主题日记描述法是指观察者主要对婴幼儿认知、语言、情绪等某个特定方面的新进展进行观察记录，对其他方面的新进展不进行记录。综合日记描述法是指观察者对婴幼儿发展过程中的各个领域的新进展都进行观察记录。

二、日记描述法的优缺点

（一）优点

（1）日记描述法方便易行，能提供较长期、较详细的第一手资料。观察者无须进行特别的训练和准备。

（2）通过长期的追踪观察记录，能提供婴幼儿发展状况的细节，从而较好地了解婴幼儿连续发展变化的过程，了解婴幼儿发展的顺序及行为的连续性。

（3）日记描述法是将婴幼儿的发展置于真实的生活情景中加以考察，有利于对婴幼儿的行为进行定性分析，可以全面了解婴幼儿各方面的发展。

（4）日记描述法所记录的资料可以长期保存。日记描述法所记录的日记以文字为主，可以永久保存。

（5）日记描述法所记录的资料具有一定的广度。日记描述法所记录的资料不仅包括婴幼儿的新行为，还包括其后续行为的发展，同时还有行为的背景和环境等。

（二）缺点

（1）日记描述法通常是对单个或少数对象进行观察记录，样本数量有限，所记录的婴幼儿行为缺乏代表性和普遍性，难以做出有意义的概括。

（2）日记描述法要求观察者与观察对象进行长时间的接触，一般长达几周、几个月甚至更长时间，因此观察者的身份一般限于与婴幼儿关系较为密切的人。由于关系上的特殊性，观察者在观察记录时很容易带有较强的情感因素和主观倾向。

案例评析：日记描述法的缺点

（3）日记描述法需要观察者长期跟踪观察，需要花费大量的精力和时间。

三、日记描述法的实施步骤

（一）选择观察对象

日记描述法的观察对象一般是与观察者有长时间的接触并且关系亲密的婴幼儿，或者是某方面发展相对迟缓或能力相对较差的婴幼儿。此外，一些婴幼儿家长也会用日记描述法记录自己孩子的成长过程，为婴幼儿的成长发展积累丰富的资料，帮助家长了解孩子身心发展的具体过程，分析行为背后的原因，探索解决婴幼儿发展问题的途径。观察者在选择好观察对象后，需要先对观察对象的姓名、性别、编号等基本信息进行记录。

（二）仔细观察，记录客观事实

一般来说，日记描述法可以从以下两个方面实施观察和记录：一是对婴幼儿某一领域发展进行持续的观察记录。例如，围绕婴幼儿人际交往能力的发展，记录其发展的历程。二是对婴幼儿某一问题行为的改善进行持续的记录，即围绕某一问题行为，持续记录其行为的变化、措施的变化，让我们看到其行为是如何逐渐改善的。在记录观察到的客观事实前，首先要对观察对象的年龄、观察次数、观察日期、观察时间、观察情境、观察者等信息进行详细记录。其次要对观察对象的新行为或重要事件进行记录。有些新行为或重要事件不是非常明显，容易被忽略，这就要求观察者日常在与观察对象相处的过程中时刻保持敏感，同时养成经常记录的习惯。在记录时，除了用传统的纸笔外，还可以根据实际情况使用一些电子设备辅助记录，如摄像机、录音机等，这些电子设备能更加全面、清晰地记录新行为或重要事件的细节，为后面的分析提供便利。

（三）行为分析

在观察记录后，需要对观察对象的新行为或重要事件进行分析。在分析时要遵循以下原则：

（1）分析要基于实际观察到的内容，观察者不能基于自己的经验或喜好对观察的内容进行增减。

（2）分析要客观，不能带有个人的主观情感。

（3）分析不能违背科学理论。

(四) 科学评价并提出建议

在对婴幼儿的行为表现进行客观分析后，还需要对行为结果进行科学评价，并在此基础上提出建议。在评价时，要针对婴幼儿各个方面的发展状况进行评价，而不是笼统地进行评价。评价要具体、客观，不对婴幼儿做绝对性的评价和假设。在评价之后，还需要根据婴幼儿发展的具体情况，提出有效、可行的对策。

日记描述法示例如表 2－3 所示。

表 2－3　日记描述法示例

日记记录		
幼儿姓名：圆圆	性别：女	编号：01
第一次观察 年　　龄：2 岁 8 个月 开始时间：7:30 地　　点：幼儿园	 观察日期：202× 年 9 月 1 日 结束时间：16:00 观 察 者：圆圆妈妈	
观察记录： 在平时与圆圆玩耍的时候，我就时常跟她说起幼儿园是个很好玩儿的地方，那里有许多玩具可以玩，还有好多小朋友可以一起玩耍……在我们的有意引导下，圆圆对幼儿园充满了向往。昨天，为了让圆圆能够尽快适应幼儿园环境，我和圆圆爸爸特意带圆圆去参加幼儿园的半日活动。在幼儿园，圆圆一直开心地又蹦又跳，一会儿玩滑梯，一会儿钻山洞，忙得不亦乐乎！看到她这么高兴，我和圆圆爸爸都松了一口气！ 早晨，我送圆圆去幼儿园，离开家的时候，圆圆很高兴地跟爸爸挥挥手，说："爸爸，再见！"然后就背着小书包，一蹦一跳地出了家门。走到幼儿园门口，看到许多小朋友都在入园，圆圆转过头来跟我说："妈妈，有这么多小朋友可以一起玩呢！"我说："对呀，圆圆要乖乖听老师话哟！"圆圆用力地点点头，然后冲我挥挥手，说："妈妈，再见！"转身刚走了几步，她忽然停了下来，跑回来问我说："妈妈，你什么时候来接我啊？""下午四点，我在这儿等你！""嗯！"说完就跑着进了幼儿园。看着圆圆的背影，我还是有一点担心。 下午，我早早地就来到幼儿园门口，心里有一点点忐忑，不知道圆圆全天和小朋友在一起情况怎么样。老师说："圆圆表现很不错，只是中午吃饭和睡觉的时候说想妈妈，还哭了一会儿，后来我跟她说，等她乖乖睡醒妈妈就会来接她回家了，圆圆就不哭了，是个很听话的孩子。"听到老师这样说，我就放心了。		
第二次观察 年　　龄：2 岁 8 个月 开始时间：7:30 地　　点：幼儿园	 观察日期：202× 年 9 月 8 日 结束时间：15:50 观察者：圆圆妈妈	
观察记录： 圆圆已经入园一个星期了，现在她开始有点不想去幼儿园了。今天早晨醒来，圆圆的第一句话就是："妈妈，我今天可不可以不去幼儿园？"我压抑下心中的疑惑，开导她道："圆圆，你已经长大了，长大了的孩子都是要上幼儿园的。而且你不是很喜欢和幼儿园的小朋友一起玩吗？"圆圆低下了头，不说话。我送她来到幼儿园门口，圆圆拉着我的手一直不肯松开。我说："圆圆，乖，妈妈下午就来接你。"圆圆扁着小嘴说："妈妈，你能把我送到里面去吗？"看着她委屈的样子，我一阵心疼，于是牵着她的手，把她送到了活动室门前。"圆圆听话，跟老师和小朋友一起去玩游戏吧，妈妈得去上班了。"我说。圆圆终于忍不住哭了起来，我又陪她在走廊里待了一会儿，等她情绪稍微平静了一些才离开。圆圆这是怎么了？我心里疑惑不已。		

续表

日记记录
下午 3 点，我早早就来到幼儿园，跟圆圆的老师联系了一下，然后悄悄躲在活动室外面观察圆圆。圆圆手里拿着一个皮球，但是并没有像在家里一样拍球或者踢球，而是呆呆地站在那里，看着其他小朋友玩耍，一句话也不说。听圆圆的老师说，圆圆现在越来越沉默，不如刚开始的时候那么活泼。放学的时候，圆圆一看到我，小嘴巴向下一撇，委屈地哭了起来……
第三次观察 年龄：2 岁 8 个月　　观察日期：202× 年 9 月 16 日 开始时间：16:00　　结束时间：16:30 地点：幼儿园　　观察者：圆圆妈妈
观察记录： 圆圆入园两个星期了，为了减少圆圆对妈妈的依恋，我们决定让爸爸送她去幼儿园。爸爸比较果断和坚强，他送圆圆，能给圆圆树立一个好榜样。果然，圆圆对爸爸的依恋程度不像对妈妈那样强烈，她现在能做到一边哭着跟爸爸说再见，一边独自走进幼儿园了。 跟我家同住一个小区的有个叫楠楠的小朋友，她跟圆圆同班。楠楠的年龄比圆圆稍大一点，之前上过一段时间的亲子班，已经基本能够适应幼儿园的生活了。我一有空就带着圆圆去找楠楠玩，以便让圆圆与班里的同学熟悉起来，渐渐克服内心对陌生环境和陌生小朋友的恐惧。现在圆圆和楠楠已经是好朋友了。老师告诉我：“圆圆现在能够积极地跟大家一起做游戏了，也很听话。”看着圆圆正在一点一点地适应幼儿园生活，我心里一阵欢喜。
分析： 圆圆刚刚进入幼儿园时，因为新鲜感而暂时忘记了与父母短暂分离的事实。但是随着新鲜感的淡化，圆圆的分离焦虑日益明显。导致焦虑的原因可能有两个：一是这一年龄阶段的幼儿对亲人的依恋程度比较高，长时间离开亲人会使他们十分伤感；二是幼儿园的环境布置、老师和小朋友对她来说都十分陌生，她没有安全感。
评价： 与新入园的其他幼儿一样，圆圆产生了入园焦虑，出现了哭泣、难以跟母亲分离、不想跟其他小朋友玩耍等现象。
建议： 家长要给孩子更多的理解和关心，多与孩子沟通，帮助其排解消极情绪，并鼓励孩子与同班的小朋友交往，促使圆圆尽快适应幼儿园生活。同时家长可以与教师多沟通，了解孩子的在园情况。教师、同伴可以与圆圆进行更多互动，努力建立良好的师幼关系和同伴关系。

同步练习

1. 简述日记描述法的定义。

2. 论述日记描述法的实施步骤。

3. 简述日记描述法的优缺点。

情景任务探索

日记描述法的运用

知识拓展

日记描述法的发展历程

主题 3 事件取样法

一、事件取样法的定义

事件取样法是指以选定的行为或事件的发生作为取样标准，对目标行为进行观察记录的一种方法。事件取样法主要用于观察婴幼儿特定的行为，记录事件发生的详细过程以及前因后果。观察者采用事件取样法进行观察记录时，通常是在自然情境中等待目标行为的出现。事件取样法的核心是行为事件本身，只要行为或事件一出现就开始记录，并且可以随着事件的发展持续记录，不受观察时间及时间间隔的影响。对于特定事件或行为以外的事件或行为，不予以记录。

事件取样法的记录方式主要分为两种：叙事描述记录和符号系统记录。

叙事描述记录是指观察者用文字描述的方式记录观察对象特定的行为或事件，以及行为、事件发生的前因后果。叙事描述记录的优点是记录的内容较具体、详细，有利于观察者对行为和事件进行进一步的分析，同时还有利于其他人了解行为事件发生的背景和经过。叙事描述记录示例如表 2－4 所示。

表 2－4　叙事描述记录示例

幼儿姓名：南南	性　　别：男	编　　号：01
年　　龄：4 岁 3 个月	观察日期：202× 年 5 月 20 日	
观察目标：了解南南打扰其他幼儿活动的情况		
开始时间：8:45	结束时间：9:15	
地　　点：户外	观 察 者：陈丽	

序号	时间	场景	过程
1	8:45	排队去户外活动	南南排队站在明明后面，像敲小鼓那样时不时捶明明的后背，嘴巴里嘟囔着什么
2	9:00	骑自行车	南南骑着自行车，看到一边正在骑车的丽丽，便扭转车头，碰向丽丽的车头，还发出哈哈的笑声
3	9:15	饮水	青青在喝水，南南在一边大叫"快看我的水杯！"，一边摇动青青的肩膀

符号系统记录是指观察者在观察前事先设计好一系列的符号，代表不同类别的目标行为，在观察的过程中，观察者只关注这些特定的行为，并使用相应的符号对特定的行为或事件进行记录。符号系统记录示例如表 2－5 所示。

表 2－5　符号系统记录示例

幼儿姓名：尘尘	性　　别：男	编　　号：03	
年　　龄：4 岁 3 个月	观察日期：202× 年 4 月 15 日		
开始时间：8:49	结束时间：9:52		
地　　点：幼儿园中班教室			
观察目标：观察尘尘注意力分散的表现及结果			
观 察 者：李扬			
幼儿注意力分散的表现：			
1. 玩手、衣服等	2. 远离座位	3. 东张西望	4. 站起来
5. 转头	6. 与他人聊天	7. 其他	

续表

幼儿注意力分散的结果：
1. 转为干扰他人　　2. 回归课堂　　3. 持续注意力分散

标识：
情境：
QY＝区域活动　　JT＝集体教学活动

有无干扰：
Y＝有干扰　　N＝无干扰

幼儿注意力分散的表现：
WS＝玩手、衣服等　　PX＝远离座位　　YK＝东张西望　　ZQ＝站起来
ZT＝转头　　YL＝与他人聊天　　QT＝其他

幼儿注意力分散的结果：
GT＝转为干扰他人　　HG＝回归课堂　　CX＝持续注意力分散

情境	开始时间	结束时间	有无干扰	注意力分散表现	注意力分散结果
QY	8:49	8:50	N	WS	HG
	8:54	8:55	N	PX	HG
	8:57	8:59	Y	PX	CX
JT	9:19	9:20	N	YK	HG
	9:23	9:24	N	ZQ+YK	GT
	9:27	9:29	Y	ZT+YL	HG
	9:49	9:50	N	ZT+YL	GT
	9:50	9:52	Y	ZT+YL	GT

二、事件取样法的优缺点

（一）优点

（1）事件取样法简便、实用，可以在有准备的情况下获取有代表性的样本。使用的工具简单，只需要纸和笔就能进行观察记录。

（2）事件取样法可以对行为的前因后果做详细记录，从行为发生开始记录一直到结束为止，能取得活动行为事件发生全过程的资料，记录比较完善。此外，收集到的资料具有连续性的特点，有助于观察者后期对行为事件的分析，也便于他人阅读。

（3）事件取样法具有省时、高效的特点。在事件取样法中，观察者有十分明确的观察目标，因而观察效率较高。此外，观察者还能综合运用符号系统记录法和叙事描述记录法进行观察记录，因此可以使观察记录既具备符号系统记录法的高效性，又具备叙事描述记

录法的完整性和翔实性。

（二）缺点

（1）使用事件取样法的观察记录难以涉及行为的具体背景信息，对于一些与行为或事件相关，但是时间或空间上间隔较远的内容就无法进行记录了，因此不便于观察者找到行为或事件背后深层次的原因。

（2）事件取样法收集的是定性的描述性文字资料，不能提供量化数据，需要进行进一步转化，在一定程度上增加了观察者后期分析的负担。

（3）事件取样法的测量稳定性较低。观察者在使用事件取样法观察时，只要观察到行为事件的发生就进行记录。然而，这些行为事件发生的情境不同，可能具有完全不同的性质和意义。因此观察者在分析行为事件时，要结合事件发生的具体背景。

三、事件取样法的实施步骤

（一）明确所研究的行为事件

进行事件取样时，观察者往往选择一些出现频率较高的行为进行记录，以一个或几个事件为研究主体。在进行观察之前，观察者须明确所选行为的操作性定义，如婴幼儿对成人的依赖行为、婴幼儿社交行为、婴幼儿的冲突行为等，以便增强观察结论的科学性。

（二）选择观察对象和记录方式

进行正式观察之前，观察者可以进行一段时间的预观察，以了解这一行为出现的普遍情况，包括目标行为经常发生的时间、地点和情境等，保证观察的效率。然后根据需要，选择合适的婴幼儿进行观察。根据研究目的的不同，可选取叙事描述记录或符号系统记录的方式，也可以将两者结合使用。

（三）仔细观察，记录客观事实

观察者要事先决定记录目标行为事件的哪些方面并提前制作好观察记录表，以便在观察时有所侧重，保证记录的完整性。一般来说，事件取样法可以从以下几个方面进行观察记录：行为事件开始和结束的时间、事件发生的背景、事件发生的经过、事件导致的结果等。除此以外，观察者还可以根据观察的需要和兴趣，记录其他方面的细节。

（四）对行为事件进行分析

在对目标行为事件进行分析时，要保持客观的态度，不能掺杂观察者的个人情绪以及对婴幼儿的已有印象，保证分析的客观性。此外，分析时还要考虑到行为事件发生的背景，脱离了行为事件发生的背景，可能造成分析不到位，会对后续的教学指导产生不利影响。

（五）科学评价并提出建议

在对行为事件进行分析后，观察者还需要根据相关理论知识对观察对象的行为进行评价。评价不能仅以某一次的行为表现为依据，而需要在收集到相对充足的观察资料后再进行评价，避免做出武断和片面的评价。在此基础之上，观察者再对今后的教育提出有效的建议和策略。

同步练习

1. 简述事件取样法的定义。

2. 论述事件取样法的实施步骤。

3. 举例说明叙事描述记录和符号系统记录的异同。

情景任务探索

设计观察记录表

知识拓展

事件取样法和时间取样法的异同

主题 4　时间取样法

一、时间取样法的定义

时间取样法是指以一定的时间间隔为取样标准来观察预先确定的行为是否出现以及出现次数的一种观察方法。时间取样法适用于观察较常出现或出现频率较高的外显行为，也可以用来观察一个或多个婴幼儿的行为表现。时间取样法属于量化的研究，观察所得的资料属于量化的资料，方便统计婴幼儿某种目标行为出现的次数或频率，利于进一步分析解释。例如，可以运用时间取样法观察婴幼儿亲社会行为出现的次数，进一步分析婴幼儿高发的亲社会行为有哪些。

使用时间取样法时，时间间隔有两种；一种是规律性间隔；另一种是随机性间隔。规律性间隔是指在预先设定的固定时间间隔内观察目标行为，例如每次以观察 30 秒、记录 30 秒的时间间隔方式进行观察；也可以每五分钟观察一次。随机性间隔是指随机地选取观察时段，并以相同时间观察目标行为，例如在一小时内，随机选取任意一分钟观察目标行为，一天内观察次数不等，连续观察目标行为数周或数月。

案例评析：小班幼儿哭泣行为时间取样观察

二、时间取样法的优缺点

（一）优点

1. 搜集资料效率高

采用时间取样法，是根据事先确定的时间维度，在抽取的时段内对目标行为进行观察。观察者可以在同一时段对一名或多名婴幼儿进行观察，用符号代码将观察结果便捷地记录在观察量表上，据此分析、推论观察对象或其所属群体的行为特征和行为产生的原因。这种方法可以在有限的时间里获取更多信息，节省时间精力，因而工作效率较高。

2. 省时省力，较为灵活多样

时间取样法可以运用事先设计好的观察记录表格，同时观察多名婴幼儿，能够提供与量有关的结果，便于统计分析，省时、省力。时间取样法还能结合不同的记录方法使用，例如，它可以同时使用符号记录表和描述性记录的方法，较为灵活多样。在观察对象上也较为灵活多样，不仅能够针对单一婴幼儿的特定行为进行多次观察，还能针对同一名婴幼儿的特定行为进行多次观察，也可以同时对多个样本进行观察，大大提高了观察的效率。

3. 便于获得充足的代表性样本

时间取样法所观察的目标行为和所需的时间都是事先设定好的，再加上事先设计好的记录表，方便了观察者较快捷地搜集记录资料，以获得充足的代表性样本。尤其是在对一群婴幼儿进行观察时，它的经济高效更为突出。同时，由于观察前明确了各类型行为的操作性定义，因此在很大程度上避免了观察者在行为判断上的模棱两可，保证了不同观察者对行为目标的认识的一致性和客观性，提高了获取资料的信度。

4. 便于统计分析

运用时间取样法着重获取的是目标行为的出现频次和持续时间等信息，观察结果呈现的是目标行为的数量关系，可以为统计分析提供依据。便于量化统计的观察指标不仅可以让观察者在不同时段里按照相同标准进行观察记录，也能让不同的观察者在观察同一目标行为时操作具有一致性，并且有助于不同观察者避免主观因素干扰，对同一观察结果的分析推论不会出现很大差异，从而提高观察结果的信度。

（二）缺点

1. 观察准备工作需要耗费较多的时间和精力

时间取样法在观察实施前需要做很多准备工作，如确定观察行为的操作性定义、设计观察程序、设计观察时间、制作观察记录表等。因此，观察的前期工作会耗费较多的时间和精力。

2. 获取的信息不够全面

时间取样法获取的信息不够全面，所观察的行为往往是事先设定好的典型的、具有代表性的、发生频率高的行为。通过观察所得的记录资料，仅能获得各类行为发生的次数或频率信息，无法了解行为发生的整个过程；只能观察到目标婴幼儿的外显行为，无法了解行为发生的原因及结果。不仅如此，观察者在间隔的时间里进行非连续的观察，获取的是碎片化的信息，不够全面，如果仅根据这些碎片化的信息来研究婴幼儿完整的行为模式，可能会影响分析的准确性。

3. 记录方式容易造成遗漏

如果一些有价值的信息发生在要记录的时间样本外，就可能会遗漏这些信息。此外，观察者到了记录时间可能会忘记记录，因此需要较强的计时技能。如果记录需要持续一天或一学期以上，可能还需要其他人帮忙。

三、时间取样法的实施步骤

时间取样必须在观察前拟订计划，然后再付诸实际观察。虽然事前需花费较多的时间和精力在准备工作上，包括拟订观察计划、界定行为的操作性定义、设定观察时距和观察期程，以及制作观察量表等，但一旦付诸实际观察，便可迅速地搜集到资料，在资料搜集上能够节省较多的时间。

（一）明确观察目标与主题

案例评析：通过观察动机确定观察目的

首先，观察者在观察前，要明确观察的目标与主题，即要明确“为什么要观察”“要观察哪些行为”的问题。观察者在观察前应该有一定的知识储备，对婴幼儿身心发展的特点与规律有一定的认识与理解，并对婴幼儿的某一行为产生疑惑，从而激发研究兴趣，在此基础上将观察的焦点锁定在这一行为上。比如，观察婴幼儿午睡情况、饮食状况等生活习惯问题，观察婴幼儿的口语表达、阅读水平等学习能力问题，或观察婴幼儿同伴交往、亲子互动等社会性发展问题。在明确观察目标后，可以搜集相关的资料，了解以往研究中常用的观察维度。在确定目标时注意行为出现的频率如何，若不确定则必须深入实际，进行前期的观察，以确定行为发生的频率，及影响行为的个人和环境因素。例如，在确定观察婴幼儿亲社会行为后，可以搜集儿童亲社会行为研究的书籍、论文，确定观察维度，并通过预观察不断改进观察维度。

其次，观察者还要明确观察行为较高层次的发展范畴。观察目的有别于具体的观察目标，必须以较为广泛的发展范畴来涵盖所要观察的目标行为。例如，要观察婴幼儿的打人、咬人、踢人等行为，可将“攻击行为”作为较高层次的行为发展范畴；要观察婴幼儿的违反规定、发脾气等行为，可将“反社会行为”作为较高层次的行为发展范畴。无论是观察者还是教师都会对身边的事物或班级内的幼儿产生各种疑问，寻求解决方案或策略时，就会产生动机，有动机就会产生观察目的。观察是回应观察目的的重要行为，通过观察可实现问题的解答。

（二）选择观察对象

观察对象的选择必须以能获得目标行为的代表性样本为主要考量。以观察幼儿为例，必须依据幼儿的发展理论来选择足以提供目标行为的代表性样本或足以提供问题解答的适切年龄层幼儿。例如，若要观察幼儿亲社会行为中合作的社会行为，则观察对象四岁以上的幼儿为宜，这样较容易得到样本的行为模式。教师平日里要注重培养对选择观察对象的敏感度，这对于选择合适的观察主题亦有帮助。

（三）搜集资料、界定行为

观察者在清楚地了解观察目标、选定观察对象后，要进一步对观察行为进行聚焦。观察者可以通过搜集资料，根据相关理论知识与已有研究，将观察的某一行为按照理论中的行为范畴进行分类，也可以根据观察目标与观察主题自行设计分类，由此将抽象的行为转换成具体明确、经由观察可直接判断的行为类别。

将所要观察的行为依据理论或自行设计分类后，观察者必须界定各行为类别的操作性定义。操作性定义是指观察者依据观察目的所需，对行为类别做出严谨的定义。例如，确定观察主题为合作行为，那么合作行为的操作性定义就是指能与他人共同完成作品、能主动协助他人等。界定好操作性定义后，可以在观察中更简便、清晰地执行。

（四）预设观察时间

观察时间必须依照观察目的和观察主题而定。观察时间包括观察频率、时间间隔和观察时长。观察目的和主题不同，观察的时间间隔、观察频率和观察时长也会有所不同。例如，要观察婴幼儿求助行为，可将时间间隔预设为 2 小时，在预设的时间段内记录婴幼儿求助的具体行为与次数。

案例评析：亲社会行为观察时间的预设

表 2－6　婴幼儿求助行为观察表

时间	求助行为
8:00	求助妈妈拿椅子
10:00	求助妈妈上厕所
12:00	求助奶奶打开电视
16:00	求助同伴搭积木

（五）制作观察量表

观察量表的设计必须力求明确化、结构化和易于操作。使用观察表格是为了避免观察者在观察时产生偏见或过于主观，以至于对观察结果的记录或评价产生偏颇导致晕轮效应。时间取样的观察量表因观察者的实际所需以及每个人的使用习惯而有所不同，观察者必须依据观察目的和实际需求设计符合观察需求的观察量表。因此，观察者必须具有设计适切观察量表的技巧与能力。

观察者或教师在设计时间取样的观察量表时，必须再次检视观察目的与观察主题，根据自己的时间、能力和需求设计表格。以下列出几项设计观察量表时必须考量的要素：

（1）观察目标：要搜集什么观察记录资料来解答问题。

（2）观察行为：清楚明确地界定各行为类别。

（3）观察时间。

观察量表这种记录方式可以使时间取样结果更加明确，操作起来更加便捷。设计观察量表时，须根据实际操作需求进行不同的设计，以便收集到具有信度和效度的量化资料。针对 0～3 岁的婴幼儿，在观察中会较多使用检核和计数两种类型的观察量表。例如，观察 0～3 岁婴幼儿的大肢动作发展，采用时间取样法进行观察与记录，观察量表如表 2－7 所示。

表 2－7　0～3 岁婴幼儿大肢动作发展观察量表

0～3 岁婴幼儿大肢动作	观察时间			
	9:00—10:00	10:00—11:00	11:00—12:00	12:00—13:00
独自站立 5s 以上				
抓住大人的手行走				
蹲下				
自己变换体位				

（六）记录、整理、提取和分析观察资料

采用时间取样的方法，观察者使用事先设计好的观察量表进行观察记录，便于快速客观地统计目标行为发生的频率，从而节省资料搜集的时间。采用时间取样法进行观察记录时，可以选择结构化的观察方法，采用检核和计数两种方式进行记录。检核是指记录所观察的特定行为是否出现，只要出现就打“√”。计数是指记录特定行为出现的次数，我们可以采用在表格中画“正”字的方式来进行计数。对资料的整理就是让表格更加简洁明了，便于提取其中的数据并且进行分析。对资料进行分析的过程其实就是对数据的统计过程，我们可以通过描述统计或比较检验等方法得出相应的结论。

同步练习

1. 简述时间取样法的定义。

____

2. 论述时间取样法的实施步骤。

____

3. 试对时间取样法与事件取样法进行比较，说说二者的异同。

情景任务探索

设计时间取样的观察量表

知识拓展

时间取样法的产生与发展

主题 5　等级评定量表法

一、等级评定量表法的定义

等级评定量表法是指观察者在对婴幼儿进行观察后，对其行为表现所达到的水平进行评定，并对其行为的质量高低进行量化判断的一种方法。等级评定量表法是用于观察和记录婴幼儿某种行为并对其进行评估的方法，它的适用范围非常广泛，包括婴幼儿的健康状况、认知水平、思维发展等的观察和评估。等级评定量表法在实际操作中也有多种形式，既可以先对婴幼儿进行观察，再对观察内容进行等级评定并记录；也可以先使用评定量表对婴幼儿的发展状况进行评估，再通过实际观察进行检核；还可以将其用于同龄婴幼儿能力发展状况的对比，从而根据婴幼儿发展的个体差异有针对性地对教学方法和教学侧重点进行调整。

二、等级评定量表法的优缺点

（一）优点

1. 简单方便，省时省力

等级评定量表法简单方便，只需要根据出现的行为进行评定，在观察实践中也比较好记录，较为省时省力。

2. 易于操作

观察者事先准备好对婴幼儿行为的一系列描述，在观察记录时只需要做简单的标记即可，有效避免了记录文字的麻烦，便于填写。另外，由于采用固定的等级进行记录，在后续分析时可以直接采取量化的方法，对于观察者来说操作更加方便。

3. 使用范围较广

它适用于对婴幼儿各个方面的行为表现进行观察记录，婴幼儿一日生活的各个环节以及婴幼儿在家庭的日常生活中所体现出的认知、动作、社交等方面的发展状况，都可以使用这种方法进行评估。

4. 可以帮助观察者发现婴幼儿的个体差异

等级评定量表法的运用需要观察者在观察后对每个婴幼儿的行为表现进行等级评定，在评定的过程中，观察者可以掌握每一位婴幼儿的情况。在分析观察结果时，观察者可以发现婴幼儿的个体差异，从而能够更好地根据婴幼儿不同的身心发展特征开展教育教学活动，做到因材施教。

（二）缺点

1. 主观因素影响较大

等级评定量表法最大的缺点在于，观察者是根据主观判断来评定的，因此往往会受观察者的主观影响导致判断错误。除此之外，在使用等级评定量表法时由于需要避免出现过于极端的评定结果，观察者还容易出现评定等级趋于集中的倾向，即趋向于选择位于中间的不好也不坏的等级。另外，由于等级评定量表法是在观察后回忆婴幼儿的行为并做出评定，观察者有时容易把自己的联想和猜测作为评定的依据，导致评定结果出现偏差。

2. 等级划分不明确，影响评定效果

等级评定量表对行为进行了等级上的划分，但是并没有明确界定哪些行为属于这一等

级。由于不同观察者对不同评定标准的理解不同，所以评价结果也不尽相同，再加上观察者对婴幼儿进行等级评定时往往受自己主观臆断和前期经验的影响，因此并不能对每一名婴幼儿做出完全客观的评价，这样也会影响评定的效果。

3. 缺乏具体行为的记录，造成结果偏差

等级评定量表法只是在出现的行为后面进行标记，并没有把这个行为发生的具体情境、原因、经过和结果等细节描绘出来，这可能导致观察者无法了解到全面的信息，也无法了解行为发生的来龙去脉，因此也无法了解与分析行为的因果关系。

三、等级评定量表法的运用

（一）等级评定量表的类型

1. 数字等级量表

在使用评定量表的过程中，观察者可以使用阿拉伯数字表示程度，使不同等级的区分更加细化，但需要注意的是要在表头或尾注中标明数字所代表的不同含义。婴幼儿精细动作发展评定量表如表 2－8 所示。

表 2－8 婴幼儿精细动作发展评定量表

精细动作	等级评定
垒高积木	1 2 3 4 5
使用筷子	1 2 3 4 5
用笔画出平行线	1 2 3 4 5
使用剪刀剪纸	1 2 3 4 5
自己翻书	1 2 3 4 5
粘贴游戏	1 2 3 4 5

注：1—从未进行尝试；2—进行尝试从未获得成功；3—进行尝试偶尔获得成功；4—进行尝试多次获得成功；5—熟练掌握。

为避免出现趋中的评价，最好采用偶数的等级来进行等级评定设计，如四等分制、六等分制。

2. 图形量表

图形量表是用一条横线来表示一种行为的程度，在横线上从左到右依次表示行为表现由低到高或由高到低的不同程度，与数轴有些类似。图形量表最大的优点在于其直观性，观察者可以根据婴幼儿的实际表现，选择与婴幼儿行为表现相符的描述。例如，婴幼儿分享玩具情况的图形量表如图 2－1 所示。

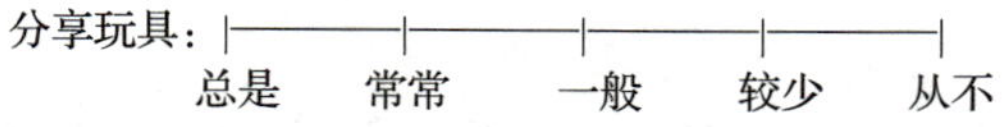

图 2－1 婴幼儿分享玩具情况的图形量表

3. 标准量化表

标准量化表是呈现一组标准，让观察者、评定者去判断婴幼儿的行为属于哪一种。该量表将观察对象的行为与总体做比较，以标准分数或百分数做评判。一般而言，可以根据一定的等级标准或评定量表，对观察到的行为进行评定，如用“优、良、中、合格、不合格”或字母“A、B、C、D”等表示不同的行为等级。婴幼儿语言发展水平评定量表如表 2－9 所示。

表 2－9　婴幼儿语言发展水平评定量表

语言水平	优秀	良好	中等	差
与别人说话时注意倾听，并做出适宜的回应				
能够大方地与他人交流				
能够运用多种方式表达自己的想法与需要				
说出的话可以被他人理解				
能够主动邀请他人一起游戏				
能够对他人的行为做出简单评价				

在使用标准量化表时，评定标准应尽可能具体化、细致化，在使用“优、良、中、合格、不合格”或字母“A、B、C、D”等表示等级时，应附上每个标准的详细说明。

4. 累计点数量表

累计点数量表是观察者先对婴幼儿的行为进行评分，然后将各项分数相加得到总分(如果是负向描述，则相减)，以此来评定幼儿的行为。量表中的项目可以采用 0、1 的计分方式，在计算得分时，先分别核算 A 列行为得分和 B 列行为得分，由于 A 列是正向描述而 B 列是负向描述，所以总分就是 A 列总分减去 B 列总分。如表 2－10 所示。

表 2－10　婴幼儿行为表现累计点数表

A 列	B 列
能与同伴合作	总是以自我为中心
能主动与同伴交往	总是等待别人和他对话
能和同伴分享玩具	独享玩具
……	……

5. 强迫选择量表

观察者运用强迫选择量表时，不管题项中是否具有完全符合被观察者行为的选项，都需要在一系列描述性短语中选择最符合被观察者行为表现的一项描述。这就需要量表给出的一系列描述尽可能包括不同程度的情况，观察者需要在这些描述中选出与被观察者行为表现最接近的一项，并且只能选择一项。比如：

请您评定婴幼儿收拾玩具的行为：(　　)。

A. 拒绝收拾玩具
B. 在老师的要求下收拾好玩具
C. 自觉收拾好自己的玩具
D. 不但收拾好自己的玩具，还帮助其他小朋友收拾玩具

（二）等级评定量表的记录方式

观察者要根据事件发生的频率制定出相应的几个等级，例如：无、极少、偶尔、经常、频繁，或完全不符合、有点不符合、一般、有点符合、完全符合。一般来说，等级评定量表法同样要设计观察记录表，表中列出需要观察的婴幼儿行为项目，记录者做出判断，在表格中打“√”。婴儿与母亲互动记录表（一名婴儿）如表 2－11 所示。

表 2－11　婴儿与母亲互动记录表（一名婴儿）

婴儿行为	从不	偶尔	经常
婴儿对母亲发出声音			√
婴儿用目光追踪母亲			√
婴儿对母亲的呼唤做出回应		√	

当观察对象为多个婴幼儿时，可以用数字表示不同的婴幼儿，用符号表示等级，但需要注意的是要在表头或尾注中标明符号所代表的不同含义。婴儿与母亲互动记录表（多名婴儿）如表 2－12 所示。

表 2－12　婴儿与母亲互动记录表（多名婴儿）

婴儿行为	1	2	3	4	5	6
婴儿对母亲发出声音	◇	△	△	◇	◇	◇
婴儿用目光追踪母亲	△	◇	○	◇	◇	◇
婴儿对母亲的呼唤做出回应	△	◇	◇	○	◇	◇

注：○—从不；◇—偶尔；◇—经常。

（三）等级评定量表法的实施步骤

（1）要明确观察目标与主题，确定观察对象，并对观察对象有长时间的接触与了解。使用等级评定量表应以多次观察为基础，接触时间越长、观察对象了解越多，评定才会更准确，才能最大限度地排除片面性和偶然性。

（2）要多方搜集资料，确定评定等级，拟定量表。首先，对评定等级尽可能拟定具体标准，如表明评定等级的数字或词语应附有意义说明，降低术语的模糊性。其次，研究者应重视量表的设计和编制，要以能够全面真实地反映观察对象实际情况为目标编制量表，要使词语及其意义与被评价的特征相一致，能够对所考察的问题做出较准确的表示。一般编制的量表需经反复试用和多次修订后，再正式确定和运用。

（3）实施观察与评定，进行必要的重复评定。可以在规定的时间期限内，在不同时间做多次观察评定，最后求出平均值，或由多个评定者做判断，进而计算平均值。

同步练习

1. 简述等级评定量表法的定义。

2. 简述等级评定量表的类型。

3. 结合观察中的实例，分析等级评定量表法的优缺点。

情景任务探索

制作等级评定量表

知识拓展

常见的儿童行为等级评定量表

主题 6　行为检核法

一、行为检核法的定义

行为检核法也称清单法、检测表单法等，是指根据观察目的、情境特性与观察者的特性等，事先设计好观察架构与内容，将一系列行为项目进行排列，并标明关于这些项目是否出现的两种选择，供观察者判断后选择其中之一并做出记号的方法。行为检核法的使用非常灵活，不受环境的限制，随时都可以进行记录。行为检核法不仅可以记录多名婴幼儿某一方面的行为能力，还可以观察记录个别婴幼儿某一方面的行为能力；不仅可以对婴幼儿的行为进行现场观察，还可以用作非现场观察。行为检核法将婴幼儿的行为设计成检核表的形式，可以解决文字记录耗时较多的问题，同时可提供丰富的婴幼儿行为信息，供观察者参考。图 2-2 所示为幼儿身心特征检核表。

案例评析：幼儿数学能力的检核项目

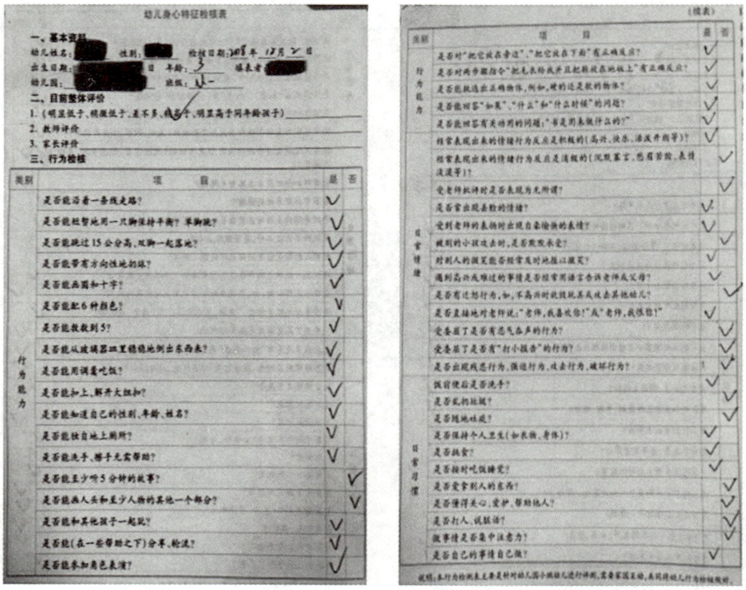

幼儿身心特征检核表

一、基本资料[redacted]

幼儿姓名：[redacted] 性别：[redacted] 检核日期：[illegible]年 12月 2日

出生日期：[redacted] 日 年龄：3 填表者：[redacted]

幼儿园：[redacted] 班级：[illegible]

二、目前整体评价

1.（明显低于、稍微低于、差不多、稍高于、明显高于同年龄孩子）

2. 教师评价

3. 家长评价

三、行为检核

类别	项目	是	否
行为能力	是否能沿着一条线走路？	√	
	是否能短暂地用一只脚保持平衡？单脚跳？	√	
	是否能跳过 15 公分高，双脚一起落地？	√	
	是否能带有方向性地扔球？	√	
	是否能画圆和十字？	√	
	是否能配 6 种颜色？	√	
	是否能数数到 5？	√	
	是否能从玻璃器皿里稳稳地倒出东西来？	√	
	是否能用调羹吃饭？	√	
	是否能扣上、解开大纽扣？	√	
	是否能知道自己的性别、年龄、姓名？	√	
	是否能独自地上厕所？	√	
	是否能洗手、擦干手无需帮助？	√	
	是否能至少听 5 分钟的故事？		√
	是否能画人头和至少人物的其他一个部分？		√
	是否能和其他孩子一起玩？	√	
	是否能（在一些帮助之下）分享、轮流？	√	
	是否能参加角色表演？	√	

（续表）

类别	项目	是	否
行为能力	是否对"把它放在旁边"、"把它放在下面"有正确反应？	√	
	是否对两步骤指令"把毛衣给我并且把鞋放在地板上"有正确反应？	√	
	是否能挑选出正确物体，例如，硬的还是软的物体？	√	
	是否能回答"如果"、"什么"和"什么时候"的问题？	√	
	是否能回答有关功用的问题："书是用来做什么的？"	√	
[illegible]	经常表现出来的情绪行为反应是积极的（高兴、快乐、活泼开朗等）？	√	
	经常表现出来的情绪行为反应是消极的（沉默寡言、愁眉苦脸、表情淡漠等）？		√
	受老师批评时是否表现为无所谓？		√
	是否常出现焦躁的情绪？	√	
	受到老师的表扬时出现自豪愉快的表情？	√	
	被别的小孩攻击时，是否默默承受？		√
	对别人的微笑能否经常及时地报以微笑？	√	
	遇到高兴或难过的事情是否经常用语言告诉老师或父母？	√	
	是否有过激行为，如，不高兴时就跺脚或攻击其他幼儿？		√
	是否主动地对老师说："老师，我喜欢你！"或"老师，我想你！"	√	
	受委屈了是否有忍气吞声的行为？		√
	受委屈了是否有"打小报告"的行为？		√
	是否出现退缩行为、强迫行为、攻击行为、破坏行为？		√
日常习惯	饭前便后是否洗手？	√	
	是否乱扔垃圾？		√
	是否随地吐痰？		√
	是否保持个人卫生（如衣物、身体）？	√	
	是否挑食？	√	
	是否按时吃饭睡觉？	√	
	是否爱拿别人的东西？		√
	是否懂得关心、爱护、帮助他人？		√
	是否打人、说脏话？		√
	做事情是否集中注意力？		√
	是否自己的事情自己做？	√	

说明：本行为检核表主要是针对幼儿园小班幼儿进行评测，[illegible]

图 2-2　幼儿身心特征检核表

教师欲掌握婴幼儿特定行为的发生情形，每次发生的行为类型、频率，进而分析原因及研究处理结果时，即可应用行为检核法。对单一婴幼儿，可以为其建立资料档案，提供一种简表，作为与家长、医疗单位沟通、咨询解决问题的参考；对于许多婴幼儿都会发生的特定行为，教师可以从较广的角度去检视、了解此行为在婴幼儿之间发生的概况，进而提出相应的处理方法，这也是建立婴幼儿行为辅导方法的适当策略，也可供实习教师做案例教学之用。

二、行为检核法的优缺点

（一）优点

1. 操作简便，提高效率

首先，行为检核法不需使用庞大的设备或器材，以教学观察为例，教师只要对检核表有基本概念，运用简单的纸笔也可完成。其次，检核表有比较高的可控制性，可以让观察者比较不受限于情境地进行观察与记录。行为检核法操作简便，将待观察的行为详细列出，并多采用封闭性填答方式，对观察者而言相当便利，适合缺乏观察经验的教师使用。观察者只需熟悉检核表的内容，待行为出现时适度标记，不需要复杂的描述，对于平时工作忙碌的幼儿教师来说相对简单易行，节省时间和精力，能大大提升观察者在观察过程中的工作效率，并且具有诊断和测量的功能。

2. 可切实与观察目标相符

行为检核表的拟定必须事先设定目标行为，并将目标行为界定后，转化为具体的内容。因此，只要检核表编拟完善，就可以确保观察及记录的内容与目标相符，有助于提升观察的效度。此外，检核表也有利于观察者在观察过程中觉察多样的信息，以加深对观察对象行为的理解。

3. 观察结果易于分析讨论

由于检核表已事先确定好了行为目标，记录的方式多采用封闭式，且可设计为标准化的填答格式，对观察结果的分析可进行量化处理，因此整理分析相当便利。此外，检核表也可事先区分行为类型，观察结果经统计汇整后，可提供特定类型行为的整体表现情况，可转化为量化信息，便于结果分析及讨论。

4. 观察结果可运用于多方面的研究

行为检核法的分析结果可转化为量化资料讨论及保存，因此可运用于多方面的研究。例如，行为检核法可用于婴幼儿每日活动的记录；可记录婴幼儿参与不同区角活动的信息；可有效地促进课程计划的改进，帮助教师及时调整活动内容及材料。此外，由于检核表具有简便易行的特性，若有观察者后续想进行更大规模或深入的观察，检核表可用来作为前述观察的前导方法，此等简便的方法有益于节省时间，并可避免耗费研究资源的情形出现。

（二）缺点

1. 无法详述行为背景并呈现脉络

首先，行为检核表的记录是对行为进行的总结性评定，可用来记录行为发生的情况，但难以完整描述行为发生的过程。其次，在记录方式上，封闭式填答为普遍使用的形态，此等记录可以了解行为出现的情况，但缺乏行为出现相关脉络与背景信息，只能了解婴幼儿的行为是否发生，难以了解行为在什么情境下发生，为什么会出现该行为，以及该行为是如何发展的。欠缺行为详述，将难以窥见行为的全貌。

2. 观察的信度受到质疑

首先，同一时间的观察行为受到限制。如果观察的目标行为同时出现，或目标行为持续出现，如何精确地观察与记录，将成为观察者面临的一大挑战。其次，观察的一致性也容易受限。在实际应用检核表时，观察者必须环顾观察情境中所有可能出现的目标行为并加以记录，而非针对单一行为持续地观察其发展情况。此外，在使用检核表时，需事先设计实施的方式与观察内容，观察时间也预先设定，目标行为的观察有特定的时限，时限后的行为表现可能会被遗漏。除非针对后续行为再做发展检核表进行记录，否则后续行为的发展状况将因观察时间中断而难以获得相关资料，使得行为检核法的信度遭到质疑。

3. 无法将预设外的突发行为囊括其中

行为检核表是依据事先拟定的检核表进行观察与记录的，观察内容限定于目标行为的范围之内，无法将预设外的突发行为囊括其中。由于观察内容已经事先拟定好，到了实际观察时，如果观察对象出现非预定的突发行为，这些突发行为就可能会被观察者遗漏。

三、行为检核法的运用

（一）行为检核法的实施步骤

1. 确定观察目的

确定观察目的是进行观察的首要程序，观察者有了了解特定行为的需求后，才会采取行为检核法进一步观察。使用行为检核法可能源于观察者对婴幼儿某些行为表现的好奇，或希望了解婴幼儿某些行为的发展情况。观察者要确定好观察目的，以更明确地了解特定行为出现的情况。

2. 定义目标行为

观察目的确定后，观察者还需要明确地界定目标行为，详细地列举目标行为的内容。目标行为的列举要与观察目的相对应，还要尽可能界定得详细且完整，此步骤对后续行为检核表的制定相当重要，也关乎观察与记录的效度。

3. 确定观察情境

在确定观察目的和界定观察行为的同时，观察者也要确定观察情境。例如，幼儿园教师想了解本班幼儿的攻击行为，除明确地界定攻击行为外，也应选择好观察对象与观察情境。观察者可依据前期观察经验，选择班级里攻击行为高发的某一幼儿或多个幼儿作为观察对象。除此之外，观察者还需要考量是在上午还是下午的活动时间观察，若决定在上午的活动时间观察，还需要确定是以区域活动时间观察为主，还是以自由活动时间观察为主。

4. 选择记录方式

记录方式与观察目的、目标行为的复杂度，以及观察者的习惯等有关，观察者可在一并考量后做出选择。行为检核记录方式主要有两种：第一种只针对观察者行为是否出现加以勾选。观察者对要观察的婴幼儿行为通过列表的形式呈现出来，如果观察过程中发现婴幼儿有某种行为，就在对应的位置打“√”。这种记录方式关注观察行为是否出现，在记录时相当简便，观察者必须事先将核心的观察内容转化为检核表，只要事先熟悉观察的项目，便可轻易地记录。第二种与前一种记录方式类似，但目的不只是了解观察行为出现与否，更在于了解每一观察项目在特定期间的出现次数，从而可以提供不同方面的行为信息。观察者事先也需要拟定检核表内容，列出所有待观察的观察项目，观察者若发现被观察者表现出某一类行为，就在该行为旁做标记，通常以“正”字加以记录。

5. 拟定检核表

检核表的内容是否完备，关系到后续观察的效度。检核表的拟定，首先要求内容的完整性，即内容与观察目的、目标行为相关联；其次要求观察的便利性与可行性，观察内容的数量、记录方式，以及对观察者习性的掌握等都将是关键。4～6 个月婴儿认知发展检核表（部分）如表 2－13 所示。

表 2－13　4～6 个月婴儿认知发展检核表（部分）

观察内容		是	否
注意力	较为集中地注意人发出的声音		
	注视色彩鲜艳的东西		
	较多注视细小、复杂的物体		
思维力	区分不同性别		
	当东西被遮挡时将注意力转向别处		

6. 实际观察与记录

当检核表拟定完成后，如何依据表格内容与规划的流程切实掌握各项目标行为，则是观察者必须面对的首要课题。因此，在进行观察前，观察者除了应深入了解各项观察行为的意义外，也可先进行预试，了解自身对目标行为的掌握情况。幼儿园通常每班设置两名教师，教师可寻求合作教师的参与，共同观察与记录，了解两者观察与记录的差异，作为修订检核表或实际观察的参考。

7. 分析记录结果并解释

当记录完成后，观察者可立即统计各项目行为出现的结果，或设定每隔一定时间进行汇总统计。除进行统计分析外，观察者必须保留每次的检核表记录结果，未来可设定以之前的某次观察为基准点进行对照分析，使行为结果的描述更加丰富。

（二）行为检核法的适用时机

1. 欲明确地了解或定义出目标行为时

行为检核法能事先清楚地界定或澄清行为的内涵，有助于确切掌握婴幼儿行为的出现情况，并转化为具体可观察的行为内容，能更便利地观察与记录婴幼儿的行为表现。由于婴幼儿行为内涵的复杂性与多样性，观察者在观察或记录婴幼儿行为表现的时候，会遇到观察与记录的能力受限、缺乏充分的时间完整地记录等困难，或是对婴幼儿行为判定模糊等问题。这时，行为检核法是最佳选择。

案例评析：幼儿告状行为

案例评析：幼儿合作行为

2. 欲了解行为在特定情境的发生状况时

行为检核法的优势，便是有利于观察者在固定时间内了解观察对象在特定情境下的行为出现情况。如果要记录目标行为发生与否、出现次数、出现频率、行为在不同时间的出现情况等，行为检核法是最佳选择。

同步练习

1. 简述行为检核法的定义。

2. 简述行为检核法的优缺点。

3. 试将行为检核法与等级评定量表法进行比较，说说二者的异同。

4. 请以托幼机构实际工作为例，列出至少三个适合应用行为检核法的时机。

情景任务探索

儿童精细动作发展状况评定

知识拓展

儿童行为检核表

学习评价与反思

学习情况评价表

姓名：________　　　　　　　　　　　　学号：________

评价项目		评价标准	状态水平描述		
			自我评价	小组评价	教师评价
婴幼儿行为观察方法	轶事记录法	是否了解轶事记录法使用的注意事项			
		是否了解轶事记录法的实施步骤			
		是否能使用轶事记录法进行观察记录			
	日记描述法	是否了解日记描述法的优缺点			
		是否了解日记描述法的实施步骤			
		是否能使用日记描述法进行观察记录			
	事件取样法	是否了解事件取样法的记录类型			
		是否了解事件取样法的实施步骤			
		是否能设计事件取样法的观察表格			
	时间取样法	是否了解时间取样法的实施步骤			
		是否了解时间取样法的优缺点			
		是否能使用时间取样观察法进行观察记录			

续表

评价项目		评价标准	状态水平描述		
			自我评价	小组评价	教师评价
	等级评定量表法	是否了解等级评定量表的类型			
		是否能分析等级评定量表法的优缺点			
		能否根据《3～6岁儿童学习与发展指南》设计等级评定量表			
	行为检核法	是否了解行为检核法的实施步骤与适用时机			
		是否了解行为检核法的优缺点			
		能否针对幼儿的某一行为设计行为检核表			
综合评价	自我评价： 小组评价： 教师评价：				

任课教师：________　　　　评价日期：________

模块三　0～3岁婴幼儿生活行为的观察与指导

学习目标

思政目标：坚持科学的教育理念，在0～3岁婴幼儿生活活动的观察与指导中体会工作与学习的乐趣，培养热爱婴幼儿的情感。

知识目标：了解0～3岁婴幼儿生活行为的观察要点和指导策略。

能力目标：掌握观察0～3岁婴幼儿进餐活动、盥洗活动、睡眠活动的方法。

思维导图

- 0～3岁婴幼儿生活行为的观察与指导
  - 0～3岁婴幼儿生活行为的观察与指导概述
    - 0～3岁婴幼儿生活行为观察的重要性
    - 0～3岁婴幼儿生活行为的观察要点
    - 0～3岁婴幼儿生活行为的解释分析
    - 0～3岁婴幼儿生活行为的指导策略
  - 0～3岁婴幼儿进餐活动的观察与指导
    - 0～3岁婴幼儿进餐活动的观察要点
    - 0～3岁婴幼儿进餐活动的解释分析
    - 0～3岁婴幼儿进餐活动的指导策略
  - 0～3岁婴幼儿盥洗活动的观察与指导
    - 0～3岁婴幼儿盥洗活动的观察要点
    - 0～3岁婴幼儿盥洗活动的解释分析
    - 0～3岁婴幼儿盥洗活动的指导策略
  - 0～3岁婴幼儿睡眠活动的观察与指导
    - 0～3岁婴幼儿睡眠活动的观察要点
    - 0～3岁婴幼儿睡眠活动的解释分析
    - 0～3岁婴幼儿睡眠活动的指导策略

教学导航

0～3岁婴幼儿的早期教养活动与3～6岁幼儿保教有着很大的区别。近几年我国托育事业蓬勃发展，许多幼儿园与机构也纷纷开设了托班，包括全日托、半日托、计时托、临时托等。对于婴幼儿教师来说，按照科学规律，做好0～3岁婴幼儿的保育与生活照料，保障婴幼儿健康成长，度过人生中发展最迅速的时期，是一个十分重要的命题。

通过学习本模块，你将了解0～3岁婴幼儿生活行为的观察要点，发现影响0～3岁婴幼儿生活行为的因素，掌握0～3岁婴幼儿生活行为的指导要点。

工作任务与重点

本模块主要阐述了行为观察在0～3岁婴幼儿生活行为观察与指导中的应用。生活活动是0～3岁婴幼儿最重要、最基本的活动，照护0～3岁婴幼儿的工作重点在保育方面。此时婴幼儿的表达和自我服务能力还未发育成熟，非常依赖于教师和养育者的观察与看护。因此，教师需要充分了解0～3岁婴幼儿的基本发展规律、不同月龄相对应的发育指标、典型特征及行为、常见问题及指导方法，结合婴幼儿的个性，及时做出分析和引导。本模块主要从0～3岁婴幼儿一日生活流程中的进餐活动、盥洗活动和睡眠活动这三大环节入手，带领婴幼儿教师进行有重点的观察。

案例分享与讨论

新学期伊始，张老师从大班接手了新托班，感到十分不适应，来找园长抱怨了好多次小朋友很难带。“前脚刚刚安慰好哭哭啼啼的豆豆，辰辰就尿裤子了；刚喂月亮吃了几口饭，坐在旁边的阳阳就开始吐饭；刚拉开打架的熠熠和小宇，那边彤彤又突然咬了琪琪的手一口……真是让人手忙脚乱，不如大班孩子好带。”园长说：“带托班的小朋友确实需要一定的适应时间，他们在生活中表现出的这些行为背后都有原因，我们需要了解藏在他们心里的秘密，有的放矢地提前进行引导，而不是当灭火队员，被动地哄孩子……”听完园长的话，张老师若有所思。

讨论：

1. 你是否有过和张老师类似的想法呢？你怎么看待0～3岁婴幼儿与3～6岁幼儿之间的差别呢？

2. 尝试分析案例中孩子行为背后的原因，举例说明在不同情况下教师该如何进行引导。

主题1　0～3岁婴幼儿生活行为的观察与指导概述

0～3岁的婴幼儿时期是每个人人生中最稚嫩的阶段，这一阶段的婴幼儿各器官系统发育不成熟，机体抵抗力低下，易患各种疾病。此时婴幼儿的第一要务是生存下来，他们在这个阶段对成人的依赖也是最强的。这一时期，婴幼儿的发展主要受控于生物学规律，像是有一条内在的线在牵引着婴幼儿发展，相比于3～6岁的幼儿，他们更难受外在影响。因此，成人对婴幼儿的关心应重于教育，以养为主，教养融合。

“关心”正式用于早期教育领域，最早来自21世纪初上海市委成立的“0～3岁婴幼儿早期关心与发展的研究”课题。关心婴幼儿意味着关注他们现实的生活，不仅需要关注婴幼儿健康、营养、卫生、保健、起居环境等方方面面，更需要耐心观察婴幼儿的行为和需要，重视他们的成长轨迹和个体差异，及时满足他们的情感需要。每日的生活照料是促进婴幼儿发展的重要方式，每天的细致观察是引导婴幼儿发展的重要前提。

一、0～3岁婴幼儿生活行为观察的重要性

婴儿的英文infant最初是指“不能讲话的人”。人们普遍认为3岁以前的婴幼儿言语能力很弱，不好沟通和交流。所以，婴幼儿时期是充满神秘色彩的时期。当他们哇哇大哭（见图3-1）的时候是发生了什么吗？当他们哈哈大笑（见图3-2）的时候又代表着什么呢？他们的每一个行为和动作又在向成人传递着什么信息呢？

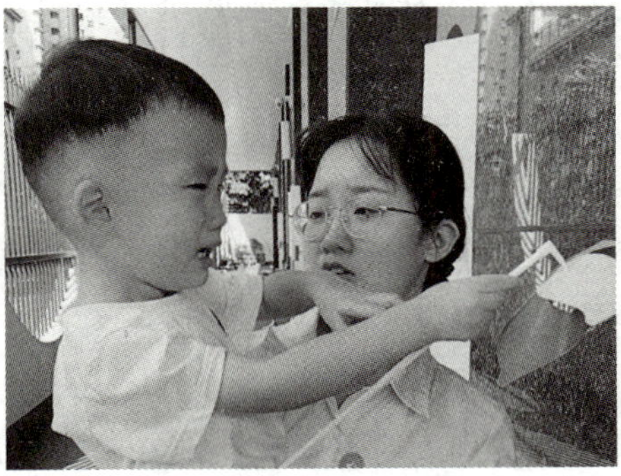

图3-1　婴幼儿哇哇大哭

图3-2　婴幼儿哈哈大笑

婴幼儿时期受生物遗传基因影响明显，发展的节律十分清晰。比如婴幼儿大动作发展的第一个里程碑是从躺着到能够独坐，这大概会发生在婴儿出生后的第 6 个月。在这之前，抬头、抬胸、自主翻身，每一项身体运动技能的有序发展都在为其掌握独坐技能打下基础。

因为 0 ～ 3 岁婴幼儿基本不具有独自进行生活活动的能力，所以作为专业的婴幼儿教师，应该清楚地把握婴幼儿的生长与发展规律，在与婴幼儿相处的时候有意识地去观察，从婴幼儿的行为表现推测其当前的发展水平和即将发展的技能，然后根据现状来为婴幼儿创设适宜的发展环境。在婴幼儿的生活环境中，即便是不起眼的家居用品，也能成为对婴幼儿有发展价值的资源。只有了解其发展特点，耐心观察，才能在实践中看出婴幼儿的转变，为接下来的教育指导做好准备。

二、0 ～ 3 岁婴幼儿生活行为的观察要点

（一）0 ～ 3 岁婴幼儿的身体生长发育

身高、体重、头围、胸围、囟门和牙齿，是评价婴幼儿身体生长发育的主要指标，幼儿教师应当按周期观察记录婴幼儿各项指标的发展情况。

1. 身高

身高是指从头顶到足底的全身长度，在测量 0 ～ 3 岁婴幼儿的身高时，最好采用仰卧位测量，因此身高也称身长。身高常被作为反映婴幼儿长期营养状况的重要指标，新生儿平均身长为 50 厘米，出生后第一年增长最快，前半年平均每月增长 2.5 厘米，后半年平均每月增长 1 ～ 1.5 厘米，1 岁时约为出生时身长的 1.5 倍；1 ～ 2 岁婴幼儿身长增长速度减慢，平均每年增长 10 厘米，2 岁时身长一般为 86 ～ 88 厘米；2 ～ 3 岁婴幼儿身长增长速度继续减慢，年增长 5 ～ 7.5 厘米，3 岁时婴幼儿平均身长为 97 厘米。

2. 体重

体重是各器官、系统、体液的总重量，不仅方便测量而且能够较为准确地反映婴幼儿短期生长发育状况和营养状况。新生儿出生时的正常体重为 2.5 ～ 4 千克，0 ～ 6 个月平均每月增加 0.7 ～ 0.8 千克；7 ～ 12 个月增长量下降，平均每月 0.25 千克，1 岁时体重约为出生时的 3 倍；1 ～ 3 岁年平均增加体重 2 千克左右，2 岁时平均体重约为 12 千克，3 岁时平均体重约为 14 千克。

3. 头围

头围是反映婴幼儿脑发育状况的一个重要指标。新生儿平均头围约 34 厘米，1 岁时平均头围是 46 厘米；1 岁后婴幼儿头围增长速度放慢，第二年约增长 2 厘米，2 岁时头围约为 48 厘米；第三年增长 1 ～ 2 厘米，3 岁时头围一般为 49 ～ 50 厘米。

4. 胸围

胸围是胸廓的最大围度，可以反映出胸廓大小和肌肉发育状况，也能在一定程度上反映出体育锻炼的效果。新生儿平均胸围为 32 厘米，比头围小 1 ～ 2 厘米；1 岁左右胸

围与头围大致相等，为 45～46 厘米；12～21 个月时，婴幼儿的胸围超过头围，2 岁时头围为 48～49 厘米；2～3 岁时，男女婴幼儿的胸围出现差异，3 岁男婴的平均胸围为 50～51 厘米，女婴为 49～50 厘米。

5. 囟门

囟门的大小与闭合时间可用来衡量婴幼儿颅骨的骨化程度。前囟门为菱形间隙，后囟门为三角形。如果出现囟门晚闭合和形状异常的情况，要及时关注婴幼儿是否存在健康及发育问题。新生儿出生时，前囟门为 1.5～2 厘米，大小的个体差异比较大，6 个月后逐渐骨化变小，一般 13～18 个月闭合。后囟门在出生时很小，一般 2～3 个月闭合。

6. 牙齿

婴幼儿的牙齿生长与骨骼发育存在一定关联，但两者的成熟速度并不完全一致。乳牙共 20 颗，上下各 4 颗切牙、2 颗尖牙和 4 颗磨牙。婴幼儿的出牙时间存在个体差异，一般来讲，最早在 4 个月开始出牙，晚的可到 10～12 个月。最先长出的是下切牙（下门牙），然后长出 4 颗上切牙。多数到 1 岁时会长出 4 上 2 下共 6 颗牙齿。2 岁内乳牙的总颗数一般为月龄减去 4～6，全副乳牙出齐一般在婴幼儿 2 岁半左右。

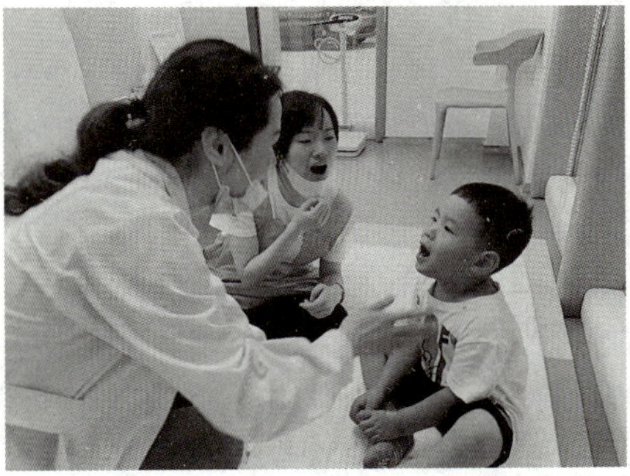

（二）0～3 岁婴幼儿的感知觉发展

感知觉是人类生命早期最初的认知活动方式，也是婴儿出生后认识周围环境和自我的主要手段。皮亚杰将 0～2 岁定义为感觉动作期，也就是说，2 岁以前的婴幼儿都是通过感官来探索世界的。在一日生活中，婴幼儿教师可以着重从婴幼儿的视觉、听觉与触觉发展的角度进行观察，并以此来判断婴幼儿是否符合相应月龄发展的基本情况。

1. 视觉

能看清楚世界，是认知世界的前提。已有研究证明，视觉最初发生在胎儿中晚期，新生儿时期，婴儿的眼睛就已经具备明显的光学特点，比如有瞳孔对光的反射，能看见明暗和颜色等，但此时他们的视觉神经细胞并没有发育成熟。0～6 个月是婴幼儿视觉发展的敏感期，教师可以参考表 3－1 对 0～3 岁婴幼儿视觉发展进行观察。

表 3－1　0～3 岁婴幼儿视觉发展

月龄	视觉发展
0～4	主要表现在视觉集中、视觉追踪方面。1 个月左右的婴儿能够短时间注视，能够缓慢跟随移动物体移动目光；2～3 个月开始出现头眼协调，比如能够水平、上下跟随移动物体移动目光大约至 90°；3～4 个月发展至移动目光大约 180°，并且能够环形跟随

续表

月龄	视觉发展
5～10	可以主动调整眼睛的方向追踪事物，比如可以跟随掉落的物体移动目光；能够长时间看远处移动的物体，同时开始辨别环境的深度，具备一定的立体视觉
11～18	视敏度增加，开始关注相对较小的物品；视觉距离增加，比如能够注视悬挂距离 3 米远左右的玩具
24	视敏度基本接近成人水平，能够区别横线和竖线
36	能够区别斜线、横线和垂直的线

2. 听觉

婴儿的听觉能力是与生俱来的，它比视觉能力产生得更早，25 周的胎儿就会对外界的声音刺激产生反应。新生儿出生不久后就具有听觉定位能力，正常婴幼儿的听觉强度为 0～20 分贝，教师可以参考表 3－2 对 0～3 岁婴幼儿听觉发展进行观察。

表 3－2　0～3 岁婴幼儿听觉发展

月龄	听觉发展
0～4	主要表现在听觉的敏锐性上，并且发展非常迅速。1 个月左右的婴儿就会对铃声有反应，3 个月左右就能够辨别出不同人说话以及同一个人说话声调的差别，4 个月左右头会朝声源处转动
5～10	可以辨别声音的方位，能够很快找到声源；能辨别声音的音色，比如听到悦耳的声音会微笑，会对母亲或主要养育者的声音有反应
11～18	能够听懂自己的名字，区别不同的声音，比如能够分辨出猫叫和汽车鸣笛的声音
24	能够精确地区分不同的声音
36	能够更加精确地区分不同的语音

3. 触觉

和视觉、听觉一样，触觉在婴儿出生时即具备。新生儿的触觉非常灵敏，他们对直接接触皮肤的不舒服的刺激物会做出强烈的反应。新生儿存在痛觉但较迟钝，温度觉很灵敏，能够区分奶的温度。随着月龄的增长，婴幼儿皮肤的灵敏度和定位能力也有所提高，2～3 岁时已经能区分各类物体的软硬、粗糙与光滑等。

（三）0～3 岁婴幼儿的运动行为发展

行动即认知，婴幼儿出生的第一年是运动技巧的快速发展期，拥有良好的动作技能对婴幼儿来说非常重要。在实际工作中，教师可以从婴幼儿的粗大动作发展与精细动作发展两方面进行观察。

1. 粗大动作发展

婴幼儿期发展的粗大动作有抬头、翻身、坐、匍匐爬行、立、走、跳等，教师可以参考表 3－3 对应月龄进行观察。

表 3-3　0～3岁婴幼儿粗大动作发展

月龄	粗大动作发展
新生儿	俯卧时能够勉强抬头，但维持不了很长时间
2	能够在俯卧时抬头 30°～45°、交替踢腿；被成人扶立片刻时，髋关节和膝关节能够屈曲
3	俯卧时能抬头 45°～90°；能够支撑抬头；扶坐时头略前倾，可以保持头部立直
4	俯卧时能抬头 90°；扶坐时头稳且能自由转动，靠着坐时腰呈弧形；能够从仰卧翻到俯卧
5	能够从俯卧翻到仰卧；拉坐时头不会向后；扶立时，双下肢能负重，并能上下跳动
6	拉坐时会主动抬头，扶站时能主动跳跃，可以双手前撑坐
7	可以独坐 1 分钟左右；能够双手支撑胸腹，原地转动
8	能够独坐自如，而且能够左右转动；扶立时背部、腰部、臀部能伸直，能自己扶着栏杆站立
9	能够手膝并用向前爬，会拉着物体自己站起来
10	能够扶着栏杆独自坐下，会扶着栏杆横着走
11	能被成人搀着走，能够独自站立一会儿
12	能爬台阶，能从一个物体处走几步到另一个物体处
15	独自走路比较稳，可以倒退行走
18	能拉着玩具倒退走，能在成人的搀扶或牵着单手的情况下走楼梯
24	可以跑、双足并跳，能独自扶着栏杆上下楼梯，会扔球和踢球
36	能双脚交替走下楼梯，能骑三轮车，能单足站立，能从高处往下跳

2. 精细动作发展

一般来说，婴幼儿期发展的精细动作包括使用手臂、手以及手指上的小肌肉。0～3岁婴幼儿精细动作发展的里程碑是能准确地用手够取、抓握以及操作物体，教师可以参考表 3-4 中对应的月龄进行观察。

表 3-4　0～3岁婴幼儿精细动作发展

月龄	精细动作发展
新生儿	能够握紧拳头，把拳头放进口中；能握住成人的手指
2	常常张开手，玩自己的手；在玩耍时用力挥舞手
4	能够双手合十；开始接触直接放在他前面的物体，比如能抓住胸前的玩具；会拿东西往嘴里放
5	被置于有支持的座位上时，会尝试伸手触摸放在桌上的物体
6	会双手来回交换传递物品；能用整个手抓物体
8	能够使用传递、敲、摇等多种方式玩玩具，学会使用大拇指和其余四指合作捏取物品；不再是双手取物，会用一只手拿东西
10	开始用指尖和大拇指去拾取小物体，会抓东西、撕纸，会拍手、用物体对着相互撞击，学会和别人招手
12	能够灵活地用手钳取小物；能精确释放物体，比如将圆环套在柱子上
15	能垒 2～3 块积木；能抓着笔在纸上乱涂乱画

续表

月龄	精细动作发展
18	能垒 4 ～ 5 块积木，能几页几页地翻书
24	学会拿东西的各种动作，开始把物体当作工具使用，能一页一页地翻书，能垒 6 ～ 7 块积木，会正确握笔，能模仿画垂直线条，能扭动门把手等
30	能垒 8 ～ 9 块积木，能用积木搭造型、拼图、拧瓶盖、拉拉链、画圆和正方形等
36	能垒 9 ～ 10 块积木，能临摹方形和三角形，能用筷子夹小物体，能用剪刀剪开纸条、粘贴纸、捏泥塑等

（四）0 ～ 3 岁婴幼儿的情绪情感发展

婴儿是带着先天情绪反应来到这个世界的，在不会讲话、不会思考、不会生存适应之前，婴儿先会哭。相比于社会性、语言等其他心理领域的发展来说，婴幼儿的情绪情感发展很快，从出生到 1 岁，婴幼儿的情绪就已分化出近 20 种，到 3 岁时，婴幼儿已经具备足以应对他生活环境的复杂情绪反应。教师可以参考表 3 - 5 中对应的月龄进行观察。

表 3 - 5　0 ～ 3 岁婴幼儿情绪情感发展

月龄	情绪情感发展
0 ～ 6	所有的基本情绪出现，如悲伤、欢乐、惊讶、害怕、愤怒等；可以对快乐等面部表情加以区分，并且能回应他人的情绪情感；会通过吮吸和回避方式调节消极情绪；积极情绪更常出现
7 ～ 12	愤怒、恐惧和悲伤等消极情绪更常出现；会通过滚动、撕咬或远离令人不安的刺激物等方式对情绪进行自我调节；能更好地再认他人的基本情绪；社会性参照能力出现
12 ～ 18	会出现羞愧、害羞、愧疚和轻蔑等情绪，能够利用他人的情绪情感暗示（社会参照）来回应
19 ～ 24	会出现困窘和骄傲的情绪；能说出第一对表达情感的词语（高兴和伤心），并在与他人交谈的时候运用这些表达情绪情感的词语
25 ～ 36	可以正确地识别自己和他人的基本情绪情感类型；开始谈论情绪和掩饰情绪，表达情绪情感的词汇迅速发展；开始想象他们在不同情境下的感受，同情和移情出现

三、0 ～ 3 岁婴幼儿生活行为的解释分析

因为 0 ～ 3 岁婴幼儿的语言能力发育不够完善，很多时候无法直接通过言语与教师沟通自己的需求，更多的是以外露的情绪变化来表达自己的感受，所以在观察和解释婴幼儿行为的时候，教师可以从以下几个方面进行思考。

（一）婴幼儿的生理需求

婴幼儿的生理需求包括身体内部的需求和身体外部的需求，内部的需求比如想吃饭、想睡觉等，外部的需求比如衣物软硬、尿布干湿程度、环境中的声光刺激等。进餐、盥

洗、睡眠等生活活动，是满足婴幼儿生存需求的必要条件。因此，在解释婴幼儿生活活动时，需要注意观察婴幼儿的情绪反应，来考虑其外部和内部的生理需求是否得到满足。

在具体实践中，首先，因为婴幼儿年纪较小，往往不能用语言准确表达自己的需求和感觉，这就要求婴幼儿教师要细心观察，当发现异常情况后，及时进行处理。其次，婴幼儿主要通过啼哭来表达自己的不适反应。所以，在排除饥饿、排尿等因素后，如果婴幼儿教师发现婴幼儿依旧哭闹不止，就需要仔细检查婴幼儿的全身及其所处环境。最后，婴幼儿的精神状态是非常值得关注的一个方面，如果婴幼儿面色红润，眼睛有神，正常玩耍，说明婴幼儿身体健康；如果其面色发白，哭声无力或异常，眼睛无神，不吃奶、不进食，烦躁不安或嗜睡等，应及时请园所保健医生对婴幼儿的身体状况进行检查，联系家长，必要时及时送医。

（二）婴幼儿的心理需求

除了生理需求以外，婴幼儿的心理需求同样需要得到重视。比如归属与爱的需要、尊重的需要、对同伴关系的需要、对亲子依恋的需要等，这些都是婴幼儿社会性发展的开端和组成部分。

以婴幼儿的归属感为例。新生儿出生以后，并不知道自己是谁，也不知道身边的人是谁，他们不断地在生活过程中学习。他们最依恋的人，往往就是每天和他们在一起时间最多的人，婴幼儿会不断在这些人身上去验证归属感。从婴儿的视角来分析，有的时候他们的某些反应并不是因为生理需求。比如当婴儿哭泣的时候，他们会观察是否马上有人回应，是否马上有人出现或者有声音呼应，得到满足之后婴儿就会平静下来。之后，婴儿还会观察他们最爱的人是否能满足他们的需要，能就表现出满足，不能就继续哭闹。在教师和婴幼儿建立了相对亲密的关系后，当婴幼儿发现教师抱了或者夸奖其他孩子的时候，也有可能会出现生气的情绪和一些反常的举动，比如尿裤子、哭闹、打或咬其他小朋友等。

案例

月亮班的依依今年2岁了，平时她就是一个很有脾气的小姑娘，不喜欢其他人靠近，就喜欢黏着主班老师王老师。有一次，王老师有事请假了一周，等她回到月亮班的时候，不仅依依抱着她不撒手，带班的李老师也拉着她大吐苦水。原来在她离开的这一周，依依每天都要闹上两个小时，手乱打，脚乱踹，扔玩具，不好好吃饭，趴在地上打着滚哭……李老师每天都要想尽办法哄她，但是收效甚微，很是为难。

案例评析：依依出现这种情况一是因为天生就容易情绪激动，一旦受到一些外界的影响，就比较容易发脾气；二是对王老师的依恋，平时王老师和她相处的时间更长，更了解和熟悉她，分离焦虑加上李老师对依依的性情不太了解，不能及时满足她的需求，导致依依情绪不稳定；三是环境突然改变打破了依依的生活常规，一些习惯养成后，出现突然的变化会让孩子比较难适应。

四、0～3 岁婴幼儿生活行为的指导策略

科学合理地安排婴幼儿的日常起居，也就是说把婴幼儿一天中进食、睡眠、盥洗、锻炼、游戏的时间固定下来，对婴幼儿的健康发展来说至关重要。这不仅有利于满足婴幼儿生活的需要和良好生活习惯的形成，还有利于幼儿教师有条不紊地开展保育工作。尤其是当看护人员发生变动时，后来接手的教师能够迅速了解婴幼儿的习惯和需求。具体来说，就是幼儿教师要有为婴幼儿制定一日生活作息表的能力，作息表需要兼顾婴幼儿的日常保育与学习活动。同时，幼儿教师要能够真正利用好一日生活作息表，合理安排自己与婴幼儿的相处时间。幼儿教师在制定婴幼儿一日生活作息表的时候，需要注意以下几点。

（一）作息表要以婴幼儿为本

制定婴幼儿的一日生活作息表并不是一次性的工作，它是动态变化的过程，需要幼儿教师了解和熟知各年（月）龄婴幼儿的身心发展水平，依据其具体发展需求不断调整。同时，还需要考虑和结合婴幼儿生活环境的变化，比如要顺应季节气候的变化，调整婴幼儿的户外活动时间，夏季适合在 10:00 前和 16:00 后进行户外活动，而冬季开展户外活动的时间更适合安排在 10:00—16:00。

（二）作息表要具备一定弹性

婴幼儿有着各自不同的生物钟，所以在为婴幼儿制定作息表的时候要保留一定的弹性。可以提前与家长沟通，尽量让婴幼儿保持与其家庭成员相一致的作息时间，这样做也可以减轻幼儿教师的一些烦恼，比如需要在同一时间给班里所有的婴幼儿喂食、换尿布等。

（三）可以分组制定作息表

如果一个班里有多名幼儿教师，可以根据实际情况，将婴幼儿分成相应的几个小组，每个小组各由一名教师负责。首先，这样做可以方便教师更好地了解小组内每个婴幼儿的需要，从而制定出更适宜婴幼儿发展的个性化作息表；其次，当由固定的教师进行日常照顾时，婴幼儿相对更容易与教师建立起亲密和信赖的关系。

（四）合理利用保育时间，教养融合

在规划作息表的时候，可以挑选一些能够融入日常保育的活动。比如在给婴幼儿换尿布、喂食的时候，和他们说说话、哼唱儿歌，还可以引导婴幼儿观看附近悬挂的图片玩具，或是一些可移动的物体，促进其感知觉的发展。

（五）做好观察记录

小月龄的婴幼儿还不具备自主控制排尿排便的能力，所以在幼儿教师带领其从一个活动过渡到另一个活动的间隙，应首先检查一下婴幼儿的尿布是否需要更换。同时，幼儿教师们需要记录下为每个婴幼儿更换尿布的时间，这样会为之后更好地掌握婴幼儿更换尿布时间提供参考。当然，喂食、饮水等其他生活活动的时间和一些基本情况也同样需要记录。

同步练习

1. 简述 0～3 岁婴幼儿生长发育的观察要点。

2. 概述 0～3 岁婴幼儿的感知觉发展情况。

3. 概述 0～3 岁婴幼儿的粗大动作和精细动作发展情况。

4. 简述如何解释分析 0～3 岁婴幼儿的生活行为。

情景任务探索

设计日常作息制度

知识拓展

感觉统合训练法

主题 2　0 ～ 3 岁婴幼儿进餐活动的观察与指导

生存和适应环境，是婴幼儿健康成长与发展的基础和前提。0 ～ 3 岁婴幼儿的进餐活动与 3 ～ 6 岁幼儿的进餐活动有着显著不同，二者在食物种类和喂养方式等方面都有较大的差异。相比之下，0 ～ 3 岁婴幼儿对教师悉心照料、及时关注的需求会更强烈。

基于婴幼儿的发育成长过程，在其不同月龄，成人需要观察和注意的方面也不尽相同。这就需要成人了解各月龄婴幼儿的科学喂养特点，适时给予关注、引导、支持和帮助。

一、0 ～ 3 岁婴儿进餐活动的观察要点

（一）0 ～ 6 个月婴儿的进餐活动

0 ～ 6 个月是婴儿生长发育最迅速的关键时期，且其不具备独立进餐的能力，需要成人喂养。提倡纯母乳喂养，按需喂奶，每日应喂奶 8 次左右。当然，由于环境不同及客观条件限制，也可以采取部分母乳喂养和人工喂养的方式。不同情境下，观察的侧重点也不同，但凡是涉及使用母乳喂养的方式，都应该观察和注意乳母的身体健康状态、营养状态以及泌乳状态等。

1. 纯母乳喂养

需要着重观察婴儿的含接姿势和乳母的哺乳姿势，教师可以参考表 3 - 6 进行观察。

表 3 - 6　纯母乳喂养观察记录表

项目	观察要点	记录
含接姿势	婴儿上唇上面露出的乳晕比下唇下面露出的多	是 / 否
	婴儿的嘴张得很大，乳头和大部分乳晕都在口中	是 / 否
	婴儿的嘴唇凸起向外翻，舌头呈勺状	是 / 否
	婴儿的下巴贴着乳房，能听到婴儿的吞咽声	是 / 否

续表

项目	观察要点	记录
哺乳姿势	婴儿的头和身体呈一条直线	是 / 否
	婴儿的头部和颈部有支撑	是 / 否
	婴儿的身体贴近乳母	是 / 否
	婴儿贴近乳房，鼻尖对着乳头，即胸贴胸、腹贴腹、下巴对乳房	是 / 否
	乳母的手呈“C”形托起乳房	是 / 否

2. 部分母乳喂养和人工喂养

乳母不直接进行哺乳时，无论是采用母乳还是母乳代用品进行人工喂养，都应注意观察以下要点，教师可参考表 3－7 进行观察记录。

表 3－7　婴儿喂奶观察记录表

观察要点	记录
奶瓶和奶嘴是否已提前进行清洗和消毒	是 / 否
是否使用清洁饮用水调制婴儿配方奶粉	是 / 否
是否严格按照奶粉冲调说明当中水与奶粉的比例、冲调方法进行操作	是 / 否
奶的温度是否适宜	是 / 否
奶瓶是否垂直于婴儿的嘴	是 / 否
喂奶结束时，奶瓶中是否有剩余奶液	是 / 否
喂奶时长	
与上次喂奶的间隔时间	

在采用挤母乳储存配合人工喂养方式的时候，还要注意挤奶的间隔时间（至少 6 小时一次）、乳汁保存的温度及时间等方面。

（二）6～12 个月婴儿的进餐活动

单纯以母乳或母乳代用品喂养，不能满足 6～12 个月婴儿的成长需求，所以在继续母乳喂养的基础上，可以逐步合理地添加辅食。同时，基于婴儿身体运动能力的发展，可以开始培养婴儿的自我服务技能，比如允许婴儿自己扶奶瓶、在保证安全的情况下允许其玩弄餐具等，还应注意培养婴儿良好的饮食习惯和进食行为。教师可以参考表 3－8 进行观察。

表 3－8　婴儿进餐活动观察记录表

项目	观察要点	记录
食物	喂奶量	
	辅食种类	谷类 / 蔬菜 / 水果 / 动物性食物

续表

项目	观察要点	记录
	辅食添加频次	
	辅食形式	液体食物 / 半固体食物 / 固体食物
进食反应	是否有过敏症状	是 / 否
	是否出现呕吐、腹泻等消化不良反应	是 / 否
	喜好程度	喜欢 / 一般 / 拒绝
进食行为	是否尝试自己用手握或抓食物吃	是 / 否
	是否在固定时间、位置、使用相同餐具进餐	是 / 否
	是否存在偏食、挑食的现象	是 / 否
卫生	辅食是否单独制作	是 / 否
	炊具、餐具是否进行清洗消毒	是 / 否

（三）1～3 岁幼儿的进餐活动

在 1～3 岁幼儿的膳食安排上，应保证乳类食物的量，选择营养丰富和易消化的食物，逐渐帮助幼儿过渡到多样食物。世界卫生组织建议，母乳喂养可以持续到 24 月龄（2 岁）的时候。除了对幼儿饮食安全卫生、食量及营养等方面的关注外，教师及养育者还要格外重视 1～3 岁幼儿良好饮食习惯的培养，可以从是否定时定量进餐、是否有特殊的食物嗜好、三餐两点的进食状况、是否每天足量饮水、是否愿意自己进食和主动饮水、进餐过程中的情绪状态等角度进行观察。

二、0～3 岁婴幼儿进餐活动的解释分析

在婴幼儿的进餐过程中，会出现许多共性的问题，这些现象很常见，教师和养育者应做到心中有数，可从以下角度进行解释分析。

（一）吐奶

吐奶是婴儿喂食中最常见的现象。这是因为婴儿的胃部呈水平状态，食道进入胃部的贲门括约肌松弛，胃连接十二指肠的幽门括约肌又较紧，所以常会发生胃食道反流而吐奶。因此，成人应注意喂奶的姿势和方法，避免让婴儿吞入气体，保持喂食量和喂食速度适中。一般偶尔吐奶不严重的情况，无须治疗和过分担心。但如果吐奶频繁，或者出现喷射样呕吐时，应及时带婴儿就医进行详细诊察。

（二）拒食、厌食

这是婴幼儿喂养中不分月龄和喂养方法都有可能发生的一个令人头痛的问题。其原因非常多样。首先，成人应检查婴幼儿是否患有隐性疾病，如有，需及时带婴幼儿就医。其

次，环境的改变也会影响婴幼儿的情绪和食欲，比如环境中出现陌生人等。再次，不合理的喂养方式，如喂食太频繁凌乱、辅食添加过晚或过多、小零食吃得过多等，也会导致婴幼儿拒食、厌食。厌食最常发生在6～7月龄的婴儿身上，这个阶段的厌食多是生理性的，只要耐心地喂，2～3天就会恢复。也可以加用一些益生菌制剂，帮助改善婴幼儿消化道功能。

（三）大便异常

大便是反映婴幼儿进食及身体健康状况的一个重要观察点，可以从大便次数、颜色和性质进行观察。母乳喂养的婴儿，每日大便5～6次，只要不是水泻的状态都算正常。当然也有可能每两天一解，只要婴儿大便是软的，没有腹胀，解便无困难即可。婴儿大便正常的状态一般是糊状、黄色、水分不多，有时带少许黏液、小乳块或菜渣；偶尔大便呈绿色，这是因为胆液在肠道未经转化成胆黄素；偶尔大便带少许血丝，可能因为有肛裂或小的直肠息肉，若是带有脓血，必须带婴儿去医院诊治。

当发现婴幼儿大便不正常或次数增多时，不一定要马上给婴幼儿忌嘴或减少奶量。首先需要分析一下婴幼儿大便异常的原因，之所以会出现这种现象往往并不是因为婴幼儿生病了，而是短暂的消化功能紊乱，比如因为对天气变化不适应、喂养方式及喂养量不适宜等，一般进行调整控制后，2～3天就会自行恢复。当然，可以暂缓添加新的辅食，维持原有的进食制度。

三、0～3岁婴幼儿进餐活动的指导策略

（一）进餐时间

婴儿的进食量较少，常常是不定时进食，可以按需喂养，随醒随吃；随着婴幼儿的成长，需逐渐增加其进食量，并培养按时进食的习惯。婴幼儿吃饭的时间一般控制在30分钟左右，在喂饭时，不要强喂，如果婴幼儿表现出不想吃或者不好好吃饭的状态，在排除生理性因素后，教师可以先把食物收起来，等到婴幼儿饿了自然就会吃了。

（二）进餐习惯

准备合适的餐具，婴幼儿刚开始学习用小勺吃饭时，由于手的动作还不协调，教师需协助其握持，可以做示范动作让婴幼儿模仿，同时教师要视情况喂婴幼儿吃饭。发现婴幼儿自己能独立吃上几口时，要及时给予鼓励。婴幼儿在模仿练习的时候，把饭菜洒在身上是正常现象，教师需要及时处理干净，保持婴幼儿衣物的干爽清洁。在确

案例评析：进餐习惯

定安全的情况下，可以让婴幼儿多练习自己吃饭（自己抱扶奶瓶、自己使用餐具进食），不要随意中止其探索行为。

在进餐过程中，提示婴幼儿专心进餐，避免边吃边玩，要细嚼慢咽，不挑食不偏食，尽量不剩饭菜。可以视情况，在集体活动中通过讲故事、看图说话、模仿游戏等形式锻炼婴幼儿独立进餐的能力。

（三）进餐准备

保持进餐环境的安静整洁，桌椅要符合婴幼儿的特点，固定进餐位置。餐前避免带领婴幼儿进行剧烈运动，避免在餐前处理问题，避免可能引发婴幼儿情绪起伏的事情和行为。餐前半小时不喂零食，提前组织集体或分批进行盥洗活动，包括洗脸洗手，给婴儿换尿布，提醒婴幼儿小便。最好给婴幼儿戴上围嘴，在等候进餐的同时，可以用温和的语言告诉婴幼儿餐具、食物和有关动作的名称。分餐时要注意食物的分量是否符合婴幼儿的食量、食物的温度和新鲜程度、食材是否符合个别婴幼儿的体质（需提前了解，避免发生过敏）等。

案例评析：进餐准备

（四）家园相配合，保持教育的一致性

对于婴幼儿来说，家长是其全方位的教师。家长需要关注的是其全部的生活行为，并且家长需要通过婴幼儿的生活行为对其进行成长发育中的全面教育。幼儿园需要打开门办学，婴幼儿教师要与家长共同合作、密切联系。当婴幼儿入园时，教师应及时了解婴幼儿的基本家庭情况，以及婴幼儿在家的一些生活习惯，为之后对婴幼儿进行有的放矢的教养做准备。

案例

潘潘到底能吃多少?

在一次家长入园开放日的活动中，宋老师在给小朋友们盛饭，轮到潘潘的时候，潘潘妈妈在一边连声提醒宋老师：“少盛一点，少盛一点，潘潘吃不了这么多。”宋老师说：“不会的，潘潘能够吃得完。”接下来，潘潘不仅吃完了盘子里的饭，还要求宋老师帮他再添一点儿。开放日活动结束后，潘潘妈妈找到宋老师，一脸感慨和惊喜地和她说：“潘潘原来能吃这么多呀！他在家里吃的还没幼儿园的一半多呢！”

案例评析：之所以会出现这样的情景，是因为家庭与幼儿园对孩子教育的要求总体上不一致。这就会导致婴幼儿表现出一种倾向：在幼儿园表现很好，回家就变样了。这种两

方教育上的不一致，一方面会削弱甚至抵消幼儿园的教育，另一方面也有可能会使婴幼儿形成双面性格。所以，教师要完成对婴幼儿的教养任务，离不开家长的配合和沟通。

同步练习

1. 简述 0～3 岁婴幼儿进餐活动的观察要点。

____

____

____

2. 概述如何对婴幼儿母乳喂养进行指导。

____

____

____

3. 简述可以从哪些方面指导婴幼儿的进餐活动。

____

____

____

情景任务探索

幼儿进餐活动观察

知识拓展

幼儿进餐环境及其创设

主题 3　0～3 岁婴幼儿盥洗活动的观察与指导

0～3 岁婴幼儿的盥洗活动需要在成人的支持下进行，尤其是对于 18 个月以前的婴幼儿来说，非常需要成人的生活护理。盥洗不仅可以清洁婴幼儿的皮肤，避免细菌入侵，还可以改善婴幼儿皮肤的触觉和对温度的感知能力，从而提高适应环境的能力。首先，教师需采用一对一的方式帮助和指导盥洗，包括洗手、洗脸、刷牙、上厕所；其次，小月龄婴幼儿盥洗活动还包括了更换尿布、洗屁股、沐浴、辅助排便等。随着月龄的增长，结合婴幼儿的个体发展，教师可以支持、鼓励其自己动手。

一、0～3 岁婴幼儿盥洗活动的观察要点

小月龄的婴幼儿不具备独立进行盥洗活动的能力，所以教师在巡视过程中，应着重观察婴幼儿的肢体行为和情绪状态，要能够识别及回应婴儿通过哭闹、四肢活动等表达的需求。发现婴幼儿出现大小便征兆的时候，要及时把便和更换尿布，清洗臀部，保持其臀部和身体干爽清洁。还需注意观察婴儿颈部、腋下等褶皱处的皮肤状态，保持清洁干燥，可以在清洁后进行一定的护理，涂抹润肤露或润肤油，避免出现皮肤损伤。

12 个月以后，教师可鼓励幼儿及时表达大小便需求，协助和引导幼儿自己洗手；25 个月后，要注意引导幼儿餐后漱口，鼓励其尝试独自进行盥洗，观察其是否遵循相应的盥洗常规，比如使用肥皂或洗手液正确洗手、不在盥洗室追逐玩耍、使用自己的毛巾擦手等。

同时，教师应关注婴幼儿的排便情况，其大小便的次数、数量、颜色能反映出婴幼儿的健康状况，可参考表 3－9 进行观察，要做好记录，并结合具体情况做出不同处理。

二、0～3 岁婴幼儿盥洗活动的解释分析

不满 1 岁的婴幼儿吃饱后，他的身体会自然产生排空肠道和膀胱的需要，这是一种神经反射活动，就如膝跳反射一样。在幼儿成长到 1 岁半左右时，这种神经反射活动会逐渐减弱，取而代之的是由意识主动控制的排便和排尿，3～4 岁的幼儿就可以自主决定是否要去厕所、是否要主动排便了，在这之前，婴幼儿的盥洗活动较依赖于成人的干预。

表3-9　幼儿上厕所的发展过程

年龄	表现
1岁半左右	幼儿有了分辨干湿的能力，并且在之后几个月的发展中，会在想要上厕所之前感受到便意
1岁半～2岁	学会控制排尿，但是时间较短，只能控制5秒钟左右
2岁～2岁半	2岁时，控制排尿的时间稍微延长，甚至可以成功地尿在该尿的地方；同时，对排便的控制也日趋成熟，会有个别幼儿先学会控制排便；大多数幼儿在2岁半时可以自己上厕所，自己解开裤子，在此过程中不会犯太大的错误
2岁半以后	大多数幼儿可以短暂地控制排尿和排便
3岁半及以后	开始尝试自己擦屁股，但是仍需要长时间的练习

在引导幼儿上厕所的时候，如果发现幼儿尿液颜色变黄，这可能是因为其饮水较少、出汗又较多，需注意提醒幼儿多喝水；当发现婴幼儿饮水或进食不多，上厕所次数很频繁，或者大小便出现血样时，幼儿教师需要及时联系家长说明情况，并请保健医到场进行检查。

三、0～3岁婴幼儿盥洗活动的指导策略

（一）上厕所训练的基本原则

训练婴幼儿学会上厕所是盥洗活动指导，也是婴幼儿早期教育中一个绕不开的话题，虽然控制排尿和排便是婴幼儿发展的一个自然进程，不能人为加速，但教师可以用一些简单的原则来辅助这一进程。

（1）进行排尿训练前，最关键的是要确定婴幼儿是否有能力分辨干湿的不同感觉。能够分辨干和湿的不同感觉，是之后一切训练的基础。试想，如果婴幼儿对自己尿在裤子里这件事都毫无知觉，那么不管教师采用何种方式劝说婴幼儿去厕所排尿都毫无意义。

（2）进行排便训练前，婴幼儿要学会坐在马桶或者便盆上。也就是说，排便训练的第一步，就是要帮助婴幼儿把坐马桶与排便这两件事情联系起来。

（3）放松有利于婴幼儿排便。在训练过程中，教师应避免急躁和催促，因为强迫会造成婴幼儿情绪紧张，这种紧张会使其关闭身体的排泄通道。

（二）上厕所训练的常见问题及指导方法

1. 婴幼儿排便间隔

婴幼儿正常的排便习惯从一天五次到五天一次不等，不同婴幼儿之间存在个体差异，教师可以提前与家长沟通婴幼儿的不同排便习惯，以便对应观察。

2. 训练男孩尿尿时的姿势

站姿和坐姿都可以。如果采用站姿，可能会对其排尿训练起到促进作用，但同时也存在一些缺点，比如尿液四溅、延迟排便习惯的养成等。在实践中，可以尝试在马桶中放入小的

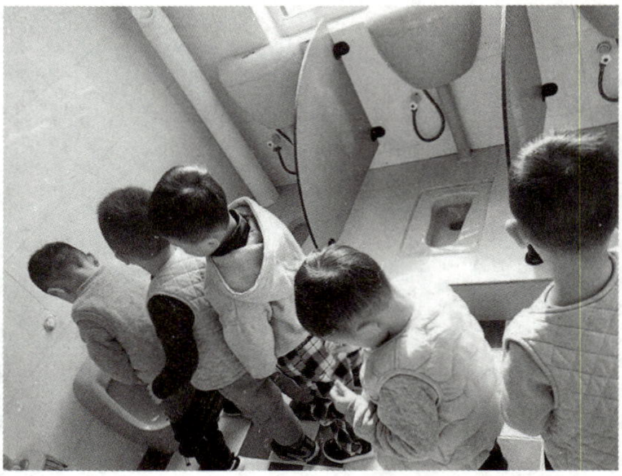

废纸团，吸引幼儿往准确的位置尿尿。

3. 婴幼儿害怕上厕所

教师需要帮助婴幼儿慢慢脱敏，在处理过程中，同样需要家长的配合。可以先用便盆代替马桶，把便盆摆在一些会让婴幼儿感到舒适的位置，比如电视机旁边，然后让其穿着裤子坐在上面练习；之后逐渐适应不穿裤子坐在上面的感受，然后习惯旁边没有吸引物的感觉；最后把便盆放进厕所。婴幼儿最开始使用马桶的时候，教师或家长尽量待在他身边，之后每次远离一点，让婴幼儿逐渐适应独自上厕所的感觉。

同步练习

1. 简述 0 ～ 3 岁婴幼儿盥洗活动的观察要点。

______

______

______

2. 简述 0 ～ 3 岁婴幼儿上厕所训练的基本原则。

______

______

______

3. 简述 0 ～ 3 岁婴幼儿上厕所训练的常见问题及指导方法。

______

______

______

情景任务探索

结合盥洗活动拓展幼儿认知

知识拓展

宝宝便秘怎么办

主题4　0～3岁婴幼儿睡眠活动的观察与指导

睡眠是使婴幼儿神经系统得到休息的最有效措施，有助于婴幼儿的脑发育。睡眠需要足够的时间和深度，以保证睡眠的质量。

一、0～3岁婴幼儿睡眠活动的观察要点

在睡眠活动开始之前，幼儿教师要反复检查婴幼儿能直接接触到的位置，如口袋、手中、身上、床上等，避免出现小别针、小纽扣、硬币、药品、小刀片、小豆子之类的东西，以防婴幼儿吞食或者这些异物进入器官，对婴幼儿造成伤害。

在婴幼儿入睡后，教师在巡视过程中，要特别注意婴幼儿的睡眠安全问题。

首先，需要着重观察的是婴幼儿的睡姿，包括其口鼻是否露出。新生儿刚刚学会翻身但又不太灵活的时候，很容易翻成俯卧位而没有力气再翻回来，这样很容易堵住自己的口鼻从而发生窒息。另外，睡觉时身体活动导致被子盖住婴幼儿口鼻发生窒息的现象屡见不鲜。所以，幼儿教师在巡视过程中要格外重视检查该项。一般主张婴幼儿采取向右侧卧、微屈双腿、全身自然放松的姿势入睡，当教师发现婴幼儿出现趴着睡、蒙头睡、跪着睡等不良睡姿时，要及时纠正。

其次，需仔细观察每名婴幼儿的睡眠状态。一般来说，健康婴幼儿入睡后，安静且呼吸均匀，头部略微出汗，会不时出现一些微小的表情变化；睡眠不安的婴幼儿多表现为不时哭闹乱动，入睡后易醒，有的婴幼儿也会出现皮肤干燥发烫、呼吸急促、脉搏加快、摇头抓耳等现象，教师发现类似的异常现象，需要尽快请保健医到场处理，并及时联系家长，视情况带婴幼儿去医院进行检查和治疗。

此外，还要重点护理有特殊疾病的婴幼儿，比如患有气管炎、支气管炎的婴幼儿，当其呼吸道分泌物过多时，很有可能在睡眠活动中发生窒息，幼儿教师需格外留心，经常观察此类婴幼儿的变化。

在睡眠活动结束之后，幼儿教师应当检查婴幼儿的手指、脚趾是否被袜子、手套或被子上的丝线缠绕，避免因血流不通造成组织坏死。

二、0～3 岁婴幼儿睡眠活动的解释分析

与成人相比，婴幼儿的浅睡眠时间会比较长，做梦通常发生在浅睡眠期间。处于浅睡眠时段时，婴幼儿可能会出现半睁眼、哼唧、肢体抖动、微笑、皱眉、吮吸等动作，但这不意味着孩子醒了。教师不需要马上去哄或拍孩子，这样反而会把孩子惊醒，使睡眠过程受到影响。

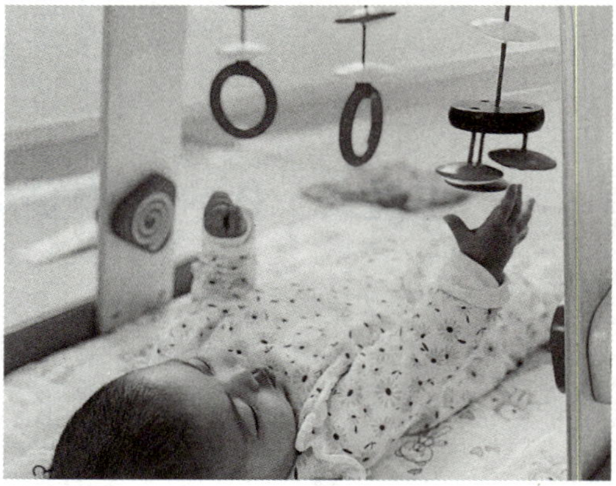

婴幼儿会本能地用哭闹来表达躯体不适的感受，影响婴幼儿睡眠的原因有很多，遇到此类情况，教师应首先检查婴幼儿的身体状况，看是否有生理性的异常，是否有患病的征兆，如体温升高、鼻子不通气等；接着检查婴幼儿的卧具和衣物，看是否存在刺激性因素，比如尿布湿了没有及时更换等；然后观察周围环境，看空气是否新鲜，室温和湿度是否适宜，是否有噪声等。除此之外，婴幼儿睡姿不舒服（如胸口受压导致呼吸不畅）睡前情绪激动、饮食不当都有可能引发睡眠问题。

三、0～3 岁婴幼儿睡眠活动的指导策略

（一）不同月龄婴幼儿睡眠活动指导策略

婴幼儿的月龄不同，所需的睡眠时间不同，睡眠活动的安排和指导策略也不同。共性的指导策略包括：指导和培养婴幼儿正确的睡姿；多关注特殊情况婴幼儿；教师不擅自离开班级；保持寝室安静；加强巡视观察，至少保证每 15 分钟巡视一轮；起床后帮助穿衣，提示盥洗、饮水等。

对于新生儿来说，日间除了吃奶、清洁卫生外均为睡眠时间，夜间可以任其熟睡，不用因喂奶特意将其弄醒，可以参照表 3－10 安排婴幼儿的睡眠时间和次数。

表 3－10　不同年龄婴幼儿的睡眠次数和时间对照表

年龄	次数	白日持续时间（小时）	夜间持续时间（小时）	合计（小时）	活动时间（小时）	饮食	
						次数	间隔（小时）
2～6个月	3～4次	1.5～2	8～10	14～18	1.5～2	6	3.5～4
7～12个月	2～3次	2～2.5	10	13～15	2～3	5	4
1～3岁	1～2次	1.5～2	10	12～13	3～4	3～4	4

资料来源：人力资源和社会保障部，中国就业培训技术指导中心. 育婴员［M］. 2 版. 北京：海洋出版社，2013.

1. 0～6个月

6个月以前的婴儿，每天的大部分时间都处于睡眠状态之中，教师要注意识别婴儿困倦的信号，通过常规睡前活动，培养婴儿独自入睡的习惯。帮助婴儿采用仰卧位或侧卧位姿势入睡，脸不被遮盖。在婴儿睡眠过程中，注意观察婴儿的睡眠状态，减少抱睡、摇睡等安抚行为。

2. 7～12个月

避免在睡前组织激烈的游戏或讲述情节跌宕起伏的故事，并适当调整睡眠室的环境，包括湿度、温度、空气流通等。对于因不愿入睡而哭闹的婴儿，教师可以坐在睡床边握住他的手，直到其入睡，之后慢慢缩短陪伴时间，使婴儿适应独自入睡；同时，随着身体的发育，婴儿的四肢变得更加灵活有力，教师在巡视过程中要注意婴儿是否踢被、口鼻是否露出、睡姿是否存在窒息风险等。

3. 13～24个月

固定幼儿睡眠和唤醒时间，帮助其逐渐建立规律的睡眠模式；坚持开展睡前活动，如放催眠曲等，确保幼儿进入较安静状态，培养幼儿独自入睡的习惯。

4. 25～36个月

帮助幼儿形成规律的作息，保证其每日有充足的午睡时间。引导幼儿自主做好睡眠准备，养成良好的睡眠习惯。

（二）关注个体差异及睡眠问题

不同婴幼儿的睡眠活动存在个体差异，教师应根据具体情况采取适宜的照护方式。例如，有的幼儿有尿床的习惯，教师在巡视过程中需注意叫醒，并提示排尿；有的幼儿迟迟无法进入睡眠状态，教师可以多加关注，采用轻拍等方式安抚幼儿；有的幼儿习惯早一点醒来，教师可以带着他起床做一些安静的活动，不要惊扰到其他幼儿。

（三）创设良好的睡眠环境

高质量的睡眠离不开良好的睡眠环境。睡眠室要经常开门窗进行通风，保持室内的空气新鲜，室温维持在18℃～25℃，可以用开空调等方式调节；婴幼儿的被褥要保持干燥、干净和舒适，被子不用太厚，也不要让婴幼儿穿太多衣服睡觉；避免在睡前组织会让婴幼儿过于兴奋的活动；室内光线要柔和，白天睡眠不过度遮蔽光线；给每个婴幼儿设立独立床位等。

案例

以前总觉得孩子很小，老师说了他，第二天就会忘的，其实并不是这样，特别是有的时候与孩子单独聊天，是很有效果的。有一次，一个孩子衣服总是穿不好，我坐在他床前轻轻和他聊天，鼓励他自己穿衣服，并且鼓励他回家也不要家长帮忙，这个孩子就觉得我很重视他。第二天，他外婆来说，这个宝宝早上坚持要自己穿衣服。

案例评析：教师要将自我服务能力的培养融入日常保育过程中，幼儿其实比成人想象中的更为积极。

同步练习

1. 简述 0 ～ 3 岁婴幼儿睡眠活动的观察要点。

2.0 ～ 3 岁不同月龄段婴幼儿的睡眠有什么差异？

3. 影响 0 ～ 3 岁婴幼儿睡眠质量的因素有哪些？

4. 如何对 0 ～ 3 岁婴幼儿进行个别化睡眠活动指导？

情景任务探索

幼儿睡眠活动观察与指导

知识拓展

有关睡眠的科学常识

学习评价与反思

小组作业：分别为全日托班和半日托班设计一份适宜的婴幼儿一日作息制度，并标明各项生活活动的具体安排以及安排原因，同时完成学习情况评价表。

学习情况评价表

姓名：________　　　　学号：________

评价项目		评价标准		
		是否适用	已达要求	未达要求
学习内容评价	生活行为			
	进餐活动			
	盥洗活动			
	睡眠活动			
学习表现评价	参与度			
	讨论发言积极程度			
	主动学习			
综合评价	自我评价： 小组评价： 教师评价：			

任课教师：________　　　　评价日期：________

模块四　3～6岁幼儿生活行为的观察与指导

学习目标

思政目标：坚持科学的教育理念，在 3～6 岁幼儿生活活动的观察与指导中体会工作和学习的乐趣，培养热爱幼儿的情感。

知识目标：了解 3～6 岁幼儿生活行为的观察要点和指导策略。

能力目标：掌握观察 3～6 岁幼儿进餐活动、盥洗活动、睡眠活动的方法。

思维导图

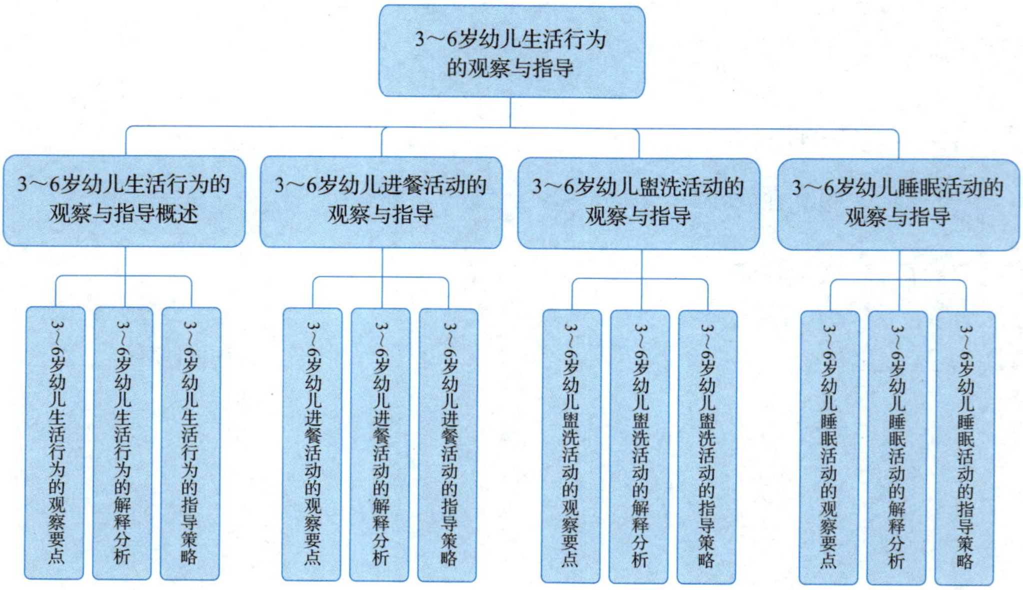

教学导航

翻开幼儿园一日活动安排表，你会发现入园、饮水、盥洗、进餐、午睡等生活活动占据了幼儿一日活动的大部分时间。对于没有接受过观察训练、尚未形成观察习惯的幼儿教师而言，陷入幼儿生活活动的“琐碎”、忙于维持幼儿园班级集体秩序、疲于观察与指导幼儿行为是常见的问题。

通过学习本模块，你将了解3～6岁幼儿生活行为的观察要点，发现影响3～6岁幼儿生活行为的因素，掌握3～6岁幼儿生活行为的指导策略。

工作任务与重点

本模块主要阐述了行为观察在3～6岁幼儿生活行为观察与指导中的应用。生活活动是幼儿最基本的活动，同时也是重要的活动，教师可以充分发挥观察记录的作用，了解每个幼儿的表现，及时做出相应的分析和指导，以此引导幼儿在生活中学习、成长和发展。在幼儿一日生活中，有以下观察重点：行为发生的原因；行为发生的环境；幼儿当时的反应；幼儿的后续反应；等等。本模块主要从3～6岁幼儿进餐活动、盥洗活动和睡眠活动这三大环节入手，带领幼儿教师进行有重点的观察。

案例分享与讨论

开展教研活动时，园长说：“一日活动皆课程，请新来的小陈老师给我们讲讲入园就职以来这一个月对班级生活活动的观察体会吧。”小陈老师脑袋一片空白，虽然她事先已经做好了发言的准备，但没想到今天，她要讲的主题是生活活动。工作一个月以来，她几乎把所有心思都用在教学活动上，她认为生活活动没有多少技术含量，只要正常完成就行，于是她每天都按部就班地安排幼儿的生活活动，未认真进行观察。随后小陈老师支支吾吾地结束了自己的发言，对此她感到很惭愧，整个教研活动下来什么都没有听进去，脑子里一直回想着园长所说的话：“很多新老师容易忽视幼儿生活活动观察与指导，不能够充分利用生活活动的教育契机……”

讨论：

1. 你是否有过和小陈老师相同或类似的想法？你认真地观察过3～6岁幼儿的生活活动吗？

2. 举例说明你是如何观察3～6岁幼儿的生活活动的，尝试总结你的观察要点。

主题1　3～6岁幼儿生活行为的观察与指导概述

幼儿园课程主要以一日活动的形式组织实施，一日活动的各个环节都具有重要的教育意义。生活活动主要指生活自理、作息习惯、自我保护、环境卫生、生活规则等方面的活动，具体包括入园、盥洗（见图4-1）、进餐（见图4-2）、如厕、饮水、午睡、离园等活动。

图4-1　盥洗

图4-2　进餐

一、3～6岁幼儿生活行为的观察要点

（一）幼儿的安全隐患

（1）活动过程中环境是否安全，如是否存在会导致幼儿过敏的变应原，尤其是进餐时的食入性变应原；如厕时地面湿滑程度；置物架稳固程度；药品放置的位置是否得当等。

（2）工作对接环节是否有疏忽，如进班时家长与幼儿教师的对接，上、午班幼儿教师间的对接，离园时幼儿教师与家长的对接等。

（3）活动过渡环节是否有序，如幼儿是否存在追逐打闹等情况。

（二）幼儿的安全意识

（1）幼儿对身边存在安全风险的事物是否了解，例如电线、热水壶、刀、火柴、打火机、电源插座等。

（2）幼儿是否具备简单的安全常识，例如不喝生水、饭前便后洗手、不允许别人触摸自己的隐私部位、不跟陌生人走等。

（3）幼儿是否认识常见的安全标识，例如小心触电、小心有毒、禁止下河游泳、紧急出口等。

（4）幼儿是否掌握简单的自救和求救的方法，例如记住自己的家庭住址，父母的电话号码、姓名，走失时知道求助，并能提供必要信息；遇到火灾或其他紧急情况时，知道要拨打110、120、119等急救电话。

（三）幼儿的生活自理

（1）幼儿是否有学习基本生活技能的意愿，例如学习自己穿脱衣服和鞋袜、洗手洗脸、擦鼻涕、擦屁股等。

（2）幼儿是否掌握生活自理的基本方法，例如穿脱衣服和鞋袜、洗手洗脸、擦鼻涕、擦屁股、整理自己物品的正确方法。

（四）幼儿的生活习惯

（1）幼儿是否养成良好的作息习惯，例如早睡早起、每天午睡、按时进餐、吃好早餐等。

（2）幼儿是否养成良好的饮食习惯，例如不偏食不挑食、少吃或不吃不利于健康的食品、多喝白开水、少喝饮料等。

（3）幼儿是否养成良好的个人卫生习惯，例如早晚刷牙、饭后漱口、饭前便后洗手、换衣服等。

（4）幼儿是否养成锻炼身体的习惯，例如积极参加体育活动等。

（5）幼儿是否形成正确的姿势，例如站姿、坐姿、走姿、行姿等。

（五）幼儿对集体生活的适应

（1）幼儿能否懂得基本礼仪，例如入园、离园时和老师打招呼，会说“谢谢”“对不起”“请”等礼貌用语，能大方应答等。

（2）幼儿能否遵守集体规则，例如排队等候、不追逐打闹、不乱扔饭菜、不玩水等。

（3）幼儿是否具备相应的人际交往技能，例如懂得分享、协商、合作、沟通等。

（4）幼儿是否保持积极的情绪状态，例如大部分时间保持情绪愉悦，有不良情绪时能合理表达或宣泄。

（5）幼儿能否体验共同生活的乐趣，例如体验或表达家庭亲情、师生情、与同伴的友情等。

二、3～6岁幼儿生活行为的解释分析

案例评析：幼儿生活活动

（一）影响幼儿教师解释分析幼儿生活行为的因素

1. 幼儿教师个人因素

（1）幼儿教师的教育观。幼儿教师所持有的教育观是解释分析幼儿行为的风向标。如一位热爱幼儿、相信幼儿发展潜能、尊重幼儿精神生活和内心世界的幼儿教师，在面对不吃午饭的幼儿时，会耐心倾听幼儿的心声，通过询问“是身体不适造成的吗”“是遇到什么不开心的事情了吗”“是饭菜不合口味吗”等寻找、分析线索，站在幼儿的角度来分析问题。而缺乏爱心和耐心的幼儿教师，常常以成人的眼光看待幼儿的行为，在幼儿不吃午饭时，会用“不听话”“不懂事”，甚至用“坏孩子”等来解释。

（2）幼儿教师的生活习惯。幼儿教师的生活习惯无形中会影响他们对幼儿生活行为的解释分析。对与自己有相同生活习惯的幼儿，幼儿教师更能够理解，会采取相对温和的态度。如挑食的幼儿教师更能够理解幼儿的挑食行为，没有午睡习惯的幼儿教师更能够理解不爱午睡的幼儿，而吃饭快的幼儿教师则很难理解幼儿吃饭慢、咽不下去的行为。

（3）幼儿教师的自身经历。每个幼儿教师在家庭、学校和社会中都有不同的经历，这种自身经历会使他们对所看到的行为产生独到的见解。

案例

老师眼中的丁丁

在某高职院校学前教育专业教育实习总结会中，两位实习幼儿教师分别这样描述同一名幼儿：

甲教师：丁丁入园才几天，她不和其他小朋友玩，一个人坐着，每天要哭好几次，边哭边说“要妈妈”“要回家”。看到她委屈可怜的样子，我想起我刚上幼儿园的场景，我那会儿也是每天哭哭啼啼恋家，后来适应得挺好。我觉得她刚到陌生的环境需要关心、需要爱，所以我一直陪着她。

乙教师：丁丁入园几天了还在哭，只要她一哭老师就会过去哄她，这会让她形成依赖，更难独立了。之前实习也碰到一个新入园的孩子，老师不用一直刻意陪她，丰富的活动可以吸引她，老师及时给予鼓励就可以了。

案例评析： 甲教师回想起自己上幼儿园的场景，能够理解丁丁的处境，知道幼儿这时候需要更多的爱和陪伴。乙教师则结合自身工作经验，认为丰富的活动比老师的陪伴更适合丁丁。两位幼儿教师在对丁丁的入园情绪进行解释分析时，都受到了自身经历的影响。

2. 幼儿个人因素

（1）幼儿的个人特征。幼儿教师对生活行为的解释是在与幼儿互动的过程中形成的，因此，幼儿的个人特征会影响幼儿教师的分析。与教学活动相比，生活行为较随意、不严谨，更容易受幼儿的外貌、性格、语言表达能力、人际交往能力等个人特征影响。

（2）幼儿家庭的影响。幼儿家庭结构、家庭教养方式、家庭经济水平等因素也会影响幼儿教师对生活行为的解释分析。如留守、单亲家庭或离异家庭的幼儿出现不良生活习惯时，一些幼儿教师出于同情心理，会宽容地理解幼儿。也有部分幼儿教师，由于这类家庭家园共育工作难以开展，倾向于选择“视而不见”。

（二）解释分析幼儿生活行为时需要考虑的问题

1. 幼儿的需要是否得到满足

（1）生理需要。幼儿教师应考虑幼儿的生理需要是否得到满足，例如室内空气是否新鲜流通，幼儿的饮水量是否足够，幼儿的饮食是否健康、能否满足身体成长需求，幼儿是否对某些食物有特殊的过敏反应，幼儿是否存在身体不适等状况。

案例评析：幼儿生理需要

（2）心理需要。除了生理需要，幼儿教师还应考虑幼儿的心理需要是否得到了满足，例如幼儿是否感受到了关爱、是否增强了幼儿的归属感、幼儿能否体验到成就感等。

案例评析：幼儿心理需要

2. 环境是否适合幼儿

（1）物质环境。物质环境包括光线、声音、色彩、温度、空间等，这些都会对幼儿的生活行为产生影响，如色彩漂亮的饭菜更能刺激幼儿的食欲、适宜的温度和光线更能提高幼儿的睡眠速度。

案例评析：物质环境

（2）心理环境。在通往独立的道路上，幼儿无法孤立地前行，幼儿教师需要营造安全、温馨的心

案例评析：心理环境

理环境，鼓励、支持幼儿，而紧张、指责、冷漠的环境则会阻碍幼儿生活自理能力的发展。

案例评析：活动安排

（3）活动安排。幼儿教师对活动时间的安排不当或不合理（饭前批评幼儿或睡前剧烈活动等）、提供的材料不当（食物过咸或过淡、桌椅高度不适合等）、忽视幼儿发展程度、要求过高等因素都会影响幼儿的生活行为。

三、3～6岁幼儿生活行为的指导策略

（一）关注生活行为的个体差异性

1. 照料方面

首先，教师需要加强自身专业知识的学习，了解不同年龄阶段幼儿的心理、生理发展特点，领略生活行为深层价值，结合幼儿发展特征及各年龄段的侧重点，明确各年龄段幼儿生活行为的发展目标。其次，在活动中教师要合理运用观察方法，观察幼儿的行为及与环境中人、事、物的交往，这能够让教师更好地了解幼儿。观察是了解儿童的起点，也是幼儿教育活动有效开展的前提和基础。再次，在生活行为的照料方面，教师要把握因材施教的原则，依据幼儿的实际发展情况采取不同的策略。比如在进餐环节中使用勺子和筷子需要幼儿有良好的手眼协调能力，但是有的幼儿动作技能发展较慢，在使用勺子或筷子、穿衣等方面存在困难也是正常的现象，教师要正确对待。再如有的幼儿吃得比较少，教师就采取增大其饭量的方式，比如喂饭等，这显然不够尊重幼儿生长发育的差异性，并且如果因为幼儿手部精细动作发展较慢，教师就对其进行强行喂养，会让幼儿产生抵触情绪或伴有哭闹情况，不利于其身心和谐发展。生活活动的指导不能“一刀切”，有的幼儿饭量就是稍少于其他幼儿，但如果这并不影响其精神饱满、愉快地度过一日生活的话，教师就应该视情况而有所改变，让幼儿自己选择，不要强求，要尊重幼儿的选择，允许每一位幼儿有他们自己的习惯养成速度和方式。

2. 心理建设方面

首先，幼儿教师要重视幼儿的个体差异性，因材施教。要了解幼儿个体的差异性，幼儿教师就需要持续观察幼儿，注重保护幼儿的自尊心与自信心，给予孩子锻炼的机会，发掘每个人的潜能与需要。比如，有的孩子饭量小，就不应该强求吃完、喂完；有的孩子害怕或者羞于表达自己的需求，教师可以给予其更多表达的机会并且加强鼓励；有的孩子不愿意午睡，就应该让孩子有自主选择安静活动的权利；对于“中间孩子”适时给予更多的关注，对于“特殊孩子”给予更多的耐心与爱心并注重多方面的协作……因此，为更好地促进幼儿发展，教师需要提供多种选择，满足幼儿的发展需求。教师可以创造同伴之间互相帮助的情境，让幼儿在宽松、和谐的氛围中感受到合作的意义，可以让幼儿更好地融入

集体之中，为幼儿的发展奠定良好的基础。幼儿教师在尊重个体差异的同时也应兼顾幼儿集体的需求，特别是不要忽视“中间幼儿”及“个性不那么明显”的幼儿，以免造成教育公平的缺失。

（二）注重生活行为的整合性

1. 各种生活经验的整合

幼儿在不同生活活动中需要积累的重点生活经验是不一样的，如小班幼儿独立进餐环节，重点是引导幼儿学会做自己的事情，积累生活自理的经验。但是不能因此忽略了其他经验的积累，如进餐前的洗手涉及卫生常识问题、取餐时的等待有助于培养规则意识、进餐时对食物的偏好可能会影响幼儿情绪、进餐中有壳、有骨头或过烫的食物可能存在危险等，看似简单的进餐活动就蕴含了自理、规则、情感、安全四种生活经验。幼儿教师在指导过程中，要依据幼儿在活动中的表现，有机融合各类生活经验，提升幼儿适应能力。

2. 不同活动方式的整合

生活、游戏、运动、集体教学等活动一起构成了幼儿园的课程，幼儿教师应充分发挥不同活动方式的综合教育作用。一方面，幼儿教师要善于抓住生活活动中的契机，扩展生活教育的内容。如混龄班大龄幼儿经常被教育要帮助弟弟妹妹，幼儿教师几次听到某幼儿理所当然地要求姐姐给他系鞋带、叠被子。针对这一现象，幼儿教师可以分析原因，通过故事、角色扮演、谈话等活动，开展感恩教育，让接受帮助的幼儿懂得感恩，学会互相帮助，而不是一味地接受与享受别人的帮助。另一方面，幼儿教师要充分利用多种活动方式，有机渗透生活教育。如在体育锻炼活动中，幼儿在运动时往往缺乏安全意识，幼儿教师可以在运动场所贴上相关安全标志，通过环境的暗示渗透生活教育中自我保护的经验。同时，运动中让幼儿及时穿脱衣服和擦汗，渗透自我服务的经验等。

3. 多种教育资源的整合

幼儿园、家庭、社区等都蕴含着丰富的生活教育资源，幼儿教师应充分地加以运用，使它们真正协调一致地对幼儿的成长产生积极的影响。

幼儿同伴群体及幼儿教师集体是宝贵的生活教育资源。幼儿的行为习惯常常受到成人及同伴的影响。保教人员摆放物品、洗手、喝水等行为都会引起幼儿的模仿，因此，全体保教人员都应注意自己的言行举止，为幼儿树立良好的学习榜样。同时，幼儿教师要注重发挥同伴群体的榜样促进作用，及时对幼儿的积极行为给予反馈和强化。

家庭、社区教育资源的利用除了充分发挥隐性的环境和榜样的作用，还可以让家庭、社区的生活教育走进幼儿园，如请医生妈妈来园讲解卫生常识、消防员叔叔进园指导消防演习等。

（三）重视生活行为的体验性

1. 让幼儿学会自己动手

在日常生活行为指导中，容易出现三种教育误区。第一种误区是幼儿教师喜欢说教，认为自己讲过了就是教育了，没有让幼儿去实践，然而幼儿的年龄特点决定了光靠幼儿教师的说教是不能形成良好生活行为习惯的。第二种误区是幼儿教师愿意代劳，一些幼儿动作慢，等待他自己完成吃饭、穿脱衣服等需要极大的耐心，幼儿教师不想等也不愿意等，觉得不如喂他、替他做省事。第三种误区是幼儿教师经常“袖手旁观”，部分幼儿教师过度解读培养幼儿的生活自理能力，在幼儿遇到困难时不管不顾，让幼儿“自己解决”，缺乏方法指导和精神鼓励。

2. 关注幼儿的情感体验

积极的情感体验，会促进幼儿生活自理能力的提高和健康生活习惯的培养。幼儿教师要让幼儿在愉悦的情感体验中，强化巩固已有能力和行为，直至养成良好的行为习惯。如在洗手环节，小班的孩子开始很认真，到了中班就十分马虎，幼儿教师应及时分析反思，改变提醒和说教方法，根据中班幼儿的发展特点，调整教育策略，调动幼儿的内部动机，使内部动机转化为外部行为，让幼儿体验洗手的乐趣和好处。

3. 关注幼儿在整个活动中的体验

活动的丰富性、班级人多和幼儿发展的个体差异等原因，会导致幼儿教师较难关注幼儿在生活行为过渡环节的体验。实际上，过渡环节的体验直接影响着幼儿的情绪情感及在正式生活活动中的行为表现。晨间入园环节，怎样才能兼顾即将入园的孩子和早已经入园的孩子？就餐前的等待时间，可以开展哪些相关活动刺激幼儿的食欲呢？就餐时间，如何照顾进餐速度不一样的幼儿？餐后过渡环节，组织哪些游戏可以减少幼儿乱跑的行为，避免安全事故呢？这些都是幼儿教师在生活指导中应注意的问题。

（四）保持幼儿园与家庭的积极合作

幼儿教师应及时与家长沟通幼儿园的教育情况，让幼儿在家园一致的情境中养成良好的生活行为习惯。改变单一的幼儿园教育模式，调整家园不一致的教育方法，充分发挥家长委员会、家园宣传栏、亲子活动、家长会的作用，采用灵活多样、参与互动等方式，积极有效地开展生活活动。教师可以借助表格了解幼儿在家的情况，具体可参照表 4－1。

表 4－1　幼儿在家情况观察记录表

姓名：________　　性别：________　　出生日期：________　　填写者：________

项目	内容	幼儿表现
饮食	自己吃饭	是 / 否
	会用什么餐具	
	爱吃什么菜	
	不吃什么菜	
	进餐时间	
	饭量	

续表

项目	内容	幼儿表现
睡眠	单独睡	是 / 否
	晚上上床时间	
	早晨起床时间	
	午睡时间	
	尿床	是 / 否
自理能力	穿衣服	会 / 不会
	脱衣服	会 / 不会
	穿脱袜子	会 / 不会
	穿脱鞋子	会 / 不会
	盖被子	会 / 不会
卫生习惯	刷牙	是 / 否
	自己洗脸	会 / 不会
	饭前便后洗手	是 / 否
	自理大便	会 / 不会
	自理小便	会 / 不会
	不乱丢果皮	会 / 不会
情绪	爱发脾气	是 / 否
	过分安静	是 / 否
	过分好动	是 / 否
	一天什么时候最开心	
行为习惯	问早上好	会 / 不会
	说再见	会 / 不会
	对人有礼貌	是 / 否
	尊敬长辈	是 / 否
	听从家人劝说	是 / 否
	不开心时会用语言表达	是 / 否
	无理取闹	是 / 否
看电视	每天看电视几个小时	
	爱看哪些电视节目	
	看过哪些 VCD、DVD 片	
其他		

幼儿教师在与家长沟通时要注意方式方法和态度。每个家庭都有自己的特点，幼儿教师要尊重家庭差异，获得家长的信任与理解。入园和离园时间是建立积极关系的良好机

会，幼儿教师可以告诉父母孩子在园的积极表现，友好地向家长表达自己对幼儿及其家庭的关注。奠定了与家长积极合作的基础后，幼儿教师可通过具体的案例或专业的讲解等方式，帮助家长理解生活教育的价值以及生活教育中家园一致性的意义，获得家长的支持。同时，引导家长掌握生活教育的科学方法，保持幼儿在家中生活习惯与幼儿园教育的同步性、一致性。在交流中，幼儿教师也可以借鉴、学习和吸收家庭教育的宝贵经验。最后，幼儿教师可将家园共育的优秀案例在园内推广，让更多的家庭参与其中，促进家庭间的相互交流。

同步练习

1. 简述 3 ～ 6 岁幼儿生活行为的观察要点。

2. 简述影响幼儿教师解释分析 3 ～ 6 岁幼儿生活行为的因素。

3. 了解 3 ～ 6 岁幼儿的生活习惯应该从哪些环节进行观察？

4. 如何增强 3 ～ 6 岁幼儿在生活行为方面的体验感和参与感？

情景任务探索

一日生活作息安排

知识拓展

幼儿教师观察的原则

主题2　3～6岁幼儿进餐活动的观察与指导

进餐活动中蕴含着丰富的教育契机，合理安排餐点，有利于培养幼儿不挑食、不偏食、不浪费的好品质。由于幼儿的生活经验和身心发展水平不同，他们在进餐活动中表现出的需求和状态也不尽相同，这就要求幼儿教师有一双善于发现的眼睛，及时发现教育契机，并适时给予支持、帮助和引导，既保证班级进餐活动温馨有序地进行，又关注个别幼儿的实际情况。

一、3～6岁幼儿进餐活动的观察要点

（1）进餐前，幼儿的情绪是否愉悦、稳定，幼儿能否主动、正确洗手，幼儿能否安静等待进餐。

（2）进餐中，幼儿用餐姿势是否正确，幼儿能否正确使用餐具，幼儿是否挑食，幼儿进餐速度是否适中。

（3）进餐后，幼儿能否主动清洁留在桌面上的食物残渣、及时送回餐具，能否正确漱口、擦嘴、洗手、擦手，能否适当休息、安静活动、不打扰同伴。

在实际工作中，幼儿教师可依据班级实际情况，以图表形式呈现观察要点，便于观察记录与分析。以某幼儿园中班进餐观察活动为例，其观察记录表见表4－2。

表4－2　中班幼儿进餐活动观察记录表

班级：________　　　　班级人数：________　　　　填表时间：________

项目	内容	幼儿表现（人次）			
		○做得很好	√基本能做到	▽在教师、同伴的提醒下做到	× 做不到
进餐前	情绪稳定，乐意吃饭				
	主动、正确洗手，并保持手的清洁				
	安静等待就餐，值日生能配合幼儿教师做好餐前准备				

续表

项目	内容	幼儿表现（人次）			
		○做得很好	√基本能做到	▽在教师、同伴的提醒下做到	× 做不到
进餐中	用餐姿势正确，如坐姿正确，左手扶碗，右手拿勺（筷）				
	正确使用餐具，如熟练使用勺子，掌握使用筷子的方法				
	安静进餐，细嚼慢咽				
	不掉饭粒、不剩饭，基本保持桌面、地面和衣服整洁				
	不挑食，不偏食，不暴饮暴食				
	用餐速度适中（时间控制在 20～30 分钟）				
进餐后	整理自己的餐具，轻拿轻放				
	有序地正确漱口、擦嘴				
	安静活动，不打扰同伴用餐				
分析总结及改进措施					

二、3～6 岁幼儿进餐活动的解释分析

（一）进餐环境是否适合幼儿

1. 物质环境

健康的物质环境，如光线充足、空气流通、餐桌与餐具清洁美观、室内布置优雅整洁、餐室温度适宜等因素有助于幼儿愉快进餐。而过冷或过热的室温、拥挤的空间、陈旧的餐桌和餐具等不符合幼儿年龄特点的物质环境，会大大降低进餐对幼儿的吸引力。

2. 心理环境

轻松和谐的氛围可以使幼儿保持愉悦的情绪，既可以增进幼儿食欲，还可以让幼儿体验集体生活的快乐。反之，强迫幼儿进食，在用餐时批评、体罚幼儿，则会引起他们的紧张情绪，不仅影响幼儿食欲，还可能导致幼儿对进餐形成心理上的排斥。

（二）食物是否适合幼儿

1. 味道

一些食物本身就因为香气、甜度或色泽而较能吸引幼儿，而带有苦味、涩味或气味比

较刺鼻的食物不容易获得幼儿的喜爱，如葱、蒜、苦瓜、香菜等。

2. 外形

有的孩子拒绝某些食物是因为其外形看起来不好看，如拒绝吃香菇的原因是觉得它的颜色太黑了。

案例

难吃的菠萝

“菠萝不好吃，苦！”先拿到菠萝的阳阳皱着眉头喊了一声。紧接着，又有几个孩子说菠萝不好吃、不想吃。李老师耐心地向大家解释：“第一口可能会有一点酸，但再嚼就会觉得甜，不会是苦的。菠萝营养很丰富，小朋友不要挑食。”“但是，它就是苦啊！”阳阳应了一声，又引来几个孩子的附和。李老师使了使眼色，孩子们便不再说话。点心时间快结束了，还有很多孩子盘里的菠萝没吃完。李老师正纳闷，这时阳阳拿起一片菠萝说：“老师，不信您尝尝。”李老师将信将疑地尝了两口，发现看上去新鲜的菠萝真的是苦的！原来是泡在高浓度盐水里的菠萝未经清洗，直就被送到孩子们盘里了。几天后，下午点心又是菠萝，孩子们议论纷纷：“又是难吃的菠萝”“不想吃”……李老师鼓励阳阳先品尝。阳阳试探性地咬了一小口，接着他又咬了一口，才高兴地宣布：“这次的菠萝不苦，是甜的！”孩子们这才放心地吃起来。

案例评析：当多数幼儿出现进餐“异常”时，幼儿教师可以从食物本身或加工方式的角度来考虑问题。此外，幼儿教师应当意识到，幼儿很可能因为偶然的“难吃”而拒绝再次尝试某一食物甚至同类食物。

（三）幼儿是否存在特殊情况

1. 幼儿身体不适

生理上的不适会影响幼儿食欲及进餐速度，疼痛、服药、睡眠不足等都会影响幼儿的进餐活动。

2. 幼儿情绪不佳

常见的情况是，幼儿初入园不适应幼儿园环境，与家庭分离的焦虑感严重，不愿意动口动手吃饭。或者幼儿在园里受了委屈、挨了批评、与同伴闹了矛盾，心情不好，食不知味，吃饭的速度自然就会慢下来。

3. 幼儿把吃饭当作提条件的资本

一些幼儿会认为是成人在求他吃饭，于是故意表现出进餐困难，以便在成人向他提要求时提出自己的条件。

4. 幼儿想要获取幼儿教师的关注

当幼儿发现幼儿教师会格外关心进餐困难的同伴时，可能会故意以类似行为引起幼儿教师的关注或关心。

5. 幼儿进餐技能欠缺

部分幼儿由于手眼协调能力差，不能很好地使用汤勺和筷子，因而进餐时费时费力，遇到鸡蛋等需要自己动手的食物时更是畏难。

6. 幼儿餐前运动量不够

如果幼儿当天运动量不够，不觉得饿，而进餐量又与往日要求相同，孩子担心吃不完，难免就会胃口不好。

（四）家庭饮食与幼儿园进餐是否一致

1. 家庭的膳食制度与幼儿在园进餐制度是否保持一致

教师要注意家庭膳食制度是否与幼儿园保持一致，是否建立了合理的膳食制度，如进餐前的准备、进餐时间、进餐次数、膳食的热能及营养分配、餐后活动等。一些孩子在家中喜欢餐前吃零食，导致进餐时吃不下，饭后饿了又拿零食充饥，陷入进餐不定时的恶性循环，进入幼儿园后难以适应定时定量的进餐制度。有的家庭偏爱油腻、甜食、咸或辣等重口味，饮食结构不合理，影响孩子的营养均衡。家长的烹调习惯、对饭菜的喜恶，都会使孩子的口味打上家庭的烙印。如果家庭膳食制度长期与幼儿园脱节，幼儿在园出现进餐问题的概率自然就会增加。

2. 家长对孩子进餐的态度、处理方式与幼儿园是否保持一致

家庭教育如果和幼儿园教育不一致，则会增加幼儿教师指导的难度。例如，幼儿教师发现某幼儿不能很好地咀嚼较硬的食物，吞咽的能力也很差。幼儿教师在与家长的谈话中发现，幼儿从小由奶奶照顾，奶奶不喜欢吃硬的食物，同时觉得给幼儿吃硬东西既不利于幼儿又麻烦自己，于是一直都没有按照幼儿的口味和个性单独给幼儿做饭，而是以面条和菜粥等软的食物为主喂养幼儿，让幼儿和自己进食一样的饭菜，因此幼儿较少吃块类或是较硬的菜类食物。为了让幼儿多吃饭，很多时候奶奶会喂幼儿吃饭。奶奶担心幼儿不会使用筷子，所以在家里几乎不教幼儿用筷子。幼儿教师与奶奶沟通，希望奶奶能改善饭菜配置，同时不能一味迁就幼儿，要鼓励幼儿学会自己吃，并尝试多吃块状等较硬食物。然而，奶奶虽然嘴上答应着，但是回家坚持两天后，由于担心幼儿吃不饱，所以就又开始按照幼儿已经习惯的喜好为幼儿准备软质饭菜了。家园教育的不一致导致该幼儿挑食、吃饭过慢等不良习惯迟迟难以纠正。

三、3～6岁幼儿进餐活动的指导策略

（一）营造良好的进餐环境

轻松和谐的进餐氛围有利于幼儿愉悦进餐。进餐前，幼儿教师可以用亲切的口吻、热

情的态度激发幼儿食欲。进餐过程中，可以播放一些轻松优美的音乐，促进幼儿身心放松。进餐时强调或处理纪律问题，催促幼儿“快点吃”“最后吃完的小朋友要接受惩罚”等举动容易引发幼儿的紧张情绪，幼儿教师应尽量避免。对于嬉笑、挑食、体弱等幼儿可以单独轻声提醒。发现有情绪波动的幼儿，幼儿教师应细心寻找原因，耐心抚慰，引导幼儿用餐。

健康适宜的物质环境不仅能诱发幼儿进餐的积极性、主动性，提升其生活自理能力，培养良好的生活习惯，还能为教师提供许多教育契机。比如，进餐前组织一个安静的活动——教师讲故事，既能促进幼儿对吃饭的积极情感，又能促进幼儿的语言发展，同时又能使幼儿学到健康的科学知识。进餐教育与幼儿各方面、各领域的发展是相互融合、相互促进的关系。教师要在深入观察和了解幼儿的基础上，分析幼儿进餐行为的原因、情感态度，深入挖掘进餐环节的教育价值，抓住进餐环节的教育契机。

（二）合理组织一日活动

《幼儿园工作规程》指出：“幼儿园应当制定合理的幼儿一日生活作息制度。正餐间隔时间为 3.5 ～ 4 小时。在正常情况下，幼儿户外活动时间（包括户外体育活动时间）每天不得少于 2 小时。”保障每日的运动量，能使幼儿在进餐时有饥饿感和进餐欲望。坚持定时定量进餐能帮助幼儿形成良好的进餐习惯，而长期进餐不定时、进餐时间不当则会造成幼儿消化系统功能紊乱。

1. 合理的餐前餐后活动有助于幼儿进餐

对于小班幼儿，幼儿教师可以事先了解当天的菜谱，准备有关菜肴的图片，在餐前活动中向幼儿展示。利用色彩艳丽的图片、生动有趣的描述，让幼儿了解所吃菜肴对自己身体成长的好处，营造想吃、乐吃、爱吃的心理氛围。中班、大班幼儿独立性有所提高，可以尝试开展值日生餐前播报活动。值日生提前在家中和家长一起收集当天食谱的相关资料，餐前作为小小信息播报员，向全体幼儿播报当天的食谱及其营养价值。条件允许的话，可以定期设计一些幼儿可以参与准备的餐前活动，如自主选择菜谱、摘菜、洗菜等。参与食物准备可以使幼儿获得满足感，对后续的进餐更感兴趣。餐后可以组织一些安静的、幼儿能自由选择的活动，但是不宜有竞争性。如班级区域新增了科探区，投入的很多新材料非常吸引男孩子，但因场地有限，经常要抢先才能进去玩。近来，班里男孩子吃饭狼吞虎咽，就是为了早点吃完，在饭后区域自选活动时能抢到科探区。如果餐后活动是幼儿不愿意参与的，进餐时可能就会出现故意磨磨蹭蹭、拖延时间的行为。

2. 集体教育和游戏活动可以帮助幼儿形成良好的进餐习惯

如针对班级幼儿挑食的现象，在集体教育活动中，幼儿教师可以引导幼儿讨论一些他们抗拒或不曾尝试的食物，通过“摸一摸、闻一闻、尝一尝、说一说”等方式讨论食物的形状、味道和营养价值，丰富幼儿关于食物的经验，让幼儿了解食物对身体的好处。此外，借助相应的故事、绘本、角色游戏、表演游戏等形式，也可以有针对性地改进幼儿的进餐问题。

（三）尊重幼儿的个体差异

不同幼儿在进餐技能、进餐速度、饭量大小、进餐专注度、食物喜好等方面的表现具有显著的差异。幼儿教师要仔细观察分析、充分尊重理解这些差异，依据幼儿的年龄特点和个性特征进行有效和有针对性的指导。例如，小班幼儿由于手眼协调能力差而吃饭慢，幼儿教师就要教会其正确的方法，给予幼儿练习的机会和时间。如果有不愿动手的幼儿，可以利用有趣的故事人物或身边的同伴来树立榜样，激励其自觉动手。中班幼儿一般已有独立进餐的能力，但会忽略一些细节，如经常掉饭粒等。幼儿教师可以通过值日生轮流检查的方式，表扬吃得干净的幼儿，互相激励。大班幼儿有了一定的自我管理能力，可以引导幼儿自己设计进餐行为记录表，在自我管理中养成良好的进餐习惯。

面对不同体质的幼儿，指导策略也应有所不同。如偏瘦的幼儿，幼儿教师要鼓励其多吃点，而对偏胖的幼儿，则要适当限制其饭量。如果幼儿长期饭量不大，但精神状态良好，应尊重幼儿自身意愿，不强迫其进食，能吃多少就吃多少。对于偏食、挑食的幼儿，幼儿教师应细心观察，寻找原因，对症下药。幼儿在吃不爱吃的食物时，能吃一小口就是进步，要给予表扬并鼓励下次再多吃一口，以循序渐进的方式克服挑食。到了中班、大班，幼儿教师还可以通过摆事实、讲道理的方式引导幼儿，如引导幼儿吃胡萝卜时，可以讲解胡萝卜里有胡萝卜素，含有丰富的维生素 A，维生素 A 能让他的眼睛变得明亮有神、特别漂亮。

（四）加强与家长的沟通

有效的进餐教育需要家长的密切配合，如果只限制在幼儿园内，很难让幼儿真正养成良好的进餐习惯。幼儿教师可以通过家园联系栏、家园联系册、网络讨论平台、家长会、成长档案、作品展示等多种方式，向家长介绍孩子在园进餐表现，讲解偏食、挑食等不良饮食习惯给孩子带来的不良影响，以引起家长对进餐教育的重视。针对一些孩子在幼儿园内可以遵循进餐规则，但在家里还是存在喂食、偏食的现象，幼儿教师应加强与家长的沟通，寻找原因，共同寻求解决方法。如每周发放一张表格，请家长如实填写孩子在家进餐情况。幼儿教师根据表格进行讲评，奖励进餐家园一致的孩子，使孩子形成竞争心理，加快改善在家进餐问题。

同步练习

1. 观察幼儿进餐。

（1）内容：利用到幼儿园观察的时间，对幼儿的进餐活动进行观察记录。

（2）要求：在观察前，先做一份观察计划，包括观察内容、观察对象和观察要点；现场观察并记录，进行整理和分析；进行小组交流。

2. 试论述幼儿进餐时对幼儿及保教人员的要求。

3. 作为一名幼儿教师，你如何培养幼儿良好的进餐习惯？（教师资格证面试真题）

4. 为什么孩子在幼儿园能自己吃饭，在家却要追着喂？（教师资格证面试真题）

情景任务探索

幼儿进餐行为观察

知识拓展

幼儿进餐行为的轶事记录

主题3　3～6岁幼儿盥洗活动的观察与指导

托幼机构的盥洗活动包括洗手、洗脸、漱口、梳头等活动。其中，手接触外界物体最多，受污染的概率也最高，本主题即以洗手为例来介绍幼儿盥洗活动的观察与指导。

一、3～6岁幼儿盥洗活动的观察要点

（一）盥洗安全方面

（1）幼儿是否能有序排队。例如，幼儿不能有序排队，易导致发生拥挤争抢等危险状况。

（2）地面是否保持干燥。例如，盥洗前幼儿教师务必检查并保证地面干燥，防止地面湿滑引发幼儿摔倒摔伤等。

（3）幼儿教师是否关注到所有幼儿。例如，在盥洗过渡环节，幼儿分布在盥洗室、活动室等不同场地，幼儿教师可能会忽略个别幼儿的行为而导致危险情况发生。

（二）盥洗意识方面

（1）幼儿是否具备主动盥洗的意识。例如，幼儿知道饭前、便后、手脏时要洗手。

（2）幼儿是否懂得盥洗对身体的好处。例如，幼儿知道洗手能洗去细菌，预防疾病。

（3）幼儿是否乐于学习盥洗的正确方法。例如，幼儿热情学唱洗手歌、观看洗手步骤图等。

（三）盥洗能力方面

（1）幼儿能否做好盥洗前的准备工作。例如，幼儿知道洗手前将袖子挽起来。

（2）幼儿是否掌握正确的盥洗方法。例如，幼儿能按六步洗手法洗净双手。

（3）幼儿能否做到节约用水。例如，幼儿能将水龙头调至合适的位置等。

二、3～6岁幼儿盥洗活动的解释分析

（一）环境创设是否适合

在盥洗室的环境创设中，经常会看到幼儿教师精心制作的图示，贴在墙上或地面上，

以此来帮助幼儿养成良好的盥洗习惯。然而，环境创设不是一劳永逸的，幼儿教师需要在实践中不断观察和思考：“我创设的环境起作用了吗”“我提供的教育素材合适吗”……请扫码阅读案例“幼儿盥洗活动”。这个案例中的前两个场景，幼儿在使用“小脚印”时出现了问题，幼儿教师就要思索“是‘小脚印’贴的位置不对吗，要如何调整呢，还有其他方法吗……”同样，在场景三中，幼儿教师就要思索“幼儿是不理解洗手步骤图的意思，还是虽然理解了图意但是懒得按步骤洗”。在场景四和场景五中，幼儿教师就要对肥皂这一材料进行思考，例如“肥皂的投放是否适合，有没有更好的替代品”。

案例评析：幼儿盥洗活动

（二）指导方法是否符合幼儿年龄特征

不同年龄段的幼儿，表现出来的盥洗问题不同。托班、小班幼儿面对低矮的盥洗设施，充满好奇和兴趣，喜欢打开水龙头洗手。但由于手部精细动作尚未充分发展，力气也不够，不太会挽袖子，不会控制水流大小，因此洗手时经常弄湿衣袖、地面。托班、小班幼儿缺乏顺序性和细致性，不能有意识地识记事物，规则意识相对缺乏，在洗手过程中没有排队等候的意识，人多就容易挤成一堆，经常会粗心大意，洗手往往洗得不干净，记不住六步洗手法，有时还会忘记关水龙头。中班、大班幼儿的生活自理能力有所提高，初步具备个人清洁卫生的能力，能够自己洗手。但是随着年龄的增长，幼儿对洗手的兴趣早已经被其他活动所取代，洗手对他们来说只是例行公事，显得乏味、重复又缺乏挑战性，幼儿在洗手活动中容易出现倦怠情绪，洗手时马虎、不专心。同时，中班、大班幼儿的交往愿望强烈，非常喜欢和同伴玩耍、游戏，虽然他们的规则意识已开始萌芽，但由于受到玩耍兴趣的驱使，幼儿在洗手时常伴随嬉戏打闹。

（三）幼儿教师是否起到了榜样作用

幼儿教师自身的行为会影响到幼儿的盥洗活动。班杜拉曾经说过，幼儿总是“张着眼睛和耳朵”观察和模仿周围人有意、无意的行为。幼儿时期，幼儿教师在孩子的心目中是最具权威的人，是孩子最爱模仿的对象，幼儿教师的盥洗习惯影响着幼儿良好盥洗习惯的形成。

案例

爱弄湿头发的阿青

有几天盥洗完毕后，我发现阿青总是最后一个走出来，她额前的刘海总是湿漉漉地贴在脸上。由于她身体瘦弱，我怕她着凉就批评了她，让她赶快用毛巾将头发擦干。但阿青每次都很不情愿地去做，即便照办了，也只是到毛巾架那儿转个圈，并没有擦头发就出来了，有时甚至会用委屈的目光一直盯着我。

有一天休息时，我正在用水润湿头发，因为烫过的头发用水润湿后不仅好梳理，而且不易掉头发，无意间，我发现有好几双眼睛在注视着我。下午起床后，小军很得意地走到我身边，用手拍拍我。我回头一看，只见他的刘海也湿漉漉地贴在额前，而他却兴奋地对我说："王老师，你看。"这时我恍然大悟，为什么这几天阿青的头发总是湿漉漉的，原来她是在模仿我。我找到阿青，蹲下来对她说："对不起，老师没问清原因就批评了你，你是在学老师呢，是吗？"她点点头说："我最喜欢王老师，我想像王老师一样。"

资料来源：朱小娟. 幼儿教师反思能力培养研究［M］. 北京：教育科学出版社，2008.

案例评析： 凡是要求孩子不能去做的，幼儿教师首先不能去做。当幼儿教师不能按规范的程序进行盥洗活动时，幼儿又怎么能做到呢？幼儿教师要反省自己是否以身作则，幼儿教师的言行举止应成为幼儿学习的良好榜样。

三、3～6岁幼儿盥洗活动的指导策略

（一）科学创设适宜的环境

《幼儿园教育指导纲要（试行）》指出，环境是重要的教育资源，应通过环境的创设和利用，有效地促进幼儿的发展。针对案例"盥洗室的故事"所描述的问题，经过分析与思考，教师调整了盥洗室及周围的环境创设。

首先，教师在走廊上安装电子相框，滚动播放幼儿洗手的照片。原先的静态洗手步骤图变成了"动画片"，孩子们的兴趣大大提升了，喜欢跟着相框里的洗手歌，模仿照片上的动作来洗手。其次，把肥皂换成洗手液，洗手液倒在海绵里，使用过的海绵及时替换，保证卫生。可爱的"海绵宝宝"激起了孩子们捏一捏的兴趣，连不喜欢用肥皂的笑笑每次都会用力捏海绵，捏出洗手液将小手洗干净。最后，用防滑小垫子取代"等待小脚印"，便于幼儿洗手时站立。用"等候线"的图示来提示排队的幼儿与正在洗手的幼儿保持距离。"等候线"与"小脚印"的区别在于，"等候线"提示意义明确，在日常生活中经常会接触到，幼儿知道要在线后等待。同时，"等候线"的空间利用率高，可以容纳更多的幼儿等候。

调整环境后，幼儿在盥洗室洗手时变得有秩序了，洗手的动作也越来越规范。教师用新颖、适合小班幼儿的盥洗环境，激发了幼儿洗手的兴趣，逐步改善了以往拥挤无序的状况，于无形中培养了幼儿良好的盥洗习惯，充分体现了环境的教育价值。

（二）合理开展教育活动

幼儿教师应根据不同年龄阶段幼儿的学习与发展特点，合理开展教育活动。在洗手活

动中，对于托班、小班幼儿，幼儿教师不应一次提出过多的要求，可以采用“各个击破”的方式，将完整的洗手环节分解成有趣的一系列程序性活动，如挽袖口、开关水龙头、打肥皂、冲泡泡等。幼儿教师可以把系列活动的常规要求编成幼儿能够理解的儿歌，和幼儿一起念唱，边唱边做。一开始幼儿教师要做好动作示范，慢慢地只需要提示幼儿忘记的部分，让幼儿在不知不觉中学会洗手。总之，幼儿教师应多为托班、小班幼儿提供生动有趣、直观形象的教育活动。

如何解决中班、大班幼儿洗手活动中存在的问题呢？仅靠原来的洗手儿歌已经不能调动起他们洗手的积极性了。幼儿教师可针对中班、大班幼儿求知欲强、喜欢探究的特点，巧设问题，组织幼儿展开讨论，引发幼儿的认知冲突，让幼儿懂得洗手的重要性，激发其主动洗手的意愿。如组织幼儿讨论“小手真的干净吗”，通过播放视频，让幼儿明白细菌是肉眼看不到的，引发幼儿思考“手上细菌多了怎么办”。幼儿通过自己动手解决问题获得的感悟往往会更加深刻，幼儿教师也可以将幼儿平时洗手的场景录制成视频，放给幼儿看，请大家互相看一看、评一评、想一想，看看大家平时是怎么做的，评评正确的方法应该是怎样的，再想想应该如何改正。幼儿教师还可以引导中班、大班幼儿自由讨论制定盥洗室的相关规则，如不要在盥洗室追逐打闹等，并引导幼儿动手制作规则图示，张贴在盥洗室，鼓励幼儿认真遵守、互相提醒。

单纯空洞的说教、强制性的监督不但不利于培养幼儿良好的盥洗习惯，还会让他们失去最初的盥洗兴趣。只有抓住幼儿的发展特点，合理开展教育活动，才能轻松有效地培养幼儿良好的盥洗习惯。

（三）充分发挥榜样的力量

幼儿教师是幼儿模仿的重要对象，因此，幼儿教师平时既要善于利用机会，为幼儿做好行为示范，也要及时反思自己的无心之举所带来的不良示范，积极引导，用自己良好的盥洗习惯去影响幼儿。

同伴也是幼儿观摩学习的重要榜样，对于在盥洗活动中表现好的幼儿，幼儿教师可采取当众表扬的方式，树立良好的典型让其他幼儿学习，鼓励幼儿相互观摩，取长补短，以此激发他们模仿和学习好的盥洗行为的积极性。幼儿教师可采用榜样示范的方法，鼓励中班、大班幼儿教托班、小班的弟弟妹妹洗手。活动前，幼儿教师要先检查中班、大班幼儿的洗手方法是否正确，引导中班、大班幼儿讨论怎样教弟弟妹妹洗手，大家共同商讨活动流程，然后指导幼儿带领弟弟妹妹按照正确的方法洗手。如此一来，一方面可激励中班、大班幼儿坚持正确的洗手方法，体验到当哥哥姐姐的自豪感。另一方面，让大孩子来教托班、小班幼儿洗手，方式新颖，可以加深托班、小班幼儿对正确盥洗的印象，也可以激发他们“等我学会了，也可以教弟弟妹妹了”的信心，消除畏难心理。

同步练习

1. 通过对 3 ～ 6 岁幼儿盥洗活动的观察记录，可以了解幼儿哪些方面的特点？

2. 试论述如何根据 3 ～ 6 岁幼儿盥洗活动的观察记录对幼儿进行个别化指导。

3. 简述幼儿盥洗时对幼儿的要求。（教师资格证考试真题）

情景任务探索

幼儿盥洗行为探索

知识拓展

观察者——幼儿园保育员角色的逻辑起点

主题4　3～6岁幼儿睡眠活动的观察与指导

幼儿园的睡眠活动主要是指在固定时间为幼儿统一安排的集体午睡活动。合理有效的午睡活动既有利于幼儿的生长发育，也能有效消除幼儿在上午教学、游戏等活动中产生的疲劳和困倦，较快恢复体力、精力，更好地投入下午的活动中。

一、3～6岁幼儿睡眠活动的观察要点

（一）睡前活动

（1）幼儿的情绪是否轻松、愉悦。
（2）幼儿睡前是否如厕。
（3）幼儿是否携带危险物品上床。
（4）幼儿能否自己脱衣服、鞋袜并将其摆放整齐。
（5）幼儿能否自己盖好被子。

（二）睡中活动

（1）幼儿能否安静入睡。
（2）幼儿是否有不良睡姿，如蒙头睡、趴着睡等。
（3）幼儿是否存在吸吮啃咬手指、咬被角等不当行为。
（4）幼儿是否存在发烧、出汗等身体不适现象。
（5）幼儿是否存在入睡困难现象。
（6）幼儿能否在不打扰他人的情况下按需如厕。

（三）睡后活动

（1）幼儿能否按时起床。
（2）幼儿能否自己穿衣服、鞋袜。
（3）幼儿是否会自己叠好被子。
（4）幼儿情绪是否正常。

对于班级全体幼儿的午睡观察，最常见的是以图表形式呈现观察要点，例如午睡观察记录表、午睡巡视记录表（见表4-3、表4-4）。幼儿教师可依据本班幼儿午睡的实际情况，科学合理地设计观察项目与内容。

表 4－3 大班幼儿午睡观察记录表

班级：	班级人数：	时间：		
项目	内容	幼儿表现（人数）		
		优	良	差
午睡前	有序如厕，及时排便			
	不携带异物上床			
	能自己脱衣服、鞋袜并摆放整齐，会盖被子			
午睡中	情绪稳定，安静入睡			
	睡觉姿势正确，不蒙头睡、不趴着睡			
	如需要如厕，能做到不影响他人			
	如提前醒来，能保持安静，等待起床			
午睡后	能按时起床			
	会叠被子，整理床铺			
	能有序洗脸，整理仪表			
分析				
建议				

表 4－4 幼儿午睡巡视记录表

班级：________ 日期：________

项目时间	入睡率	盖被子	睡姿	特殊幼儿护理		值班人
				姓名	情况	
12:00—12:30						
12:30—13:00						
13:00—13:30						
13:30—14:00						

二、3～6 岁幼儿睡眠活动的解释分析

（一）睡前准备是否充足

做好充足的睡前准备工作有助于提高幼儿睡眠质量。安静舒适的睡眠环境，有利于幼儿快速进入睡眠状态。

（二）幼儿教师是否了解幼儿的睡眠特点

不同年龄段幼儿面临的午睡问题及问题产生的原因有所差别。一般而言，托班、小班幼儿刚从家庭进入幼儿园，睡眠环境发生很大改变，对新的环境不适应，加上对家人的依恋和对幼儿教师没有建立起信赖感，缺乏安全感，因而常出现害怕午睡、拒绝午睡或入睡困难的

问题。

一方面，托班、小班幼儿受认知水平和动作发展的限制，大多分不清被子的长和宽，分不清衣服的前后和左右，不会盖被子，不会穿脱衣服。当幼儿教师要求他们自己盖被子、穿脱衣服时，幼儿会产生焦虑紧张情绪，从而害怕午睡。

另一方面，托班、小班幼儿尚未学会合理求助，习惯用本能的哭叫或等待的方式表达无助，如果午睡时出现流鼻血、肚子不舒服、憋不住尿在床上、穿不上衣服等情况，有的幼儿会突然大哭，引起混乱，有的幼儿则默不作声，独自忍受。

中班幼儿在午睡活动中能基本自理，一定程度上对穿脱整理等午睡常规要求产生了懈怠情绪。若幼儿教师总是重复强调午睡要求，指导策略单调枯燥，就容易引发幼儿逆反心理。随着神经系统的逐渐成熟，大班幼儿对睡眠时间的需求逐渐减少。3～5岁幼儿每天需要睡眠的总时数为12～13小时，而5～7岁幼儿则为11～12小时。因此，如果要求大班幼儿与托班、小班幼儿保持一致的午睡时长，则可能出现两种情况：一是幼儿在床上辗转反侧难以入睡；二是幼儿早醒后躺在床上无所事事，幼儿之间窃窃私语，甚至嬉笑打闹。

（三）家庭作息是否科学规律

幼儿的午睡习惯和生活卫生习惯都是在家庭中先习得的，家庭作息是否科学、规律影响着幼儿在园午睡表现。有些家长宠溺孩子，睡眠时间的安排全凭孩子意愿，孩子想什么时候睡就什么时候睡，晚上晚睡，早上晚起，到了午睡时间依然没有睡意，过了午睡时间又犯困，作息时间毫无规律。有些家庭生活作息不规律，父母经常熬夜，孩子没人管，也跟着熬夜，严重影响孩子的睡眠。经常会有一线幼儿教师反映，长假后的午睡活动是最难组织的。原因就在于，长假期间孩子跟随家长一起外出游玩，常常错过睡眠时间，直到玩得筋疲力尽才昏昏睡去，睡眠昼夜节律紊乱，入园后难以调整。

（四）幼儿是否存在“故意违规”行为

幼儿寻求注意的方式是多样的，可能是通过积极行为，也可能是通过消极行为。在午睡活动中，大部分幼儿会通过遵守午睡常规来获取幼儿教师的表扬，但也有少数幼儿通过故意违规破坏纪律来获取幼儿教师的关注。

案例

“嫉妒”的豆豆

其他孩子都在整理衣服了，豆豆还在对着扣子发愁。“豆豆，怎么还不脱衣服呢？”张老师走过去问。豆豆回答：“这个扣子我解不开。”张老师感到纳闷：“之前你不是已经会脱衣服了吗?”豆豆小声说:“这件衣服扣子小，不好脱。”张老师帮豆豆解开外套扣子，叮嘱她赶紧睡觉。接下来几天，豆豆总是在午睡脱衣服时磨磨蹭蹭，不是说扣子太小解不开，就是说袖子太紧脱不下来。张老师觉得不对劲，把豆豆叫到一边询问情况。几经追问，豆豆才不好意思地承认自己其实会脱衣服，说不会是因为她想像小文一样，让老师总是既帮忙穿衣服、脱衣服而且又是抱又是亲。豆豆的话提醒了张老师，小文是班上年龄最小的孩子，生活自理能力较差，老师们平日对她的关心比较多，特别是在午睡环节，因担心她哭闹，睡前经常陪伴她。没想到这些关心引起了豆豆的“嫉妒”。

案例评析：豆豆故意用不会脱衣服的行为来吸引幼儿教师的关注，希望可以获取更多的陪伴。在午睡活动中，还有一些幼儿通过不断制造噪声或不停要求上厕所等方式希望引起幼儿教师的关注。幼儿教师可通过对照幼儿以往行为、观察幼儿获得关注时的反应来判断其某一特定行为是否是为了获取关注而“故意”为之。

三、3～6岁幼儿睡眠活动的指导策略

（一）做好午睡前的准备工作

1. 睡前的情绪准备

午餐后到午睡前的时间段，幼儿教师应避免开展刺激兴奋的活动，禁止睡前批评幼儿，尽量安排安静的、能安抚幼儿情绪的活动，如散步、手工制作、户外观察等，为午睡做好情绪准备。幼儿教师也可以通过播放舒缓优美的音乐、教唱有趣的睡眠儿歌等方式安定幼儿的情绪。

2. 睡前的环境准备

（1）应保持床上用品的卫生。《托儿所幼儿园卫生保健工作规范》明确指出：“枕席、凉席每日用温水擦拭，被褥每月曝晒1～2次，床上用品每月清洗1～2次。”床上用品的卫生情况不容忽视，被褥需要定期清洗或曝晒，尿床幼儿的衣服及被单应及时更换。

（2）应营造舒适的午睡环境。保持午睡室空气流通，尤其要注意及时冲洗厕所，防止幼儿睡前大小便造成的异味影响午睡室的空气质量。室内光线不要太亮，幼儿床位的间距适宜，被褥厚薄适中。夏天天气炎热、冬天天气寒冷时提前15分钟打开空调，调节室温，营造舒适的午睡环境。

（3）午睡室环境应能促进幼儿的睡眠。幼儿教师可以在午睡室门口装饰富有童趣的图文提示，用来提醒幼儿进入午睡室后要轻轻走路，轻声说话。幼儿教师可以组织班级幼儿共同商讨午睡规则，引导他们将午睡规则写出来画出来，张贴在午睡室门口或自己的床边，加强幼儿的自我管理能力。此外，幼儿教师还可以在午睡室内的墙面上布置一些色彩柔和的卡通图片，比如暗示幼儿睡觉的星星、月亮、花卉和酣然入睡的小动物等，为幼儿

营造温馨祥和的睡眠环境。依据班级午睡实际状况可以设置“生活自理能力”区，用“自己睡”“自己穿”等生动形象的图文提醒幼儿学会自己的事自己做。

（4）幼儿教师在进入午睡室时应以身示范，保持动作轻、声音轻，多用手势代替语言，暗示幼儿尽快入睡，用自己的行为做出榜样。

3. 睡前的检查提醒工作

幼儿教师通过睡前检查提醒，既可以及时发现午睡安全隐患，还可以帮助幼儿形成良好的睡眠习惯。

（1）睡前安全检查。检查幼儿是否将随身小物件，如纽扣、皮筋、发卡、线头等携带上床；检查幼儿是否存在情绪异常；检查幼儿是否存在身体不适等状况。

（2）睡前如厕提醒。提醒幼儿睡前如厕、洗手，对容易尿床、因贪玩不愿如厕、如厕后不洗手等的幼儿进行重点提醒和督促。

（3）睡前衣物整理提醒。进入午睡室时，及时提醒幼儿有序脱衣服鞋袜，并整齐放置，鼓励幼儿遇到困难时有礼貌地轻声向幼儿教师或同伴寻求帮助。

（二）注重午睡时的巡视指导

（1）幼儿教师应从思想上重视午睡时的巡视工作，提高责任意识。一些幼儿教师认为幼儿睡觉时是他们最轻松的时刻，殊不知幼儿园午睡安全事故大多都是在幼儿午睡时发生的。幼儿教师是午睡活动的组织者和管理者，理应为幼儿的睡眠“保驾护航”。

（2）幼儿教师应做好午睡时的巡视工作。幼儿教师要细心观察幼儿午睡时的行为，及时发现幼儿的异常，如身体不适、磨牙、做噩梦等，避免幼儿在被中玩头饰、纽扣等小物品，防止意外发生。同时，培养幼儿正确的睡眠姿势，纠正趴着睡、蒙头睡等不正确睡姿，帮助幼儿盖好被子，以防感冒。依照巡视情况做好记录，认真填写午睡观察记录表。

（3）若在巡视中发现午睡困难的幼儿，幼儿教师应有针对性地采取指导策略。有的幼儿喜欢在午睡时窃窃私语，幼儿教师要以身作则，进入午睡室后尽量不说话或者小声说话，在潜移默化中让幼儿养成习惯，知道午睡室是用来休息的。幼儿教师可以合理安排床位，不让话多的孩子扎堆，避免他们午睡时交谈。有的幼儿故意吵闹或过多提要求，以此吸引关注。幼儿教师可以先采取说理教育的方式，如果屡教不改，则可采用视而不见的冷处理方式，但当幼儿有所进步时，要及时给予表扬。有的幼儿咬牙齿、说梦话、做噩梦时大喊大叫，则需要幼儿教师耐心抚慰使其重新安稳入睡。有的幼儿有尿床的习惯，幼儿教师不能冷嘲热讽，应营造温馨安全的氛围，教幼儿学会正确的求助方法，寻找尿床原因，设法纠正不良习惯。有的幼儿贪玩好动，幼儿教师可用指尖在他们的背部轻缓地画简单图形，引导其情绪在单一的图形里逐渐从兴奋转为平静。还有些幼儿因自理能力欠缺而对午睡产生焦虑，幼儿教师就应该在日常活动中加强对幼儿穿脱衣服、系纽扣、叠被子等技能的训练。

总之，幼儿教师应注重午睡时的巡视工作，仔细观察，防止意外事故的发生。同时，幼儿教师应积极了解幼儿的午睡行为及行为背后的原因，实施有效的指导策略。

（三）多种途径实施午睡指导

好的幼儿教育首先是家园一致的教育。幼儿教师应通过家长会、微信、QQ 群等多种方式宣传睡眠对幼儿生长发育的重要性，促使家长关注孩子的睡眠状况。幼儿教师要主动向家长了解孩子在家睡眠情况，向家长建议孩子假期在家要坚持午睡习惯，尽可能与幼儿园午睡时间一致，以便孩子较快适应幼儿园集体生活。对于有午睡困难的幼儿，幼儿教师可鼓励家长参与到幼儿午睡指导中来，展开个别化交流讨论，共同制订方案，帮助幼儿养成良好睡眠习惯。

游戏、集体教学等活动中都可以渗透午睡的指导内容。如在“娃娃家”的区域游戏中，可以请孩子们帮“娃娃”穿脱衣服、叠衣服，以提升他们自身的生活自理能力，消除因不会穿脱衣服而对午睡产生的焦虑感。针对部分幼儿喜欢在午睡时玩弄身体部位或物品的现象，幼儿教师可以设置相关主题教学活动，为幼儿讲解身体各个部位的重要性和保护措施，让幼儿意识到玩弄身体部位或物品会对身体造成伤害。幼儿喜欢的故事、歌曲也是实施午睡指导的媒介，如朗朗上口的儿歌能帮助幼儿理解穿脱衣服、叠被子、整理衣物的技巧，而优美柔和的睡眠曲则能让幼儿放松心情，安然入睡。

同步练习

1. 观察幼儿午睡。

（1）内容：利用到幼儿园观察的时间，对幼儿的午睡活动进行观察记录。

（2）要求：在观察前，先做一份观察计划，包括观察内容、观察对象和观察要点；现场观察记录，进行整理和分析；进行小组或全班交流。

2. 幼儿园每天都安排了午睡时间，但有些孩子却怎么也不愿睡，作为值班老师你会怎么做？（教师招聘面试模拟题）

情景任务探索

小班幼儿一日生活观察记录

知识拓展

照料婴幼儿睡眠

学习评价与反思

学习情况评价表

姓名：________　　　　　　　　　　　　　　　　　学号：________

评价项目		评价标准	状态水平描述		
			自我评价	小组评价	教师评价
学习内容评价	生活行为	是否了解幼儿生活行为的观察要点			
		能否对幼儿生活行为进行科学客观的解释和分析			
		是否了解幼儿生活行为的指导策略			
	进餐活动	是否掌握幼儿盥洗活动的观察要点			
		能否对幼儿盥洗活动进行科学客观的解释和分析			
		是否掌握幼儿进餐活动的指导策略			
	盥洗活动	是否掌握幼儿盥洗活动的观察要点			
		能否对幼儿盥洗活动进行科学客观的解释和分析			
		是否掌握幼儿盥洗活动的指导策略			
	睡眠活动	是否掌握幼儿睡眠活动的观察要点			
		能否对幼儿睡眠活动进行科学客观的解释和分析			
		是否掌握幼儿睡眠活动的指导策略			

续表

<table>
<tr><th colspan="2" rowspan="2">评价项目</th><th rowspan="2">评价标准</th><th colspan="3">状态水平描述</th></tr>
<tr><th>自我评价</th><th>小组评价</th><th>教师评价</th></tr>
<tr><td rowspan="8">学习表现评价</td><td rowspan="4">学习能力</td><td>能否正确运用教材中的观察记录表进行观察记录</td><td></td><td></td><td></td></tr>
<tr><td>能否独立设计一份幼儿生活行为的观察计划</td><td></td><td></td><td></td></tr>
<tr><td>能否结合本模块知识点对幼儿园教育实践进行反思</td><td></td><td></td><td></td></tr>
<tr><td>能否主动查阅相关专业书籍进行拓展阅读</td><td></td><td></td><td></td></tr>
<tr><td rowspan="4">学习态度</td><td>是否认真听讲本模块的知识点</td><td></td><td></td><td></td></tr>
<tr><td>是否在课堂上积极参与到小组讨论当中</td><td></td><td></td><td></td></tr>
<tr><td>是否认真完成本模块的同步练习</td><td></td><td></td><td></td></tr>
<tr><td>对于本模块的困惑是否请教了同学或者老师</td><td></td><td></td><td></td></tr>
<tr><td>综合评价</td><td colspan="5">自我评价：

小组评价：

教师评价：</td></tr>
</table>

任课教师：________　　　　评价日期：________

模块五　0～3岁婴幼儿游戏行为的观察与指导

学习目标

思政目标：在观察和指导 0～3 岁婴幼儿游戏行为的过程中感受游戏的价值与魅力，增进与婴幼儿的感情，树立正确的世界观、人生观、价值观，做到有能力、有责任、有爱心。

知识目标：了解 0～3 岁婴幼儿游戏行为的观察要点和分析要点。

能力目标：掌握 0～3 岁婴幼儿感知游戏、运动游戏和语言游戏的观察方法。

思维导图

- 0～3岁婴幼儿游戏行为的观察与指导
  - 0～3岁婴幼儿游戏行为的观察与指导概述
    - 0～3岁婴幼儿游戏行为观察的意义
    - 0～3岁婴幼儿游戏行为的观察要点
    - 0～3岁婴幼儿游戏行为的解释分析
    - 0～3岁婴幼儿游戏行为的指导策略
  - 0～3岁婴幼儿感知游戏的观察与指导
    - 0～3岁婴幼儿感知游戏的观察要点
    - 0～3岁婴幼儿感知游戏的解释分析
    - 0～3岁婴幼儿感知游戏的指导策略
  - 0～3岁婴幼儿运动游戏的观察与指导
    - 0～3岁婴幼儿运动游戏的观察要点
    - 0～3岁婴幼儿运动游戏的解释分析
    - 0～3岁婴幼儿运动游戏的指导策略
  - 0～3岁婴幼儿语言游戏的观察与指导
    - 0～3岁婴幼儿语言游戏的观察要点
    - 0～3岁婴幼儿语言游戏的解释分析
    - 0～3岁婴幼儿语言游戏的指导策略

教学导航

0～3岁婴幼儿主要是在家庭中养育，但也有部分婴幼儿托于专业机构。了解0～3岁婴幼儿游戏活动的观察要点和指导策略，有助于家长、教师更好、更科学地把握婴幼儿游戏的特点，更好地指导和支持婴幼儿进行游戏，促进婴幼儿身心的发展。

通过学习本模块，你将了解0～3岁婴幼儿游戏活动的观察要点，掌握0～3岁婴幼儿游戏活动的指导策略。

工作任务与重点

本模块主要阐述了行为观察在0～3岁婴幼儿游戏行为观察与指导中的应用。教师可以充分发挥观察记录的作用，了解0～3岁婴幼儿在不同游戏活动中的表现，及时做出相应的分析和指导，以此引导0～3岁婴幼儿在游戏中学习、成长和发展。本模块主要从0～3岁婴幼儿的感知游戏、运动游戏和语言游戏这三大类型的游戏活动入手，带领幼儿教师进行有重点的观察。

案例分享与讨论

在照顾婴幼儿时，妈妈本能地会对婴幼儿微笑，会发出温柔而高兴的声音，做出各种夸张而愉快的表情，还会触摸婴幼儿的身体，模仿婴幼儿发出的声音和表情等，妈妈的这些行为都带有游戏邀请的含义。随着婴幼儿开始出现社会性微笑，能够发出“啊啊”“哦哦”的声音，他们就开始主动邀请妈妈游戏了。

讨论：

1. 你观察过0～3岁婴幼儿的游戏活动吗？

2. 举例说明你是如何观察0～3岁婴幼儿的游戏活动的，尝试总结你的观察要点。

主题1　0～3岁婴幼儿游戏行为的观察与指导概述

人类天生就会游戏，模仿大人伸舌头、张合小嘴模仿大人说话，都是婴幼儿的游戏。0～3岁婴幼儿很多能力的发展都受益于各种各样的游戏。游戏对于0～3岁婴幼儿的成长具有十分重要的意义。根据0～3岁婴幼儿生理心理发展的阶段和需要，从活动内容、游戏形式上可以把0～3岁婴幼儿的游戏划分为三类：感知游戏、象征性游戏和建构游戏，对这三类游戏的观察与分析进行阐述，能够让教师更有针对性地对0～3岁婴幼儿游戏行为进行观察与分析。

一、0～3岁婴幼儿游戏行为观察的意义

（一）了解0～3岁婴幼儿能力发展水平

0～3岁是婴幼儿非常活跃的一个时期，他们时刻都在活动，游戏是他们活动的重要形式。通过对0～3岁婴幼儿游戏的观察，教师可以观察和了解0～3岁婴幼儿各方面能力的发展状况，对其感知觉、动作、认知、言语以及社会性情绪发展等方面进行有效评估。

（二）有利于教师开展适宜的游戏指导

0～3岁婴幼儿发展水平存在个体差异，通过有意识的观察，教师能够更直观地了解0～3岁婴幼儿的发展水平，并且能够在具体的教育情境中给予0～3岁婴幼儿适宜的游戏指导和帮助，帮助其建立自信，提升游戏水平，发展多种能力。同时，观察经验的累积一定程度上能够增强教师观察的敏感性，提升观察力，进而帮助教师引导幼儿在游戏中实现深度学习，促进幼儿在游戏中的健康发展。

二、0～3岁婴幼儿游戏行为的观察要点

（一）要侧重游戏的活动性

婴幼儿主要处于感知运动的认知水平，易满足于感官运动和机体活动的生理性快乐，游戏应具有较突出的嬉戏性，多以四肢动作、身体的运动、愉快的表情以及简单的语言等形式为主，具有较少的深度认知性成分。

（二）游戏时间不宜过长

婴幼儿以无意注意为主，有意注意发展很不完善，注意力不易集中，易受无关刺激的干扰，而且身体也容易疲劳，游戏的目的性和坚持性较差，所以开展游戏活动一般以不超过 15 分钟为宜，而且要注意动静交替，灵活转变，以使婴幼儿身体的不同部位和器官得到轮流休息和放松。

（三）要确保安全

婴幼儿的自理能力和独立性较差，还有待于长时间的发展和完善，因此游戏时成人要始终守在他们身边，以确保安全。投放的玩具要大小适中、手感好、不易损坏、安全、卫生、可靠等。

（四）以个别观察指导为主

越是年龄小的婴幼儿，越需要成人多方面的指导和关注。1 岁以内的婴儿宜采取个别指导；1 ～ 3 岁的幼儿仍应以个别指导为主，可短时间分组进行集体活动。

（五）婴幼儿游戏过程的参与度

在游戏中观察 0 ～ 3 岁婴幼儿的参与度，可以了解其发展状况，也可以从侧面了解相关游戏活动的设计和组织情况。0 ～ 3 岁婴幼儿参与游戏的程度可以分为三个等级，分别为积极主动参与、一般参与和未参与。

1. 积极主动参与

积极主动参与是 0 ～ 3 岁婴幼儿参与游戏的最佳状态。在这种状态下，婴幼儿注意力集中，能够跟着教师的思路认真倾听。如果在游戏中 0 ～ 3 岁婴幼儿能积极主动参与并达到预期目标，就说明这个游戏从目标的制定到活动的组织都是恰当的，对婴幼儿的发展有着高度的适用性。

2. 一般参与

一般参与是 0 ～ 3 岁婴幼儿参与游戏的中间状态。在这种状态下，婴幼儿属于被动地学习。在教师的不断提醒下，婴幼儿能集中注意力倾听。在一般参与状态下，通过教师的精心组织，基本上可以达成游戏目标，完成教育任务。但这种状态的出现说明教师在游戏内容的选择、游戏目标的制定、游戏方法的使用方面，对 0 ～ 3 岁婴幼儿的发展状况还缺乏高度的适用性，需要加以改进。

3. 未参与

未参与是 0 ～ 3 岁婴幼儿参与游戏程度最不理想的状态。在这种状态下，婴幼儿对正在进行中的游戏毫无兴趣，不能集中注意力倾听，或是东张西望。这种状态的出现说明，教师在设计游戏方案时，从游戏目标的制定到游戏过程的组织都不太恰当，需要重新设计。

三、0～3岁婴幼儿游戏行为解释分析的影响因素

（一）教师对于专业知识的把握

教师对于0～3岁婴幼儿的发展特点不仅要熟记于心，更要能够在具体的教育情境中运用，才能在观察0～3岁婴幼儿的游戏时做出专业的解释和分析。如果对0～3岁婴幼儿的发展特点把握不当，就有可能错过指导0～3岁婴幼儿的最佳时机，同时还有可能对其发展做出错误的分析，一定程度上会对0～3岁婴幼儿的发展造成不利的影响。

（二）教师的个人经验

有的教师对于0～3岁婴幼儿的游戏行为进行分析时，往往会受自己主观经验的影响，这样的分析容易给婴幼儿贴上标签，因此教师在进行分析时，要根据相关的评价量表对婴幼儿进行评价，从而做出客观合理的分析。教师要能够正确运用科学的量表并做出科学的分析。

（三）观察的时间不够充分，导致观察信息的片面性

在确保足够的婴幼儿游戏时间的同时，教师还应保证足够的观察时间。要看懂婴幼儿的行为，就需要足够耐心地观察婴幼儿的行为、对话、表情，支持他们单纯地进行游戏活动。但是0～3岁婴幼儿游戏行为的出现是需要一定时间的，同时他们的游戏行为也是不断变化的，因此，观察也应是持续的，这样有助于教师观察到婴幼儿典型的行为和持续的发展过程。

四、0～3岁婴幼儿游戏行为的指导策略

（一）学会观察并深入了解婴幼儿游戏

学会观察是成人干预并有效指导0～3岁婴幼儿游戏的前提，通过仔细观察婴幼儿的游戏可以发现其游戏的动机、方式、兴趣并找到合适的干预时机，在尊重婴幼儿游戏自主性的前提下，为其发展提供适宜的环境和教育方式，促进游戏的有效发展。若没有进行观察就以成人自身的想法为主，冒昧干预，只会打断或干扰游戏，使其难以顺利进行下去。成人要以孩子的想法和年龄特点为出发点，持一颗同理心进行观察，真正了解孩子的游戏行为，并抓住游戏中的发展契机。

（二）选择最佳的指导方式和策略

成人干预或指导婴幼儿游戏主要通过以下三种媒介：

（1）以自身为媒介干预婴幼儿游戏，包括以下三种具体形式：

第一，平行游戏，即成人通过模仿婴幼儿游戏施加影响，可以向婴幼儿传递成人对游戏的关注态度，增进兴趣，并为婴幼儿提供可参考的范例或榜样，使其掌握游戏技能。

第二，共同游戏，即成人直接参与游戏，成为其中的重要角色。

第三，旁观者游戏，即成人站在游戏之外，以现实的身份指导或干预婴幼儿的游戏。

（2）以材料为媒介，通过提供材料来支持游戏。提供材料要注意以下两点：

第一，具有探索性，即提供可以带来丰富触觉体验的材料或通过操作可以使物体发生改变的材料，如纸黏土、太空沙等。

第二，具有生活性。婴幼儿的游戏多源于生活，一个勺子、一把钥匙就可以成为玩具，家长和教师要注意挖掘生活用品的“游戏潜能”，为婴幼儿提供常见又富有创意的材料。

（3）以婴幼儿伙伴为媒介。游戏是婴幼儿之间交流互动的良好机会，同伴间的交流更能反映其交往技巧与解决问题能力的发展状况，并增加游戏的时间和兴趣。因此，成人应注意游戏中同伴的参与，发挥同伴效应。

成人在婴幼儿游戏中要通过仔细观察来选择利用适当的媒介和策略来干预或指导游戏，但要注意尊重婴幼儿的主体性，切忌喧宾夺主。

（三）注重游戏指导的评价

游戏指导评价的合理性是发挥有效性指导的重要条件。游戏指导的有效性应是既能激发婴幼儿游戏的自主、自愿性，又能通过游戏指导促进婴幼儿多方面发展，因此，成人应注意对婴幼儿游戏的激励，促使其全面发展。

一方面，游戏指导过程的评价通常包括以下内容：一要运用鼓励式的指导方式，由于婴幼儿对情绪反应敏感，成人应在尊重他们的基础上积极鼓励其在游戏中的行为，引导婴幼儿游戏，比如提供有趣的材料，进行示范，鼓励婴幼儿游戏、探索的行为，根据其需要提供适当的帮助，在婴幼儿游戏时对其探索行为和解决问题的方式表示激励和肯定。二要探索运用多样化的游戏指导策略，如及时提供材料、适当的言语引导、提供范例、共同参与、亲身示范、同伴影响等，综合运用多种方法能够使婴幼儿游戏的时间更为持久，使游戏的有效性得以更好地发挥。

另一方面，对游戏指导结果的评价应以整体性和生活性为标准。整体性是指一个游戏或某一类游戏不是促进婴幼儿一个方面的发展，而是促进婴幼儿多方面的发展，要全面看待游戏对婴幼儿的发展价值。因此，以整体性标准衡量游戏对婴幼儿的发展能避免由于过度追求某一方面发展而忽略其他方面发展的问题，也能在一定程度上避免“超前教育、过度教育”的问题。生活性是指游戏的开展及游戏的发展是基于婴幼儿成长的需要，成人能主动以游戏化的思维与婴幼儿互动，达到生活游戏化、游戏生活化，从而促进婴幼儿全面、健康、快乐成长。

同步练习

1. 简述 0 ～ 3 岁婴幼儿游戏行为观察的意义。

____

____

2. 简述0～3岁婴幼儿游戏行为的观察要点。

____

____

____

情景任务探索

游戏观察

知识拓展

婴幼儿游戏类型拓展

主题2　0～3岁婴幼儿感知游戏的观察与指导

0～3岁婴幼儿感知游戏主要是发展其感官能力，包括视觉、听觉、触觉等方面的游戏。因此，照料者和教师对0～3岁婴幼儿的感知游戏，特别是视觉游戏和听觉游戏的观察与分析，对指导婴幼儿游戏起着非常重要的作用。

一、0～3岁婴幼儿感知游戏的观察要点

0～3岁婴幼儿感知游戏的观察要点主要是把握视觉游戏和听觉游戏两个方面。

（一）0～3岁婴幼儿视觉游戏的观察要点

1. 0～3个月婴儿视觉游戏的观察要点

（1）观察0～3个月婴儿视觉集中和视觉追视的发展情况。

观察与评估0～3个月婴儿视觉集中和视觉追视的情况，可参照表5－1所示的观察要点与方法。

表5－1　0～3个月婴儿视觉集中和视觉追视的观察要点与方法

观察领域	聚焦物体	观察时间	适当距离	运用方法	注意事项
视觉集中	妈妈的手	5秒	20厘米	观察婴儿清醒时能否关注进入视野的物体，注视时间多长、距离多远，并将其记录下来	在婴儿清醒且愉悦时进行
视觉追视	小玩具	8秒	30厘米	慢慢地左右或上下移动小玩具，一边移动一边说："宝宝看看，××飞喽！"观察婴儿的眼睛是否随小玩具移动	在婴儿清醒的状态下进行；将其平放在床上

（2）观察0～3个月婴儿颜色视觉的发展。

观察0～3个月婴儿颜色视觉的发展，可参照表5－2所示的观察要点与方法，即通过选择特定颜色的材料来进行观察。图5－1所示是不同颜色的玩具，可将这些玩具挂在婴儿的视野里，并在婴儿清醒的状态下观察其注视什么颜色的玩具时间较长，并将观察结果记录下来。

表5－2　0～3个月婴儿颜色视觉的观察要点与方法

观察领域	聚焦物体	观察时间	适当距离	运用方法	注意事项
颜色视觉	红、蓝色玩具	10秒	30厘米	将玩具挂在婴儿的视野里，观察婴儿注视什么颜色玩具的时间较长	注意随机更换玩具的呈现顺序

图5－1　不同颜色的玩具

案例

洋洋28天的时候，正躺在自己的小床上，眼睛一眨不眨地盯着面前转动的彩色床铃看。这时，隔壁的王奶奶过来玩，不停地夸洋洋长得又帅又可爱。这时候，洋洋开始转头盯着王奶奶看，洋洋奶奶说："你看，他在听你说话呢。"王奶奶说："他现在还看不到东西呢。"奶奶回答说："怎么会看不到东西呢？要不他怎么会一直盯着你？"一会儿，洋洋突然哭起来。妈妈急忙走过来，看了一下洋洋的小屁股，原来是尿布湿了，妈妈赶紧拿来干尿布给洋洋换上。

案例评析：0～3个月的婴儿视觉发展水平比较低，但对颜色比较鲜亮的物体有偏好。洋洋快满月了，视觉已经慢慢发展起来，虽然还看不清事物的具体细节，但是已经可以看到物体的大体轮廓，并能将视线准确地集中在一个事物上，而且表现出对色彩的关注，彩色的床铃颜色鲜艳，因此比较能够吸引洋洋的注意力。

婴儿出生时就有听觉，具备听觉定位能力，能够判断声音发生的方向和位置。洋洋表现出对成人谈话声音的敏锐性，并可以精确定位听到的声音，所以当王奶奶说话的时候，洋洋就转头朝向王奶奶的方向看，已经可以初步判断声源。

婴儿出生后一般会对温度、湿度和疼痛等刺激很敏感。案例中当尿布潮湿时，洋洋就会有不舒服的感觉，并用哭声表达出来，这正是他对湿度刺激的表现。

---

2. 4～6个月婴儿视觉游戏的观察要点

4～6个月婴儿视觉游戏的观察重点在于视觉的距离、视觉广度以及视觉与动觉的联合。下面介绍两种有效的观察方法：

（1）观察目标1：观察婴儿视线的距离和视觉的广度。

准备：带婴儿去一个他从来没有去过的地方，并且此场景中要有较多的人或物，如公园、商场。

观察方法：由爸爸或妈妈抱着婴儿，观察者来观察。用时间抽样法观察并记录婴儿的表情和视线，做好观察记录。

（2）观察目标2：观察婴儿是否能通过转动身体来调整视野。

准备：一个彩色的铃铛。

观察方法：让婴儿坐在地板上，成人拿起彩色铃铛在他面前摇晃，然后将铃铛向其身后绕，引导婴儿跟着玩具的走向转动身体。

3. 7～9个月婴儿视觉游戏的观察要点

7～9个月的婴儿视觉游戏的观察要点可以聚焦于颜色视觉与空间知觉两方面，参见表5－3。

表 5－3　7～9 个月婴儿视觉游戏的观察要点与方法

观察领域	聚焦物体	运用方法
颜色视觉	红色和黄色的纸各两张，红色和黄色的盒子各一个	将彩纸分散放到 7～9 个月婴儿的面前，保证婴儿能看到每一张纸的颜色，且方便观察和拿取，观察婴儿是否能跟成人拿一样颜色的纸
空间知觉	一个网状的纸篓，一些较轻的玩具	将纸篓放在距离婴儿 30 厘米左右的位置，成人示范将玩具扔进纸篓内，并引导婴儿扔，观察婴儿扔进的玩具个数和距离

4. 10～12 个月婴儿视觉游戏的观察要点

10～12 个月婴儿视觉游戏的观察重点仍落在视觉发展上，内容则更聚焦于图案视觉，参见表 5－4 和图 5－2。

表 5－4　10～12 个月婴儿图案视觉的观察要点与方法

观察领域	运用方法	注意事项
图案视觉	给婴儿呈现几幅图，其中一幅与其他有所不同，让婴儿指出其中不同的是哪一幅，观察婴儿能否识别图片间的差异	在婴儿清醒时让其看图片

图 5－2　视觉观察图

5. 13～18 个月幼儿视觉游戏的观察要点

这一阶段幼儿视觉游戏的观察重点在于凝视行为和图案知觉。对于幼儿的凝视行为，可采用表 5－5 所示观察记录表进行观察。

表 5－5　13～18 个月幼儿凝视行为观察记录表

时间	活动	视觉对象	持续时间
8:00	妈妈在喂幼儿吃饭，幼儿非要自己吃，结果掉了很多饭粒在桌子上，观察他是否盯着米粒	饭粒	20 秒
8:10	吃完饭，妈妈擦了桌子，把抹布放在旁边，观察他是否看着抹布	抹布	30 秒
10:20			
10:30			
11:00			

6. 19～24个月幼儿视觉游戏的观察要点

19～24个月幼儿视觉游戏行为的观察主要可以从颜色匹配和形状匹配两个方面进行，见表5-6。

表5-6　19～24个月幼儿视觉游戏的观察要点与方法

观察领域		观察方法	观察要点
视觉发展	颜色匹配	让幼儿将若干红色、黄色、蓝色的玩具放入对应颜色的小筐里，如将蓝色汽车放入蓝色筐中	观察幼儿匹配是否正确，记录所用时间
	形状匹配	让幼儿将若干正方形、圆形、三角形的玩具放入对应形状的盒子中，如将三角板放入三角形盒子中	

7. 25～30个月幼儿视觉游戏的观察要点

该月龄段的幼儿认识的颜色更多了，因此在视觉游戏中应重点对幼儿的色彩辨别、细节关注程度进行观察，参见表5-7。

表5-7　25～30个月幼儿视觉游戏的观察要点与方法

观察领域	运用方法	观察要点
色彩辨别	让幼儿从一堆玩具中分别挑选出红色、黄色、蓝色的玩具	观察幼儿挑选的正确率、是否挑选错误的颜色
细节观察	让幼儿观察一张内容丰富的图片，说一说自己看到了什么	观察幼儿描述的事物数量、颜色、特征等内容

8. 31～36个月幼儿视觉游戏的观察要点

随着幼儿语言的发展，语言的暗示性会对幼儿产生较大影响，所以在观察的时候注意不要给幼儿太多的提示，参见表5-8所示的观察要点与方法。

表5-8　31～36个月幼儿视觉游戏的观察要点与方法

观察领域	观察方法	观察要点
色彩识别	让幼儿观察一幅色彩丰富的图画，说出自己所看到的颜色	观察幼儿能说出的颜色数量，并记录准确程度
颜色识别	让幼儿对不同形状的卡片进行分类	观察与记录幼儿配对的正确率及速度
大小比较	提供小、中、大三种尺寸的玩具，请幼儿说说哪个最大、哪个最小	观察与记录幼儿选择的正确率及速度

（二）0～3岁婴幼儿听觉游戏的观察要点

1. 0～3个月婴儿听觉游戏的观察要点

（1）观察婴儿的听觉灵敏度。

照料者可以从音量和音色两个维度来观察 0 ～ 3 个月婴儿听觉灵敏度的发展情况，可参照表 5 - 9 进行观察记录。

表 5 - 9　0 ～ 3 个月婴儿听觉灵敏度的观察要点与方法

观察领域		观察方法	注意事项
听觉灵敏度	不同音量的声音	用不同音量的声音和婴儿说话，观察婴儿对不同音量的声音的反应，并做好记录	可以自行设计声音的维度和内容
	不同音色的声音（小鼓、小喇叭、小摇铃）	观察者将婴儿平放在床上，玩具放在自己身后（不让婴儿看见玩具），摇动玩具使其发出声音，观察婴儿对不同音色的反应，并做好记录	可找不同的发声物代替

（2）观察婴儿的听觉定位能力。

为观察 0 ～ 3 个月婴儿的听觉定位能力，可以设定观察目标，如准备一个摇铃，观察 0 ～ 3 个月婴儿能否准确定位发声的位置，可参照表 5 - 10 进行观察记录。

表 5 - 10　0 ～ 3 个月婴儿听觉定位能力的观察要点与方法

观察领域	聚焦物体或目标	运用方法	注意事项
听觉定位能力	摇铃	轻轻地在婴儿头上摇晃摇铃，然后将摇铃移到婴儿头的另一侧重复一次，观察婴儿是否会看向发声的方向并将头扭向那一侧。在婴儿的头部周围慢慢地移动摇铃，看婴儿能否正确找到声音的来源，并做好记录	注意声音不要过大，以免吓到婴儿

（3）观察婴儿的听觉偏好。

照料者可通过让婴儿听不同的人声来观察与记录其听觉偏好，可参照表 5 - 11 进行观察记录。

表 5 - 11　0 ～ 3 个月婴儿听觉偏好的观察要点与方法

观察领域	聚焦物体或目标	运用方法	注意事项
听觉偏好	妈妈、爸爸、爷爷、奶奶、邻居小朋友的声音	在婴儿耳边播放事先录好的家人呼唤婴儿的声音，观察婴儿对不同声音的反应，并做好记录	注意声音不要过大，以免吓到婴儿

2. 4 ～ 6 个月婴儿听觉游戏的观察要点

4 ～ 6 个婴儿听觉游戏的观察聚焦在听觉定位以及音乐听觉两个方面，参见表 5 - 12。

表5-12　4～6个月婴儿听觉游戏的观察要点与方法

观察领域	聚焦目标	运用方法	注意事项
听觉定位	爸爸妈妈的声音	爸爸照料婴儿，妈妈换一个地方叫婴儿的名字，看看婴儿能否根据声音找到妈妈	爸爸妈妈可以站在公园里的花坛边、大树下、人群里
音乐听觉	不同的音乐	播放不同节奏、不同音高和音色的音乐，如舒缓的轻音乐、悠扬的民乐等，观察婴儿的反应	可增加或调整音乐的类型；注意音量不要过大

3.7～9个月婴儿听觉游戏的观察要点

观察目标：观察7～9个月婴儿听声音找声源的能力。

案例评析：婴幼儿听觉游戏

准备：可以发声的玩具，如音乐盒、闹铃等。

观察方法：让幼儿听音乐盒的声音，并对婴儿说："宝宝，听听，这是什么声音？"然后将玩具放到婴儿看不见的地方，距离由近到远，难度由易到难。成人抱着婴儿，按照婴儿的指引去寻找，记录找到玩具的时间。

4.10～12个月婴儿听觉游戏的观察要点

对于这一月龄段的婴儿，照料者可以从听觉灵敏度和听觉偏好两个维度对其进行观察分析。

5.13～18个月幼儿听觉游戏的观察要点

观察目标：观察幼儿的听觉灵敏度。

准备：在一个比较安静的公园里，观察者和幼儿坐在草地上。

观察方法：观察者听到一个声音就问幼儿："听，你听到××的声音了吗？"记录下幼儿的反应和持续聆听的时间。可参考表5-13进行观察。

表5-13　13～18个月幼儿听觉灵敏度观察记录表

聚焦目标	幼儿反应	持续时间
小汽车鸣笛声	例：幼儿很认真地听，然后对着我笑了，嘴里发出"嘀嘀——"的声音	20秒
割草机的声音		
小鸟叫的声音		
……		

6.19～24个月幼儿听觉游戏的观察要点

对音乐的感知是婴幼儿听觉游戏水平发展的重要方面。成人可以通过播放不同类型的音乐来观察婴幼儿音乐感知能力的发展情况。参见表5-14，可以从幼儿对不同音乐的感知与反应情况来对幼儿的听觉游戏进行观察分析。

表 5－14　19～24 个月幼儿听觉游戏的观察要点与方法

观察领域	观察方法	观察要点
音乐感知与反应	对欢快简单的音乐的感知（如：《数鸭子》）	观察幼儿在该音乐环境中的身体反应（如蹦蹦跳跳）、表情变化（如咯咯笑）及兴趣持续时间（如直到音乐结束）
	对舒缓的音乐的感知（如：《森林物语》）	
	对动感的音乐的感知（如：《青春舞曲》）	

7. 25～36 个月幼儿听觉游戏的观察要点

对于这个月龄段的幼儿，听觉游戏的观察要点应放在幼儿对所听到内容的理解情况上，参见表 5－15。

表 5－15　25～36 个月幼儿听觉游戏的观察要点与方法

观察领域	观察方法	观察要点
聆听、遵从指令	成人与幼儿一起玩耍 30 分钟，向幼儿发出 5 个简单的指令，例如：宝宝来，坐在妈妈旁边	观察并记录幼儿的反应，如果幼儿能完成 3 个及 3 个以上的指令则判断其通过

二、0～3 岁婴幼儿感知游戏的解释分析

（一）0～3 岁婴幼儿视觉游戏的解释分析

教师在对 0～3 岁婴幼儿视觉游戏进行解释和分析时，要先对婴幼儿在游戏中的表现如实进行记录，再根据婴幼儿的表现进行客观的评价，在评价过程中依据婴幼儿视觉发展特点进行分析。对于婴幼儿的特殊表现要及时跟家长进行沟通和反馈，如在游戏过程中教师发现婴幼儿的视觉追踪能力明显不符合现阶段的发展水平，就要及时向家长反馈，询问家长在家是否有做一些影响婴幼儿视觉发展的行为，一般有以下几种。

1. 整夜使用小夜灯

有的家长为了便于观察婴幼儿夜晚的睡眠情况，会整夜开着小夜灯。其实这样不仅会影响婴幼儿睡眠质量，而且不利于婴幼儿视觉的发育。教师可以提醒家长把小夜灯的开关放置在伸手就能够到的地方，当需要起来照顾婴幼儿的时候，直接打开小夜灯，用完之后就关上。

2. 缺乏户外活动

很多家长以为婴幼儿怕光，婴幼儿出生后 3 个月甚至 6 个月内都不去户外活动，甚至把家里的窗帘 24 小时都拉上。其实长期缺乏充足的自然光照，会影响婴幼儿的视觉发育。合理的户外活动是婴幼儿感官发展的重要途径之一，大自然丰富的光线、色彩、静态和动态的物体都能给婴幼儿很好的视觉体验。

3. 强烈的阳光直射眼睛

晒太阳有利于婴幼儿的发育，但教师也要提醒家长外出时注意给婴幼儿戴遮阳帽、打遮阳伞、戴太阳镜等，千万不要让强烈的阳光直接照射在婴幼儿的眼睛上，这些强光可能

会灼伤婴幼儿的眼睛。

4. 物体的摆放位置不当

婴幼儿能够自主爬行前，清醒时大部分时间不是躺着就是趴着。如果物体摆放的位置不当，婴幼儿总是要歪着头、斜着眼去看这些物体，就容易引起斜视或导致姿势性斜颈。

总之，婴幼儿视觉能力的发展是不可逆的，教师要善于观察婴幼儿在视觉游戏中的表现，有针对性地对婴幼儿进行视觉训练，同时也要积极与家长进行沟通，共同助力婴幼儿视觉能力的发展。

（二）0～3岁婴幼儿听觉游戏的解释与分析

0～3岁婴幼儿听觉能力的发展，排除病理上的听力障碍，很大程度上受到语言环境的影响。1岁前的婴儿，其语言教育以听为主，无论是在家庭还是在托幼园所中，都需要营造丰富的语言环境。但是有的成人认为婴幼儿还不会说话，过多的语言刺激似乎是在做无用功，但恰恰相反，1岁左右的婴幼儿，尽管他们还不能理解语句的全部含义，仍能在外界不断的语言刺激下，促使自身听觉系统发育更完善，为大脑的发育进行铺垫，并在潜移默化中积累有关语音、词句的基本知识。因此，如果家庭和托幼园所中的语言环境贫乏，婴幼儿没有得到丰富的语言刺激，那么一定程度上会对其听觉能力的发展产生不利影响。

三、0～3岁婴幼儿感知游戏的指导策略

（一）教师和家长要理解婴幼儿的感知游戏行为

观察是理解婴幼儿游戏的关键。通过观察，成人可以获得许多信息，包括婴幼儿喜欢的游戏类型、方式，偏好的玩具、地点以及他们与同伴和成人在游戏中的相互关系。因此，教师和家长首先要有观察的意识和目的，及时了解婴幼儿的内心世界，从而为婴幼儿的发展提供更适宜的环境和教育方式。其次，要用欣赏的、宽容的、研究的态度观察婴幼儿的游戏行为，了解婴幼儿游戏行为背后的心理机制，不能盲目否定或者排斥某些看似具有“破坏性”的游戏行为。最后，关注婴幼儿的游戏行为与发展的关系，如通过“婴幼儿此游戏行为的目的是什么”“这种游戏行为隐含了哪些方面的发展”“婴幼儿对这个行为的已有经验有哪些？丰富了哪些经验”等问题，较好地把握观察的要点，为有效地指导婴幼儿游戏提供依据。

（二）创设良好的游戏环境

婴幼儿做游戏依赖于环境，也需要游戏材料和玩具来维持。通常婴幼儿只有在相对熟悉的环境中才会感到安全，才能放松地进行游戏并获得愉快的体验。教师和家长为婴幼儿选择游戏环境时，都应该注意到孩子的能力、经验、气质和感受，认真考量环境是否安全、刺激强度是否合适、游戏任务的难度是否恰当，要把预先的判断和婴幼儿最初的反应

结合起来。如果婴幼儿表现出兴趣和参与的愿望，而且能够相对容易地适应环境，那么该环境就是适宜的，否则家长就需要重新评估或者另行选择。

成人应理解并支持婴幼儿探知世界的方式，以语言、材料及自身等媒介积极与婴幼儿互动，让他们感受到成人的关注与爱。此外，成人还应提供丰富的环境，刺激婴幼儿多方面感知觉的发展，提高其对外界环境的灵敏性。

同步练习

1. 通过对 0 ～ 3 岁婴幼儿感知游戏的观察记录，可以了解婴幼儿哪些方面的特点？

2. 简述如何根据 0 ～ 3 岁婴幼儿感知游戏的观察记录，对婴幼儿进行个别化指导。

情景任务探索

观察记录婴幼儿感知游戏

知识拓展

触觉游戏，玩出感知力

主题3　0～3岁婴幼儿运动游戏的观察与指导

运动游戏是发展0～3岁婴幼儿走、跑、跳等基本动作协调性和灵敏性的游戏。0～3岁婴幼儿的游戏首先从大肌肉、骨骼活动开始，逐渐加入小肌肉动作游戏。1岁前的婴儿可进行大动作游戏，如促进婴儿“翻、爬、坐、站立、行走、抓握、摇动”等能力发展的游戏。2岁可进行由“走、跑、跳、攀登”等基本动作组成的各种运动性游戏，如马跑、兔跳、推车、骑车、球类等游戏。具体来说，练习走的游戏有“找小旗”“好朋友向前走”，练习跑的有“捕鱼”“蝴蝶找花”，练习跳的有“小白兔”，练习平衡能力的有“小马过河”，练习攀登的有“小花猫”，练习钻的有“火车钻山洞”等。同时，还可以通过练习搭积木、穿珠、插板、捏泥等桌面游戏锻炼0～3岁婴幼儿手的精细动作的灵活性、准确性，做到手眼协调、手脑并用。以下主要从0～3岁婴幼儿粗大动作游戏和精细动作游戏的角度探讨如何对婴幼儿的运动游戏进行观察与分析。

一、0～3岁婴儿运动游戏的观察要点

（一）粗大动作游戏的观察要点

1. 0～3个月婴儿粗大动作的观察要点

0～3个月婴儿粗大动作的观察重点在于踢腿动作，为了解0～3个月婴儿踢腿动作的发展，可参照表5-16进行观察和记录。

表5-16　0～3个月婴儿踢腿动作的观察要点与方法

观察领域	观察方法	注意事项
踢腿动作	观察婴儿在不同情境下的踢腿动作：（1）用玩具触碰婴儿的脚底，引导婴儿用脚蹬玩具；（2）将小铃铛系在婴儿的腿上，轻轻摇动婴儿的脚，让铃铛发出声音，看婴儿是否会做出踢腿动作；（3）将小铃铛挂在婴儿腿部上方15厘米处，引导婴儿用脚触摸小铃铛，看婴儿是否会做出踢铃铛的动作	在婴儿清醒的状态下进行

2. 4～6个月婴儿粗大动作的观察要点

对于4～6个月的婴儿，主要观察其腿部和手臂动作的发展情况，观察方法参见表5-17。

表 5－17　4～6个月婴儿腿部和手臂动作的观察要点与方法

观察领域	观察方法	注意事项
腿部和手臂动作	妈妈扶住婴儿腋下让其站在自己的腿上，举起婴儿，让其蹦蹦跳。练习一段时间后，当妈妈不举婴儿时，观察婴儿是否也会在妈妈腿上跳跃。当妈妈伸出双臂抱婴儿时，观察婴儿是否会张开手臂以被妈妈抱起	在家中安全的地方进行

案例

早上，妈妈将4个多月的豆豆平放在床上换纸尿裤。穿好之后，豆豆突然将身体转向右侧，然后用头顶着床带动上身半趴在床上，右臂压在身下，左臂在空中挥舞，右腿蹬着床，左腿在空中借力踢蹬，踢蹬几次后翻了过去趴在了床上，然后借助上身力量抬起头，抽出右侧手臂，用两臂支撑起上身，头抬得高高的。过了一会儿，豆豆两手交叠，开始低下头啃食自己的小手，看到妈妈在看他时，冲妈妈笑了起来。

案例评析：

4～5个月婴儿头颈力量加强，四肢力量增强。婴儿可以自己抬起头并自由活动头部，趴着时双手能支撑胸部并抬起头；四肢活动也明显加强，虽然经常无意挥舞，但偶尔也会出现有意活动。

4～5个月的婴儿腹部、背部、腿部力量开始逐渐加强，在此基础上开始出现翻身，多数婴儿可独立翻身（从仰卧到俯卧），部分婴儿需在成人的帮助下翻身（从仰卧到俯卧）。

4～5个月婴儿有了快乐情绪的分化。从4个月开始，婴儿会渐渐分化出快乐的情绪，当看到父母时，会睁大眼睛微笑。

3. 7～9个月婴儿粗大动作的观察要点

7～9个月婴儿粗大动作的观察重点在于爬行动作，可通过用玩具逗引婴儿爬行的方式来观察其爬行动作的发展情况，参见表5－18。

表 5－18　7～9个月婴儿爬行动作的观察要点与方法

观察领域	观察方法	注意事项
爬行动作	让婴儿俯卧在床上，用玩具逗引婴儿，看婴儿能否爬行，包括匍匐爬行和手膝爬行	在空旷或可活动的地方进行

案例评析：爬行动作的观察

4. 10～12个月婴儿粗大动作的观察要点

10～12个月婴儿粗大动作的观察重点仍是爬行动作，观察方法参见表5－19。

表 5－19　10～12 个月婴儿爬行动作的观察要点与方法

观察领域	观察方法	注意事项
爬行动作	观察婴儿能否爬过障碍物或在障碍物里穿行，如从呼啦圈中爬过去，从枕头上爬过去，从空的箱子中间爬过去，或爬到沙发上等	在家中安全的地方进行

5. 13～18 个月幼儿粗大动作的观察要点

（1）行走动作的观察要点。

行走动作可反映出幼儿身体的协调性、控制力、平衡性等方面的发展情况，可参见表 5－20 进行观察记录。

表 5－20　13～18 个月幼儿行走动作的观察要点与方法

观察领域	观察方法
行走动作	观察 13～18 个月的幼儿在走路时是否行走自如，能否绕过障碍物（如彩色绳子、小玩具、圆圈等）行走

（2）扔球动作的观察要点。

幼儿扔球动作能反映出其整个身体的协调性及力量的发展水平，可参见表 5－21 进行观察记录。

表 5－21　13～18 个月幼儿扔球动作的观察要点与方法

观察领域	观察方法
扔球动作	在成人示范后，观察幼儿能否举手过肩扔出球，扔球时能否保持身体平衡而不跌倒

6. 19～24 个月幼儿粗大动作的观察要点

对于 19～24 个月幼儿，主要通过观察幼儿的行走、攀登、跑步、跳跃、投掷等能力来观察分析其粗大动作的发展情况，参见表 5－22。

表 5－22　19～24 个月幼儿粗大动作的观察要点与方法

观察领域	观察方法	观察要点	注意事项
行走	走斜坡：准备长 1 米、宽 35～40 厘米的厚木板，用小板凳将木板的一端垫高形成斜坡，让幼儿在斜坡上行走	观察幼儿在成人手扶着的情况下是否可以行走；练习多少次后可以独自行走；是否可以走完全程，所需时间是多少	使用安全可靠的器械；注意对幼儿进行保护
	走平衡木：让幼儿在长 2 米、宽 16 厘米、高 12 厘米的平衡木上行走		
攀登	扶着扶手或墙壁上楼	观察幼儿能否扶着扶手或墙壁一级一级上楼梯	
	攀爬攀登架	观察幼儿能够爬上高 70 厘米左右的攀登架，能否独自爬下攀登架	

续表

观察领域	观察方法	观察要点	注意事项
跑步	成人站于距幼儿 5 ～ 6 米处，用玩具吸引幼儿跑过来	观察幼儿能否向成人的方向跑过来，跑步过程中是否摔倒	使用安全可靠的器械；注意对幼儿进行保护
跳跃	成人示范双足同时离地跳起，让幼儿模仿	观察幼儿能否双足同时离地跳起两次以上，肢体是否协调	
投掷	成人示范，请幼儿向左右两边不同的方向抛球	观察幼儿能否向不同方向抛球	

7. 25 ～ 30 个月幼儿粗大动作的观察要点

该月龄段幼儿的粗大动作发展主要表现为站立、行走、攀登、跳跃和投掷等能力的进一步发展，可参考表 5 - 23 进行观察和记录。

表 5 - 23　25 ～ 30 个月婴幼儿粗大动作的观察要点与方法

观察领域	观察方法	观察要点
站立	让幼儿在不扶物体的情况下单脚站立 2 秒以上	观察幼儿能否完成该任务
行走	让幼儿在长 2 米、宽 16 厘米、高 12 厘米的平衡木上行走	观察幼儿能否完成该任务，能否双脚跳下平衡木
攀登	让幼儿在不扶栏杆的情况下上 3 级台阶	观察幼儿能否完成该任务，动作是否协调
跳跃	让幼儿在不扶物的情况下从 15 厘米高的台阶上跳下并站稳	观察幼儿能否完成该任务，动作是否协调
投掷	成人在离幼儿 1.5 米处，将皮球与地面呈 45° 角轻轻抛出，请幼儿接球	观察幼儿能否用手接住成人抛出的球

8. 31 ～ 36 个月幼儿粗大动作的观察要点

对于这一月龄段的幼儿来说，主要是从幼儿的站立、行走、攀登、跳跃、投掷、钻爬等动作维度来进行观察和记录，参见表 5 - 24。

表 5 - 24　31 ～ 36 个月幼儿粗大动作的观察要点与方法

观察领域	观察方法	观察要点
站立	让幼儿在不扶物体的情况下单脚站立 5 秒以上	观察幼儿能否完成该任务
行走	让幼儿在长 2 米、宽 16 厘米、高 12 厘米的平衡木上行走	观察幼儿能否完成该任务，并能双脚跳下平衡木
攀登	让幼儿尝试翻过高 132 厘米（每层间距为 12.5 厘米）的攀登架	观察幼儿能否完成该任务、动作是否协调
跳跃	让幼儿尝试跳过 10 厘米高的纸盒；交替双脚跳，单脚提起高度都在 5 厘米以上	观察幼儿能否完成该任务、动作是否协调
投掷	让幼儿将沙包过肩投至 2 米远外	观察幼儿能否完成该任务、动作是否协调
钻爬	让幼儿爬过高 65 厘米左右的纸箱或障碍物	观察幼儿能否完成该任务、动作是否协调

（二）精细动作游戏的观察要点

1. 0～3个月婴儿精细动作的观察要点

对于0～3个月婴儿精细动作的观察，主要聚焦于婴儿的简单抓握能力，参见表5－25。

表5－25 0～3个月婴儿精细动作的观察要点与方法

观察领域	聚焦目标	运用方法	注意事项
物的抓握	小摇铃、小积木、小瓶盖、塑料小球、小海绵、绒布条	分别把不同质地的玩具放在婴儿手中，观察婴儿能否抓住玩具并使其不掉下	在婴儿清醒的状态下进行
双手抓握	双手	让婴儿仰卧，将其双手放在胸前的位置，观察婴儿的双手能否握在一起	在婴儿清醒的状态下进行，衣着宽松，便于手臂活动

2. 4～6个月婴儿精细动作的观察要点

4～6个月婴儿精细动作有了明显的发展，具体观察要点与方法见表5－26。

表5－26 4～6个月婴儿精细动作的观察要点与方法

聚焦物体	运用方法	注意事项
拨浪鼓	让婴儿仰卧，将拨浪鼓放在婴儿手中，鼓励婴儿摇晃，观察婴儿是否可以将手中的拨浪鼓拿到眼前注视，并能主动摇动数下	在婴儿清醒的状态下进行
小摇铃、小积木、小瓶盖、塑料小球、小海绵、绒布条	将玩具放在离婴儿一侧手掌大约2.5厘米远的桌面上，观察婴儿能否抓取玩具，用一手还是双手，是否将玩具放入口中	在婴儿清醒的状态下进行，由妈妈抱着
小积木	成人将婴儿抱坐在腿上，先递一块小积木让婴儿抓住，再向其另一只手递另一块小积木，观察婴儿能否先后用两手抓住两块积木	在婴儿清醒的状态下进行，由妈妈抱着

3. 7～9个月婴儿精细动作的观察要点

对于7～9个月婴儿精细动作的观察，主要聚焦于婴儿的换手、对击、对捏动作，参见表5－27。

表5－27 7～9个月婴儿精细动作的观察要点与方法

观察领域	聚焦目标	运用方法	注意事项
换手动作	两块积木	将婴儿置于坐位，把一块小积木递给他，在他拿住后，再向他拿积木的手递另一块积木过去，观察婴儿是否能将第一块积木换到另一只手，然后再去拿第二块积木	在家中安全的地方进行
对击动作	两块积木	让婴儿一手拿一块积木，成人示范将两块积木对击，观察婴儿能否将两手合到中间，用一只手中的积木击打另一只手中的积木两次以上	在家中安全的地方进行

续表

观察领域	聚焦目标	运用方法	注意事项
对捏动作	花生米、小黄豆、小积木、玉米粒	将婴儿置于坐位，将小物体放在他面前的盘中，看他能否用拇指和食指捏小物体；成人可以伸出手，把手张开，看婴儿是否会把小物体放进成人的手里	注意安全，千万注意不要让婴儿把小物体放入口中

4. 10～12个月婴儿精细动作的观察要点

对于10～12个月婴儿精细动作的观察，主要聚焦于婴儿的对捏动作及手眼协调动作，参见表5－28。

表5－28　10～12个月婴儿精细动作的观察要点与方法

观察领域	聚焦目标	运用方法	注意事项
对捏动作	花生米、小黄豆、小积木、玉米粒、葡萄干	将婴儿抱坐在桌前，将一个小物体放在他面前的盘中，观察他能否动作协调、迅速地用拇指和食指的指端捏起小物体	注意安全，千万注意不要让婴儿把小物体放入口中
手眼协调动作	小球、小饼干、小积木、小瓶盖、小纸团、花生米、有很多洞的小钉板	（1）将婴儿抱坐，成人将小物品放入杯子中，观察婴儿能否模仿成人的动作，试着将小物品往杯子内投放。 （2）在婴儿面前的桌子上放一个有许多洞的小钉板，成人示范将手指插到孔中的动作，观察婴儿能否模仿成人，试着将手指插到孔中	在婴儿清醒的状态下进行

5. 13～18个月幼儿精细动作的观察要点

对13～18个月幼儿精细动作发展水平的观察，可以从翻书、垒积木、握笔和投放等动作维度来进行，参见表5－29。

表5－29　13～18个月幼儿精细动作的观察要点与方法

观察领域	聚焦目标	运用方法
翻书	方形书、圆形书、不规则形状的书	成人在示范翻书后，观察幼儿能否用三根手指或两根手指一次翻书1～2页
垒积木	积木	成人当着幼儿的面示范搭3块及以上的积木，然后推倒，观察幼儿能否搭积木，包括搭高、搭长
握笔	彩笔、蜡笔、铅笔	可让幼儿用不同的笔，如彩笔、蜡笔、铅笔等在纸上乱画，观察其握笔动作
投放	小纸球、小积木、葡萄干	观察幼儿能否将小物体往瓶子里投放和倒出

6. 19～24个月幼儿精细动作的观察要点

此阶段幼儿的精细动作逐渐发展，表现为对小体积物体的摆弄能力增强，可根据

表5-30所示的观察要点与方法对幼儿穿扣能力的发展进行观察。

表5-30　19～24个月婴幼儿精细动作的观察要点与方法

观察领域	观察方法	观察要点	注意事项
穿扣动作	幼儿将绳子穿过纽扣扣眼、串珠孔及积木上的小孔	观察幼儿能否将绳子穿过纽扣扣眼、串珠孔及积木上的小孔；穿过扣眼能否将线拉出；在1分钟内能穿多少个纽扣	在使用纽扣、串珠时注意安全，防止幼儿误吞误咽

7. 25～30个月幼儿精细动作的观察要点

对25～30个月幼儿，可参见表5-31，以握笔动作和使用筷子为例，对幼儿小肌肉的发展进行观察。

表5-31　25～30个月幼儿精细动作的观察要点与方法

观察领域	观察方法	观察要点
握笔动作	观察幼儿在画封闭圆、平行线、竖线、相交线时的握笔动作	观察幼儿是否用拇指、食指、中指握笔；在成人的示范下，幼儿能否画出封闭的圆形、平行线、竖线、相交线
使用筷子	请幼儿用筷子将盘子中的小积木、小饼干、小珠子等夹到另一个盘子中	观察幼儿能否用筷子将盘子中的小积木、小饼干、小珠子等夹到另一个盘子中；幼儿的动作是否迅速、协调

8. 31～36个月幼儿精细动作的观察要点

对于此阶段幼儿精细动作的发展，可以从堆积木、绘画、手指动作、折叠等活动维度进行观察，参见表5-32。

表5-32　31～36个月幼儿精细动作的观察要点与方法

观察领域	运用方法	观察要点
堆积木	让幼儿搭高10块积木	观察幼儿能否完成该任务
绘画	让幼儿画出长方形	观察幼儿能否完成该任务
手指动作	让幼儿尝试将拇指分别与其他四指对碰	观察幼儿能否完成该任务，动作是否协调
折叠	让幼儿尝试将纸折成长方形、正方形、三角形等	观察图形边角是否整齐；是否会将纸压平；图形折叠次数

二、0～3岁婴幼儿运动游戏的解释分析

（一）0～3岁婴幼儿粗大动作游戏的解释分析

影响婴幼儿粗大动作游戏状态的因素是多方面的，教师对其进行解释分析时，可以思考以下几个方面。

1. 游戏的趣味性

粗大动作游戏是否具备一定的趣味性很大程度上会影响婴幼儿游戏过程中的积极性。游戏的趣味性体现在将单纯的动作模仿转变成场景化的游戏形式。例如，要训练2岁半幼儿向前跳跃的大动作能力，可以将其设计为场景化游戏：小白兔采蘑菇。在游戏中幼儿扮演的小白兔竖起耳朵、跳跃到森林里采蘑菇。活动中可以给幼儿佩戴小白兔的头饰，发给孩子采蘑菇的篮子，在一定距离的地方摆上卡纸做成的漂亮的蘑菇。这样幼儿就会深深融入游戏氛围中，从而在愉悦的过程中锻炼向前跳跃的动作能力。

2. 游戏的挑战性

粗大动作游戏是否具备一定的挑战性同样会影响婴幼儿游戏过程中的积极性。过于简单，容易使婴幼儿丧失兴趣；过于困难，则会使婴幼儿丧失信心。教师在设计游戏时要根据婴幼儿现有的水平，在最近发展区内设计游戏，这样才能引起婴幼儿的兴趣，使婴幼儿在教师的指导与帮助下进一步发展。

（二）0～3岁婴幼儿精细动作游戏的解释分析

影响0～3岁婴幼儿精细动作游戏灵活性和协调度的因素是多方面的，教师对其进行解释分析时，可以考虑以下几个因素。

1. 婴幼儿精细动作发展规律

在游戏过程中要根据婴幼儿的能力水平来调整游戏的难度。如果婴幼儿失败了也不要着急，应该鼓励婴幼儿继续尝试，注重的不是结果，而是在一次次的练习中，让婴幼儿有更多体验的机会。

2. 婴幼儿动作发展的个体差异

教师要认识到婴幼儿精细动作的发展有着不平衡性和差异性。每个婴幼儿的发育有其各自的特点，有的动作发展早，有的动作发展晚。例如，1岁左右的婴幼儿会用拇指和食指捏拿葡萄干、拉下袜子，但有的婴幼儿可能1岁半才能达到这个水平，只要时间差距不是太大，就属于正常情况。教师要认识并接受婴幼儿发展的个别差异。因此，教师不用对婴幼儿某些动作发展较晚或不出现而着急，而是要有耐心，增加适当的训练，使婴幼儿在其原有基础上得到一定的发展，对婴幼儿来说这就是一种进步。

三、0～3岁婴幼儿运动游戏的指导策略

（一）提供机会，鼓励婴幼儿尝试

0～3岁婴幼儿游戏对成人的依赖性较强，因此，成人对游戏的指导作用很大程度上“左右”着游戏的选择与进程。成人要重视运动游戏，多提供运动锻炼的机会，如提供材料设法吸引婴幼儿去看、摸、拿、够或者站立；运用语言支持和鼓励婴幼儿练习爬、翻、坐等；用成人自身或者婴幼儿同伴鼓励并吸引婴幼儿做与其年龄相符的动作练习；

等等。

（二）游戏指导要有趣生动，符合婴幼儿的年龄特点

0～3岁婴幼儿直觉行动思维的特点使其更容易对活动的物体产生兴趣，因此，成人在游戏指导过程中要注重自身的动作语言，多以活动的、夸张的动作为婴幼儿进行游戏示范，创新游戏玩法。

同步练习

1. 请设计一项促进0～3岁婴幼儿精细动作发展的游戏。

2. 试论述如何在运动游戏中对0～3岁婴幼儿的动作发展进行观察。

情景任务探索

李老师该如何介入？

知识拓展

0～3岁婴幼儿运动游戏案例：跑跑停停

主题 4　0 ~ 3 岁婴幼儿语言游戏的观察与指导

0 ~ 3 岁这个年龄阶段是婴幼儿语言发展的关键时期。0 ~ 1 岁是婴幼儿语言学习的准备阶段，虽然这个时候他们还不会说话，但并不代表他们不能学习语言，相反，他们时时刻刻都在吸收来自成人和环境的语言刺激，并为真正地理解语言和进行发音做准备，教师这时候要及时捕捉婴幼儿的任何语言信息，并及时给予回应，鼓励和强化他们的发音。1 ~ 3 岁是婴幼儿语言快速发展的阶段，在这个阶段，婴幼儿的语言理解能力提高了，特别是 2 岁以后，婴幼儿的语言能力迅速提高，教师要通过多种形式与婴幼儿进行交流，其中语言游戏是不可或缺的语言学习方式，能极大地帮助婴幼儿在游戏中感知和习得语言，让婴幼儿在游戏中促进语言的发展。为了更好地发挥语言游戏的作用，教师要在语言游戏中学会正确地观察婴幼儿，并提供恰当的指导。

一、0 ~ 3 岁婴幼儿语言游戏的观察要点

（一）听觉语言

“听”指倾听，是婴幼儿感知语言和理解语言的行为表现。语音是语言的基本要素之一，是语言的物质外壳。培养婴幼儿听音、辨音的能力，有助于婴幼儿语言的发展。婴幼儿在 7 个月左右就能够理解简单的词、手势和命令，但具有一定的情境性，需要教师在和婴幼儿开展语言游戏的时候注意观察婴幼儿是否对教师的语言和指令有所反应。比如在和婴幼儿玩镜子游戏时，当教师让婴幼儿摸摸鼻子，教师就要观察婴幼儿是否能正确用手指出鼻子。婴幼儿在一岁半左右，能够真正理解生活中常用的词汇，能够听得懂教师的指令和日常用语，并能够做出回应。如果在语言游戏中，婴幼儿对教师的指令语言没有反应，那就需要引起重视。

另外，教师可以通过听故事、传话、听口令做动作等婴幼儿感兴趣的游戏，培养婴幼儿的语言感知能力。婴幼儿在听故事的过程中，既欣赏了优秀的文学作品，又养成了良好的倾听习惯，还可以在互动中促进语言感知能力的发展。教师也可以利用“情景角色”游戏活动，引导婴幼儿参与交流、讨论。

（二）视觉语言

“读”，是开发 0 ~ 3 岁婴幼儿智力和活跃其语言思维的重要方式。教师可以通过创设阅读情境，活跃婴幼儿的语言思维，如先教婴幼儿认识一本书的封面、封底，学习如何翻页，

看完书后把书合起来，并将书封面朝上放好，然后引导婴幼儿有目的地阅读书中的某一页，用自己的语言讲述书中的内容，使婴幼儿学会“读”，帮助婴幼儿养成良好的阅读习惯。

（三）运动语言

“说”，即表达，是指人们在学习和生活中获取大量的、丰富的信息，经过大脑的整合、提炼，运用语言来表达自己的情感。词汇的积累可促进婴幼儿语言表达能力和理解能力的发展，并能直接提高婴幼儿语言发展质量。婴幼儿在 10 个月左右就能够发出第一个真正有意义的词，比如“妈妈”“爸爸”，这种发音是在理解的前提下出现的，是有目的的发音。在 2 岁左右，婴幼儿的语言发展进入“词汇爆炸”阶段，能够说出 300 个字词和一些简单的句子。在游戏中，教师要善于观察婴幼儿是否能够正确运用语言进行表达，同时还要观察婴幼儿是否存在口齿不清、口吃的现象。

二、0～3 岁婴幼儿语言游戏的解释分析

（一）前语言阶段（0～9 个月）

婴幼儿从出生到说出第一个词要经历一个较长的语言准备期，称为“前语言阶段”。这个阶段是婴幼儿的言语知觉能力、发音能力和对语言的理解能力初步发展的阶段，主要表现在：学会了分辨语音和其他声音，能够对抚养者和不熟悉的声音做出明显不同的反应；从无意义的单音节（如“ɑ/o/i/e”）到有意义的音节，如见到汽车会说“di-di”。

案例

8 个月大的安琪已经开始试着“讲话”了，她嘴里总是会发出哼唧哼唧的声音，在想找妈妈的时候能发出“mɑ-mu-mɑ”的声音。每当妈妈叫安琪的名字时，她都会把头转向妈妈，有时会发出声音作为回应。当安琪想触摸危险物品的时候，妈妈都会对她说“不许碰”，这时她会乖乖地把手缩回来并观察妈妈的表情。当妈妈说“把那个娃娃给妈妈”时，安琪也会乖乖地把手中的玩具递给妈妈。

案例评析：

（1）言语理解。7～9 个月的婴儿处于言语知觉发展和语音发展的阶段，也就是言语发展的萌芽阶段，发音逐步变得清晰起来，在成人的不断刺激下，能慢慢理解成人语言的含义。8 个月大的安琪已经意识到了自己名字的发音，并能在听到这个发音时做出及时的回应。她已经可以将一些物品名称的发音和周围所存在的实体对应上，区分开“妈妈”“安琪”“娃娃”这些名字。

（2）言语发音。7～9 个月大的婴儿正处于言语发音的连续音阶段，处于这个阶段的婴儿喜欢重复同一个发音，随着发音连续性的增强，会经常发出连续重复的音节。

（3）言语交际。这个阶段的婴儿处于认识和学习交际规则的阶段，可以听懂简单的指令，如“不许”“拿”之类的简单的动词，并在尝试理解指令内涵的基础上做出一系列反应。

（二）语言发生阶段（10～14个月）

大约10个月时，婴幼儿会说出第一个有意义的词，这是婴幼儿语言发展的里程碑，是真正语言表达的开始。婴幼儿最先掌握的语言是他们每天接触或使用最频繁的名词，如“爸爸”“妈妈”“蛋”“奶”等。随着婴幼儿认知范围的扩大，逐渐加入了动词，如“吃”“喝”“走”“玩”等。一般来说，2岁以前的婴幼儿掌握的主要是名词和动词。婴幼儿最初掌握词的时候，往往对它们的意义理解不确切，后来会慢慢正确地理解。

（三）语言发展阶段（15～36个月）

在语言发展阶段，有意义的语音基本替代了无意义语音。1岁左右的婴幼儿对词的理解是笼统的，表现出词汇意义与成人词汇意义之间不匹配的现象，以过度泛化和过度窄化为代表。过度泛化是指婴幼儿常用一个词代表多种事物，如用“毛毛”指所有带毛的东西。过度窄化是指婴幼儿对于词义的理解具有专指性，如“车”仅指自己的玩具车。1岁以后，婴幼儿口头语言的发展会经历单词句—双词句（电报句）—简单句—复杂句的阶段，如“水—喝水—宝宝喝水—我要喝这个杯子里的水”。3岁左右的婴幼儿基本掌握了口语，可以用语言与他人进行交际。

案例评析：语言发展阶段

教师在观察时可以参考0～3岁婴幼儿语用能力发展评价表（详见表5－33）。

表5－33　0～3岁婴幼儿语用能力发展评价表

月龄	评价内容
0～6	能够用不同类型的哭声表达自己不同的需求
	能够用语音吸引养育者
	能够在看到熟人或玩具的时候发出愉悦的笑声
7～12	能够用简单的语音和养育者进行互动
	能够用动作代替语言和他人进行交流，比如用挥手表示“再见”
	能够用自创的简单语音代指某些事物，如用“喵喵”代替小猫
13～18	能够用简单的单字表达自己的想法，比如用“鞋”表示自己想穿鞋
	能够说出自己的名字，并且有时能够用自己的名字代替自己
	开始学会使用“不”字，表示自己不同意或拒绝
19～24	在面对自己不熟悉的物体时，喜欢问“那是什么”
	能够尝试模仿成人的话语，但往往只能模仿部分
	能够理解并且正确回答成人提出的“那是什么”

续表

月龄	评价内容
25～36	能够说出常见的物品名称，并能说出用途
	能够回答成人提出的简单问题，比如“你最喜欢的水果是什么”
	理解并能够正确使用“谢谢”“不客气”等礼貌用语
	能够在看完一本简单的图画书后进行简单的叙述
	可以尝试用语言描述自己生活中发生过的事情

三、0～3岁婴幼儿语言游戏的指导策略

（一）从连贯、整体的角度关注婴幼儿语言水平的发展

婴幼儿语言能力的发展遵循一定的客观规律，但与此同时，不同个体之间也具有相当大的差异性，因此教师在对婴幼儿进行语言能力发展的评价时必须要从连贯、整体的角度去分析，不能因为婴幼儿某阶段的表现落后于同龄婴幼儿就断言其在语言能力发展方面存在滞后。比如一位教师在一次语言游戏中发现一个20个月的幼儿语音能力符合当前月龄阶段的水平，但是其语用能力却只达到了16个月的水平，不能够正确地使用“不”来表明自己的否定意愿。这位教师表现出焦虑的情绪，担心该幼儿语言发育迟缓。实际上，这样一次语言游戏的观察结果仅仅说明幼儿的语用能力需要得到进一步的训练和发展，只需要在日常生活中有意识地训练其使用否定句即可，幼儿通过不断练习一般都能达到这一月龄阶段对语言运用能力的要求。

（二）通过不同主体了解关注婴幼儿语言水平的发展

教师通过观察婴幼儿在语言游戏中的表现，可以直观地感知婴幼儿的语言发展状况，但是要想全面地对其语言发展做出客观合理的解释与分析，还需要教师向婴幼儿的主要照料人询问婴幼儿在家的表现。如果仅仅通过观察就给婴幼儿的语言水平下定论，很有可能会给婴幼儿贴上“语言发育迟缓”“口吃”等常见的语言发展问题标签。

同步练习

1. 请设计一项促进0～3岁婴幼儿语言发展的游戏，要求包括游戏目的和游戏玩法。

____

____

____

2. 试论述如何在语言游戏中对0～3岁婴幼儿的语言能力的发展进行观察。

____

____

____

情景任务探索

语言游戏的运用

知识拓展

教师语言在幼儿游戏指导中的运用

学习评价与反思

学习情况评价表

姓名：________　　　　　　　　　　　　学号：________

评价项目		评价标准	状态水平描述		
			自我评价	小组评价	教师评价
学习内容评价	婴幼儿游戏行为观察与分析概述	是否了解婴幼儿游戏行为观察的意义			
		是否了解婴幼儿游戏行为的观察要点			
		能否对婴幼儿游戏行为进行科学、客观的解释和分析			
		是否掌握婴幼儿游戏行为的指导策略			
	婴幼儿感知游戏的观察与指导	是否掌握各月龄段婴幼儿感知游戏的观察要点			
		能否对各月龄段婴幼儿的感知游戏进行科学、客观的解释和分析			
		是否掌握各月龄段婴幼儿感知游戏的指导策略			

续表

<table>
<tr><th colspan="2" rowspan="2">评价项目</th><th rowspan="2">评价标准</th><th colspan="3">状态水平描述</th></tr>
<tr><th>自我评价</th><th>小组评价</th><th>教师评价</th></tr>
<tr><td rowspan="14">学习表现评价</td><td rowspan="3">婴幼儿运动游戏的观察与指导</td><td>是否掌握各月龄段婴幼儿运动游戏的观察要点</td><td></td><td></td><td></td></tr>
<tr><td>能否对各月龄段婴幼儿的运动游戏进行科学、客观的解释和分析</td><td></td><td></td><td></td></tr>
<tr><td>是否掌握各月龄段婴幼儿运动游戏的指导策略</td><td></td><td></td><td></td></tr>
<tr><td rowspan="3">婴幼儿语言游戏的观察与指导</td><td>是否掌握各月龄段婴幼儿语言游戏的观察要点</td><td></td><td></td><td></td></tr>
<tr><td>能否对各月龄段婴幼儿的语言游戏进行科学、客观的解释和分析</td><td></td><td></td><td></td></tr>
<tr><td>是否掌握各月龄段婴幼儿语言游戏的指导策略</td><td></td><td></td><td></td></tr>
<tr><td rowspan="4">学习能力评价</td><td>能否正确运用教材中的观察记录表进行观察记录</td><td></td><td></td><td></td></tr>
<tr><td>能否独立设计一份婴幼儿游戏行为的观察计划</td><td></td><td></td><td></td></tr>
<tr><td>能否结合本模块知识点对婴幼儿游戏行为进行反思</td><td></td><td></td><td></td></tr>
<tr><td>能否主动查阅相关专业书籍进行拓展阅读</td><td></td><td></td><td></td></tr>
<tr><td rowspan="4">学习态度评价</td><td>是否认真听讲本模块的知识点</td><td></td><td></td><td></td></tr>
<tr><td>是否在课堂上积极参与到小组讨论当中</td><td></td><td></td><td></td></tr>
<tr><td>是否认真完成本模块的同步练习</td><td></td><td></td><td></td></tr>
<tr><td>对于本模块的困惑是否请教了同学或者老师</td><td></td><td></td><td></td></tr>
<tr><td>综合评价</td><td colspan="5">自我评价：

小组评价：

教师评价：</td></tr>
</table>

任课教师：________　　　　　　　　　　　　　　　　评价日期：________

模块六　3～6岁幼儿游戏行为的观察与指导

学习目标

思政目标：尊重3～6岁幼儿的游戏行为，做到有能力、有责任、有爱心，注重因材施教。

知识目标：了解3～6岁幼儿游戏行为的观察要点及指导策略。

能力目标：掌握3～6岁幼儿创造性游戏和规则性游戏的观察要点和指导策略。

思维导图

- 3～6岁幼儿游戏行为的观察与指导
  - 3～6岁幼儿游戏行为的观察与指导概述
    - 3～6岁幼儿游戏行为观察的意义
    - 3～6岁幼儿游戏行为的观察要点
    - 3～6岁婴幼儿游戏行为的解释分析
    - 3～6岁幼儿游戏行为的指导策略
  - 3～6岁幼儿创造性游戏活动的观察与指导
    - 3～6岁幼儿角色游戏的观察与指导
    - 3～6岁幼儿结构游戏的观察与指导
    - 3～6岁幼儿表演游戏的观察与指导
  - 3～6岁幼儿规则性游戏活动的观察与指导
    - 3～6岁幼儿智力游戏的观察与指导
    - 3～6岁幼儿体育游戏的观察与指导

教学导航

游戏是幼儿的基本活动，也是他们的基本权利。游戏不仅能满足幼儿身心发展需要，还能促进幼儿的身体、认知、语言、社会性、情绪情感等方面的发展。《幼儿园教师专业标准（试行）》中明确指出，教师要“提供符合幼儿兴趣需要、年龄特点和发展目标的游戏条件，充分利用与合理设计游戏活动空间，提供丰富、适宜的游戏材料，支持、引发和促进幼儿的游戏”。观察是教师了解幼儿的兴趣、发展需求和已有知识经验的重要途径，教师通过观察能够更好地推动幼儿游戏深入、持久地发生与发展。

通过学习本模块，你将了解托幼机构主要游戏活动类型的观察要点，探究观察与指导3～6岁幼儿游戏活动的影响因素，了解3～6岁幼儿游戏活动的指导策略。

工作任务与重点

本模块主要阐述了行为观察在3～6岁幼儿游戏行为观察与指导中的应用。游戏是幼儿主要的活动形式，通过观察3～6岁幼儿在游戏中的具体行为，教师可以了解他们的身心发展与表现，及时做出相应的分析和指导，以此引导幼儿在游戏中不断地学习、成长和发展。在3～6岁幼儿游戏行为的观察中，有以下的观察重点：游戏材料、游戏行为、游戏中幼儿的成长等。本模块主要从3～6岁幼儿的创造性游戏活动、规则性游戏活动入手，带领幼儿教师进行有重点的观察。

案例分享与讨论

自主游戏时间，皮皮和洋洋两位小朋友拿着皮影在纸箱房里演起戏来。皮影屋里有娃娃、手电筒、电池、皮影等材料。皮皮吆喝道：“来看呀，快来看呀，来呀，来看皮影戏啊！”洋洋跟着呼喊起来：“可怜可怜我们吧，给我们点钱吃饭吧。拜托来看皮影戏吧，求求你们啦，求求你们啦！”皮皮：“嗨，快来看呀！这里有最好看的皮影戏，看完第一次想看第二次，快来看看吧！”可是没有小朋友回应。洋洋走出皮影屋，来到芬芬和倩倩跟前邀请她们去观看，芬芬说："我们还在工作呢！"芬芬和倩倩完成工作后，来到皮影屋，对着皮影屋里的皮皮和洋洋说："我们来了！"

讨论：

1. 案例中的皮皮和洋洋在游戏中遇到了什么问题？他们是如何解决的？
2. 请结合 3 ～ 6 岁幼儿游戏的特点评价案例中幼儿的游戏行为。

主题 1　3 ～ 6 岁幼儿游戏行为的观察与指导概述

游戏是 3 ～ 6 岁幼儿的主要生活和学习方式，是指通过模仿和想象，反映周围现实生活的一种独特的社会活动。游戏是符合幼儿特点的一种有目的、有意识的活动，其本质是幼儿的主体性活动，这种活动直观地表现为人的主动性、独立性和创造性。按照教育目的对 3 ～ 6 岁幼儿游戏进行划分，常用的幼儿游戏可分为创造性游戏和规则性游戏，创造性游戏包括角色游戏、结构游戏、表演游戏，规则性游戏包括智力游戏、体育游戏等。

一、3 ～ 6 岁幼儿游戏行为观察的意义

（一）观察游戏能探寻最真实的幼儿世界

在自主游戏中，幼儿处于具有安全感和归属感的环境中，往往会有最真实的自我表现。幼儿在游戏的过程中会综合运用自己在各个领域内已经了解的事物和获得的经验，教师可以通过观察，了解幼儿喜欢的游戏方式、玩具、游戏主题、游戏区域，分析幼儿的心理需求，推断幼儿与父母、同伴之间的关系，帮助教师收集到大量关于幼儿在身体、认知、语言、情绪和社会性等领域发展的信息，有利于从整体上把握幼儿的发展状况。

（二）观察是开展游戏指导的前提

1. 观察是游戏环境与材料调整的依据

观察是教师对自己创设的游戏环境与材料进行调整的依据。首先，教师可以通过观察幼儿在游戏时与环境、材料互动的情况，来判断游戏环境、投放的游戏材料是否是幼儿所感兴趣的，是否能引起他们的关注、激发他们的创造力与想象力。其次，教师可以通过持

续的、分阶段的对全体幼儿游戏状况的观察，对游戏环境、材料与幼儿人数的适宜性，以及环境、材料与幼儿游戏主题的匹配性进行分析，从而对游戏的环境与材料做出适宜的判断，以此进行动态的调整与完善。

2. 观察是游戏指导策略调整的依据

通过游戏观察可以帮助教师树立正确的幼儿观、教育观和游戏观，并以此指导自己的教育行为，提高自身分析问题、解决问题的能力。在观察的过程中，教师可以根据幼儿游戏的需要找到介入的时机，并根据与幼儿互动的情况实时调整指导策略。

（三）观察游戏是促进教师专业发展的重要途径

良好的观察行为被视为教师有效教学行为的一大重要特征，教师在游戏活动中的有效观察，不仅需要教师了解幼儿身心发展的阶段特点，还需要教师具备观察方面的专业知识和专业能力。在观察中教师不断地进行反思与学习，所以教师观察能力提高的过程又是其专业素养不断发展的过程。

二、3～6岁幼儿游戏行为的观察要点

游戏行为观察的前提是“看”。“看”是指教师通过感官和辅助仪器捕捉观察对象正在发生发展的行为过程，看的根本目的是能够按照观察目标筛选出有价值的信息。教师在进行游戏行为观察时，首先要明确自己的角色，即是游戏的组织者还是旁观者，从而梳理观察要点。

（一）游戏的组织者观察要点

（1）游戏的主题。即：幼儿游戏的主题是什么？主题是怎么确定的？主题与生活、与教育教学有何关系？主题的稳定性如何？主题是如何转移的？

（2）游戏角色。即：幼儿游戏中有角色分配吗？是怎么分配的？角色分配过程中是否有冲突？冲突是怎么解决的？幼儿的角色意识如何？角色扮演的水平如何？

（3）对材料的选择和运用。即：游戏过程中喜欢选择和使用哪些材料？是怎样使用这些材料的？使用材料时是否表现出一定的创造性？是否有更多的以物代物的假想性游戏行为？是否能够灵活地处理材料不足的问题？

（4）游戏情节的发展。即：幼儿游戏过程中有哪些情节的变化？每次情节变化的原因是什么？游戏内容是否丰富？

（5）游戏中的语言和交往。即：幼儿在游戏过程中的表达和交流如何？同伴关系如何？在游戏中是主动的还是被动的？遇到矛盾冲突时有什么表现？是否能采用协商、轮流、适当妥协等多种方法化解矛盾？

（6）游戏的持续时间与游戏兴趣。即：幼儿的游戏时间持续的长短如何？持续多久后开始转移？游戏过程中表现出的投入程度如何？

（7）对游戏规则的理解和遵守。即：幼儿在游戏过程中是否能控制自己，自觉地遵守游戏规则？若因为缺乏规则导致发生冲突，幼儿是否能通过协商来确定游戏规则？幼儿能否坚持遵守规则？

案例

中班角色游戏：蛋糕店

今天有 5 名幼儿来蛋糕店游戏，3 名是店员，2 名是顾客。3 名店员中只有 1 名幼儿 A 站在柜台前招呼客人，另外 2 名幼儿 B 和 C 在后台做蛋糕（1 名幼儿用橡皮泥做，1 名幼儿用剪刀和纸来做）。当 A 发现自己忙不过来时，她大声呼喊："老板，快来呀，来客人了！"然后，幼儿 B 很被动地来到柜台前，她就站在柜台边，摆弄着柜台上的各种"糕点"，也不去招呼客人。A 笑着问客人："你要买什么？""我要买蛋糕。""给你！"A 把一盒蛋糕给了客人，然后对客人说"你去桌子旁边吃蛋糕吧！没有椅子，自己去搬一张！"没有客人时，幼儿 A 就开始整理柜台：盒子、碗很有序地叠放在一起，各类点心分开放置。一会儿又来了 3 名客人，2 名幼儿在柜台前排队，1 名幼儿想走进店里。幼儿 A 手里忙着，眼睛也不闲着："你不可以走进去的！要在后面排队！"这位客人很无奈地排在最后，A 一个人接待客人还是很忙，第三位客人没有耐心等待，走开了。后台的 B 和 C 还是只管自己做点心，不去帮忙接待。A 招待了客人，等客人用餐完毕后，又一边收拾桌子，一边继续接待柜台前的客人。

资料来源：幼师口袋 App. 中班角色游戏观察记录 .

案例评析：案例中教师以旁观者的身份观察幼儿的游戏行为，中班幼儿已经有了初步的角色游戏意识，但是在游戏行为的表现上呈现出很大的能力差异，例如，幼儿 A 的游戏行为和游戏语言相对而言强于 B 和 C。蛋糕店的很多游戏材料来自美工区（橡皮泥、纸张、剪刀），实现了不同区域材料的共享。

（二）游戏的旁观者观察要点

（1）游戏的场地与空间。即：幼儿的游戏发生在什么样的场地上？空间是否拥挤？周围是否有能让幼儿分散注意力的物品、人物或声音？

（2）游戏材料。即：游戏环境中提供的玩具、材料有什么？种类和数量如何？放置的位置合适吗？是否有取放和使用的限制？

（3）游戏时间。即：本次游戏时间的长短如何？游戏前的计划交流、游戏过程、游戏分享各占多少时间？每天、每周的游戏时间各占多少？

（4）游戏中教师的介入以及介入后对幼儿游戏的影响。即：在游戏过程中是否有教师介入？是什么时间、以什么方式介入的？教师介入之后幼儿的游戏有什么变化？

三、3～6岁幼儿游戏行为的解释分析

教师的观察作为一种有目的、有意识的实践活动，其意义主要在于教师对幼儿游戏行为的分析研究。对幼儿游戏行为的分析主要体现为教师在游戏中“看懂了什么”，重点分析与解读幼儿学习与发展三个层次的问题。

第一个层次：幼儿在什么水平上玩，即教师对幼儿已有经验的解读与判断。

第二个层次：幼儿学到了什么，即教师对幼儿获得新经验的解读与判断。

第三个层次：幼儿可能的发展是什么，即教师对幼儿进一步发展可能性的解读与判断。

解读幼儿的游戏水平和发展状况，可以参考表6－1。

表6－1　幼儿游戏行为观察要点及发展提示

行为	观察要点	发展提示
表征行为	能否清楚地分辨自我角色、真和假的区别	自我意识
	出现哪些主题和情节	社会经验范围
	动机出自物的诱惑、模仿、意愿	行为的主动性
	行为仅仅指向物还是指向其他角色	社会交往、语言表达
	行为指向哪些相对应的角色	社会关系认知
	行为与角色原型的行为、职责的一致性程度	社会角色认知
	同一主题情节的复杂性和持久性	行为的目的性
	行为是以物品为主还是以角色关系为主	认知风格
	是否使用替代物进行表征	表征思维的出现
	同一情节中是否使用多物替代	想象力
	替代物与原型之间的相似程度	思维的抽象性
	用同一物品进行多种替代	思维的变通性和灵活性
	用不同物品进行同一替代	思维的变通性和灵活性
	对物品进行简单改变后再用以替代	创造性想象
构造行为	对结构材料拼搭接插的准确性和牢固性	精细动作、手眼协调
	对造型是先做后想，还是边做边想，或是先想好了再做	行为的有意性
	构造哪些作品	生活经验
	是否按一定规则对材料的形状、颜色有选择地进行构造	逻辑经验
	注重构造过程还是不同程度地追求构造结果	行为的目的性
	是否会用多种不同材料搭配构造	创造性想象力

续表

行为	观察要点	发展提示
构造行为	构造作品外形的相似性	表现力
	构造作品的复杂性	想象的丰富性
	是否能探索和发现材料特性并解决构造中的难题	新经验与思维的变通性
合作行为	独自游戏、平行游戏、合作游戏	群体意识
	更多主动与人沟通还是被动沟通	交往的主动性
	更多指示别人还是跟从别人	独立性
	是否会采用协商的办法处理玩伴关系	交往机智
	是否会同情、关心别人和取得别人的同情和关心	情感能力
	交往合作中的沟通语言	语言与情感的表达与理解
	是否善于调整自己的行为以适应别人	自我意识
规则行为	是否能爱惜物品、坚持整理玩具、物归原处等	行为习惯
	是否使用一定规则解决玩伴纠纷	公正意识
	是否喜欢规则游戏	竞赛意识
	是否自觉遵守游戏规则	规则意识
	是否创造游戏规则	自律和责任
	游戏规则的复杂性	逻辑思维

案例评析：一次“合—分—合”的尝试

教师在具体分析的时候，还可以结合《幼儿园教育指导纲要（试行）》、《3～6岁儿童学习与发展指南》、教育心理学及游戏的相关知识，从幼儿的兴趣、经验、认知、动作发展、语言发展、社会性发展、情绪情感发展等方面进行综合分析。

四、3～6岁幼儿游戏行为的指导策略

教师适时、适度介入游戏可以充分发挥游戏的教育价值，促进幼儿多方面的发展。那么，教师在游戏中应该采用哪些策略来指导幼儿游戏，使幼儿真正做到“快乐玩，有效学”呢？一般来说，幼儿游戏的指导分为三个阶段，即：游戏开展前、游戏开展中和游戏开展后。

（一）游戏开展前

游戏开展前，主要是进行物质环境方面和知识经验方面的准备，物质环境准备包括提供游戏材料、选择和创设游戏场景以及选用与设计游戏方案等，如开展“理发店”的角色

游戏，就需要教师带领幼儿创设理发店的场景，提供梳子、剪刀、小围裙、小镜子、洗发水、水龙头等物品。知识经验准备方面，就需要教师提前了解幼儿是否具备游戏所需要的相关知识经验，如开展“超市购物”的游戏，就需要了解幼儿是否去过超市，是否了解超市有什么物品、物品摆放方式、购物流程等经验。

（二）游戏开展中

教师在考虑是否需要介入幼儿游戏的时候，首先要进行观察，根据观察的情况进行反思，如果不需要介入就到此结束，给幼儿充分的游戏自由。如果需要介入的话，要确定介入的时机，选择合适的介入方式，把握介入的节奏，在指导的每个环节都需要教师进行自我反思，每一个环节都需要教师在深思熟虑之后再决定怎么做。教师游戏指导的全过程如图6－1所示。

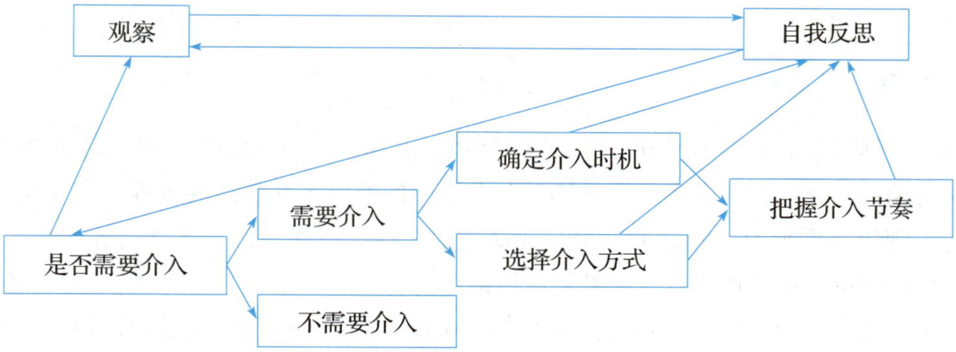

图6－1　教师游戏指导的全过程

1. 确定指导的必要性

游戏指导的主要目的是在尊重幼儿游戏本质的前提下帮助幼儿解决困难，从而促进幼儿游戏的开展和幼儿内在生命的成长。在确定是否需要指导时，要考虑以下问题：幼儿在干什么？我是否真正了解幼儿正在进行的游戏？幼儿的游戏与我的预期一致吗？我的预期是否合理？幼儿现在是否急需帮助？我的指导是否会影响或打断幼儿的游戏？我的指导完成后幼儿还能不能继续独立进行游戏？如果我不指导会怎样？

2. 选择合适的指导时机

合适的指导时机是保证幼儿游戏质量的关键。教师的指导不是代替幼儿完成游戏内容，而是支持和帮助幼儿继续主动地探索和开展游戏。教师在指导后还要及时进行反思，判断指导时机是否合适，可以从以下几个方面去考虑：我所提供的支持和帮助是否影响或打断了幼儿的游戏？我的指导引起了幼儿什么反应？是否抑制了幼儿的独立探索？我的帮助是造成了幼儿对我的依赖还是促进了他们更加积极的思考？他们还需要帮助吗？这一时机是最合适的吗？合适的指导时机的把握需要在实践中逐渐摸索，总结经验，并不是一蹴而就的。

3. 选择指导方式

教师在选择游戏的指导方式时要注意幼儿的年龄适宜性和个体适宜性，并没有统一的指导方式。对于不同年龄的幼儿和不同个体的幼儿来说，由于其发展水平和性格特征都存在差异，所以教师在选择指导方式时都要加以考虑，灵活选择。

教师可以以游戏者的身份参与到幼儿游戏之中，以平行游戏或共同游戏的形式对幼儿游戏行为产生影响；在一些特定的情况下，如幼儿在游戏中出现严重违反规则行为、过激行为或一些违反社会道德行为时，教师需要直接进行指导。同时，教师可以利用游戏材料丰富和更正幼儿的游戏内容，也可以鼓励同伴参与到游戏的合作与指导中。

4. 把握指导节奏

确定了指导的时机和指导方式并不代表指导就可以率性而为，教师对幼儿游戏的指导应是一个开放、互动的过程，教师需要在指导过程中时刻关注幼儿的反馈，不断调整指导的节奏。

（三）游戏开展后

游戏开展后，教师要引导幼儿收拾整理环境，并组织幼儿交流讨论游戏中有趣的事情和出现的问题，帮助幼儿整理、提升和分享游戏中的经验。在总结的过程中需要注意：一要为幼儿创设一个平等、和谐的氛围，让幼儿成为讨论的主人；二要学会等待，耐心听；三要学会在讨论中适度地放权；四是每次讨论都要有重点。

总的来说，教师对游戏的指导是一个不断观察、思考、评估、决策的过程，无论是游戏开展前、开展中还是开展后，都需要教师细致考虑到每个环节，在尊重幼儿游戏的基础上促进幼儿的发展。

同步练习

1. 简述 3 ～ 6 岁幼儿游戏行为观察的意义。

____

____

____

2. 简述 3 ～ 6 岁幼儿游戏行为的观察要点。

____

____

____

情景任务探索

游戏发展水平观察表格设计

知识拓展

豪威斯的同伴关系量表

主题 2　3～6 岁幼儿创造性游戏活动的观察与指导

一、3～6 岁幼儿角色游戏的观察与指导

角色游戏是幼儿自主游戏的基本类型之一，是幼儿按照自己的意愿，以模仿和想象，借助真实和替代的材料，通过扮演角色，用语言、动作和表情等，创造性地再现周围社会生活的游戏活动。通过研究发现，角色游戏在幼儿两三岁时产生，学前晚期达到最高峰，是幼儿阶段最典型的游戏。如图 6－2 所示。

图 6－2　角色游戏

（一）角色游戏的观察要点

在幼儿园中，角色游戏大部分以

区域活动的形式存在。对角色游戏的观察，可以从游戏主题的确定、游戏场景的布置、角色的选择与分配等方面来进行。

1. 游戏主题的确定

角色游戏观察首先需要确定幼儿在玩什么主题的游戏，比如娃娃家、超市、医院等；其次要了解幼儿是否是按照自己的意愿自主地选择游戏的主题。通过游戏观察，教师需要调查幼儿喜欢玩的游戏主题有哪些、在游戏的过程中是否生成了新的主题。

2. 游戏场景的布置

教师需重点观察活动场域安排与环境设置、场域与环境的变化与调整、主题变化与调整的频次与幅度、调整意图与活动目标的吻合度等方面。

3. 角色的选择与分配等

（1）角色选择与分配，角色道具类型与使用，角色装扮行为动作、语言表达方式与内容。

（2）角色变换与影响因素，如幼儿的角色认知、角色调整与改造、创造性行为及其诱导因素等。

（3）幼儿通过与材料互动表现的游戏情境与情节，以及在活动中的调整与变化。

（4）幼儿自我情绪认知，情感表达与配合互助，人物关系理解与角色间互动。

（5）游戏时长，幼儿同一角色的重复次数及变化幅度，游戏结束方式与情绪。

在观察 3 ～ 6 岁幼儿角色游戏活动的过程中，我们可以借助一些表格进行记录，通过一段时间的积累，从中可以发现幼儿在游戏活动中的发展与变化。我们可以借鉴前人设计的量表，如斯米兰斯基的观察记录量表，也可根据具体情况与要求进行调整或自制观察量表。表 6－2 所示是为了观察角色游戏中幼儿的角色意识所设计的记录表。

表 6－2　角色游戏中幼儿的角色意识观察表

姓名	角色选择	角色道具	角色装扮	角色语言与动作	角色调整	角色之间的互动	综合评价

（二）角色游戏的解释分析

角色游戏是一种最典型、最有特色的创造性游戏。在假想的条件下，幼儿按照自己的意愿，独立安排游戏的主题、情节和规则，通过扮演不同的角色，创造性地反映他们对周围生活中各种自然和社会现象的认识及体验。角色扮演受幼儿年龄与认知水平限制，游戏从无计划、无明确主题、零散动作、依赖具体物体发展为有计划、有主题、规则明确、具有象征性及由一系列行为序列组成的更高水平的游戏。

1. 幼儿游戏经验

当前幼儿园角色游戏主题相对比较单一，小班几乎都是娃娃家游戏主题，到了中大班会扩展到社会生活类、社会关系类游戏主题，但几乎都集中在超市、医院、餐厅等游戏主题。角色游戏主题限定了游戏的基本框架，如角色身份、角色之间相互关系、角色基本动作语言等，幼儿在基本游戏框架中运用自我经验去深化游戏主题、丰富游戏情节。

2. 游戏环境

游戏环境是有所组织的，潜在地向幼儿传达信息，告诉幼儿应该如何使用它们。角色游戏中幼儿产生想法、选择并投入角色、寻找及操作角色游戏的材料道具、生成与发展游戏情节等决定了角色游戏的开展需要连续的、充足的时间来保障。幼儿完全融入一个高质量的角色游戏至少需要30分钟。提供与角色游戏主题相关的游戏材料能够给幼儿的角色游戏开展提供良好的物质媒介，甚至能够扩展游戏，使角色游戏更加深入、复杂。

3. 幼儿游戏发展水平

幼儿角色游戏观察可借助表6－3进行，从幼儿角色目的性、主动性、担任角色、遵守职责、角色表现形式、角色间关系、对玩具的使用、游戏的组织能力以及游戏持续时间九个方面进行比对，以初步判断幼儿当时的游戏水平。

表6－3 3～6岁幼儿角色游戏发展水平观察表

项目	游戏表现			
	水平一	水平二	水平三	水平四
目的性	无目的地游戏	时常更换游戏	事先想好玩什么	按目的持续地玩
主动性	不参加游戏	能参加现成的游戏	在别人带领下或分配下游戏	主动参加游戏
担任角色	不明确角色	能明确角色	能主动担任角色	能担任主要角色
遵守职责	不按角色职责行动	有时按角色职责行动	能按职责角色行动	一直按角色职责行动
角色表现形式	重复个别活动	各个动作间有些联系	有一系列的动作	能创造性地活动
角色间关系	单独地玩，不与别人联系	与别人有零星联系	在启发下与别人联系	明确角色关系并配合行动
对玩具的使用	凭兴趣使用玩具	按角色需要使用玩具	创造性地使用玩具	为游戏自制玩具
游戏的组织能力	无组织能力	会商量分配角色	能出主意使游戏玩下去	会带领别人玩或教别人玩
游戏持续时间	10分钟左右	20分钟左右	40分钟左右	1小时左右

角色游戏以想象和角色扮演为特征。一般来讲，在角色游戏发展的初期（幼儿园小班和中班上学期），教师应注意游戏活动是否具备促进幼儿身体、认知、语言、意志品质、情感与性格以及社会性发展的要素。当角色游戏发展到中、晚期（幼儿园中班下学期或大

班），教师就不应当只注意这些要素的有无，更应当注意这些要素之间的关系。确切地说，促进角色游戏的主题、内容、情节的发展，应当成为幼儿园中班、大班角色游戏观察中的重点。

（三）角色游戏的指导策略

1. 创设有效的游戏环境，完善游戏条件

（1）保证充足的游戏空间。教师要最大化地利用现有的角色区面积，保证更多幼儿能有更多的机会参与到角色游戏中，同时利用幼儿园的公共区域拓展游戏的空间，也可以打破班级之间的界限，实现同年级跨班共享游戏区角。

（2）保证充足的游戏时间。教师应尽可能保证在每日上下午都留出一个时间段供幼儿自主活动，一般小班开展角色游戏时间不低于30分钟，中大班以30～50分钟为佳。

（3）鼓励幼儿参与游戏材料的准备与制作。在角色游戏之前，教师可以与幼儿一起搜集主题相关的废旧材料，一起动手制作，充分调动幼儿的积极性，发挥幼儿的创造性。

（4）教师要根据幼儿不同年龄段的特点投放不同类型的材料。小班幼儿的表征能力比较弱，需要真实物品的支持才能有一定的角色意识，因此投放的材料应该形象逼真。小班幼儿大多处于独立游戏和平行游戏阶段，教师投放的类型相同的材料数量要相对多一些，避免发生争抢。对于中、大班，教师应多投放半成品或逐渐投放替代性的材料，提升幼儿想象力水平，同时游戏材料的数量和类型都要相应增加，以满足幼儿更多的游戏选择。

2. 多途径丰富幼儿的游戏经验

（1）丰富幼儿园的一日生活。教师可通过安排幼儿参与劳动、节日娱乐活动、外出郊游、看图书、播放视频、讲绘本等各种形式来拓宽幼儿的视野，丰富幼儿的生活经验。

（2）加强与家庭、社会的合作。教师要指导家长为幼儿提供丰富的生活体验，在游戏开始之前可以通知家长提前带幼儿去相关场所体验。同时，幼儿园也要多加强与周边社区或者周边相关单位的合作，如组织幼儿去周边社区、社区消防所、卫生院参观等，充分发挥社区丰富幼儿经验的作用。

（3）引导幼儿认识成人劳动的社会意义及人与人之间的关系。幼儿在角色游戏中不仅仅是对所扮演角色语言和动作进行模仿，更需要明确所扮演角色的职能和价值，加强各角色间的交流与联系。比如，教师在丰富幼儿与“医院”主题相关的经验时，除了让幼儿了解医院中医生、护士、病人等角色及各角色的工作职能、工作方法之外，还要让幼儿了解医生工作的意义是消除病人身体上的疾病，让病人更健康地生活。

3. 尊重幼儿的游戏意愿，鼓励幼儿自主分配游戏角色

在幼儿自主选择角色的过程中，难免会出现幼儿争抢同一个角色的情况，教师要抓住时机，教给幼儿正确的处理方法。小班幼儿在角色分配上可以采用幼儿自主选择或者是教

师引导分配等方法。比如在娃娃家的游戏中，教师可以问幼儿："我们娃娃家还缺个哥哥，有没有谁愿意来当娃娃家的哥哥呢？"小班幼儿的角色意识薄弱，在游戏中常常会忘记自己所扮演的角色，这就需要教师随时以游戏的口吻来提醒幼儿。随着幼儿年龄的增长，中大班的幼儿角色意识增强，但是不善于合理地分配角色，这便需要教师教给幼儿多种方法进行角色的分配。比如，教师可以建议幼儿通过自由报名、协商、轮流、推选等方法进行角色的分配。幼儿往往会集中选择游戏中的关键角色，这时候更需要教师指导其进行角色的轮流或协商分配。同时，教师也要增强幼儿对于非关键角色的认识，让幼儿知道非关键角色也肩负重任，让非关键角色也变得具有吸引力。

4. 选择适宜时机，有效介入指导

时机的适宜性表现为教师的指导不能够干扰或者打断幼儿正在进行的游戏。时机的选择是以教师对幼儿的充分观察为基础的。教师在有介入的意愿前，需要反问自己几个问题。比如：现在介入合适吗？会打断幼儿吗？如果现在没有我的介入，幼儿一定不能够进行游戏吗？现在介入会对幼儿产生哪些好与不好的影响？当教师认为没有自己的介入幼儿很难进行游戏的时候，才是教师真正需要介入的时候。

比起以教育者的身份介入游戏，教师以游戏者的身份介入游戏能够减少教师权威对幼儿游戏的干扰，其指导更容易得到幼儿的接受。同时，教师在指导中要避免指导方式的单一性，应因人而异，针对不同幼儿的特点、不同游戏情节，尽可能采取多样化的指导方式进行指导。

5. 以幼儿为主体进行深入的游戏评价

教师通过游戏评价可以了解幼儿的游戏发展水平，促进幼儿之间的经验交流与分享，是一种对游戏的间接指导。评价环节的缺失，会使整个游戏缺乏应有的完整性，直接影响整个游戏价值的发挥。

评价环节要以幼儿为主体，教师尽量扮演引导者的角色，将更多评价的发言权留给幼儿。在评价环节中，教师要针对游戏的内容对幼儿进行简短、恰当的评论，及时表扬表现好的幼儿和游戏水平较高的幼儿，同时也要指出游戏中存在的问题。游戏的评价尽可能采取多种形式进行，评价时要把重点放在对角色游戏本身的评价上，还要考虑不同年龄段幼儿的角色意识、在游戏中使用材料的水平、交往能力等。

案例

小班角色游戏：烫头发

今天理发店里添置了一种新设备——烫头发的仪器。小朋友们纷纷举手争着来做理发师，看来小朋友对新设备非常感兴趣。薛梓豪是一位很认真也很能干的理发师，他先给顾客万彤彤洗头，洗好之后吹干，就让她坐在椅子上开始烫头发了。他先是在她的头发上盖上一块小毛巾，之后用烫头发的夹子把毛巾和头发夹在一起。我走上前去问："理发师，

你在做什么呢？”他答道：“我在给万形形烫头发呢！”“请问烫个头发要多长时间呢？”薛梓豪茫然地抬着头看着我。我提醒他：“是要一个小时，还是半个小时啊。”他想了想回答道：“半个小时。”我摸着万形形的头发说：“这个发型可真漂亮，我也想烫一个。”薛梓豪说：“现在不行，你过会儿再来吧。说完他继续认真地摆弄万形形的头发。

资料来源：幼师口袋 App．小班角色游戏观察记录.

案例评析： 幼儿对新添置的材料比较感兴趣，扮演的游戏角色也比较投入，完全沉浸在游戏的快乐中。在幼儿游戏的过程中，教师的适当介入可以丰富幼儿的知识。具体指导策略如下：

（1）适当地增添游戏材料，可以大大提高幼儿的游戏兴趣，对新添置的设备要进行简单的介绍，让幼儿学会操作。

（2）教师在幼儿游戏的过程中，以游戏者的角色进入游戏中，对幼儿的一些操作进行指导，可以丰富幼儿的一些日常生活知识。

二、3～6 岁幼儿结构游戏的观察与指导

结构游戏又称“建构游戏”，是指幼儿利用各种不同的结构玩具或材料构造物体形象，反映现实活动的一种游戏。教师应根据造型构造活动的需要，为幼儿配备排列组合类、接插结构类、螺旋结构类、穿线编织类等各种平面造型和立体造型的结构系列玩具。托幼机构常见结构材料有积木、积塑、金属片、泥、沙、水、雪等。结构游戏一般从简单的积木游戏开始，逐渐复杂多样化，3～6 岁幼儿的结构游戏也常常出现在角色扮演游戏中。如图 6－3 所示为大型结构游戏。

图 6－3　大型结构游戏

（一）结构游戏的观察要点

1. 游戏材料的观察要点

（1）积木、积塑类。第一，观察积木、积塑的类型、大小、颜色、材质以及辅助材料应用。第二，观察积木、积塑建筑类型单一还是复杂、高耸还是平铺、开放还是封闭、呈现几何图形还是随意堆砌。第三，观察建构活动操作表现，包括材料摆放顺序与空间知觉表现，幼儿基本动作尤其是手部力度、协调与灵活性动作。第四，观察幼儿在积木建构活动中的专注力、意志力、情感投入、对活动与作品的喜爱程度。

（2）拼图类。第一，观察拼图材质与形状，了解是木板、纸板、塑料还是其他材质，片状、棒状还是其他不规则形状。第二，观察拼图图案类型，了解是动物类、脸谱类、植物类抑或是几何图形类等。第三，观察拼图的难易程度，包括图片数量、图片与 3～6 岁幼儿生活经验的相关程度、部分与整体复杂程度等。第四，观察拼图过程中幼儿的大动作与精细动作表现、意志力水平、所用时长、作品完成度与满意度以及活动过程中幼儿的人际交往态度与困难解决技能等。

（3）穿、串与编织类。第一，观察游戏材料特点，包括线绳、纸条、带子等游戏材料的粗细、长短、颜色以及材质与光滑程度，穿或串对象的形状、大小、长短、轻重，穿孔的形状、大小，以及线绳通过的难易程度等。第二，观察游戏活动过程中幼儿的行为表现，包括活动期间的身体姿势、精细动作、协调能力、注意力、耐挫性、意志力、兴趣表现与情绪表达等。第三，观察活动安全性，注意游戏过程中幼儿运用活动材料嬉闹的潜在危险现象，注意珠、扣、管、环等细小材料的吞咽与私藏行为等潜在危险情景。

2. 游戏活动的观察要点

（1）游戏环境。包括游戏场地与时间设置，游戏材料投放的种类、数量与幼儿的配比，游戏材料与辅助材料的投放方式、更新与替换频次，游戏活动组织形式与幼儿参与人数的适切度。

（2）游戏活动过程。首先是幼儿选择材料的过程与方式，如材料选择是幼儿自主完成还是在教师指导下完成，或是模仿其他同伴行为等。其次是幼儿反应与活动进程，包括幼儿活动过程中的材料运用、动作表现、情绪状态、言语表达、意志力水平，完成作品所用时长。最后是活动过程中的人际交往，一是师幼交往，包括幼儿在活动过程中向教师请求帮助的次数、语言表达与面部表情等；二是同伴交往，如幼儿间的模仿行为、沟通状况、是否发生矛盾纠纷等。

（3）游戏活动结束。包括游戏结束方式，了解其是指令式、建议式、音乐提醒式抑或其他方式；游戏活动小结的评价方式、评价内容、评价产生的实际效果等。

（二）结构游戏的解释分析

1. 游戏空间密度

游戏空间密度是指每一个幼儿在游戏环境中所占的空间，是反映游戏拥挤程度的指数。游戏空间较小，幼儿就不能按照意愿深度地拓展游戏。游戏位置设置不合理，如设置在走廊或走道处，来来往往的人多，幼儿建构作品就难以保存。

2. 游戏时间

游戏时间的长短会影响幼儿游戏的数量和品质。有充足的时间（约 30 分钟），幼儿才有机会发展出认知和社会层次较高的游戏形式，而中大班幼儿在 30 分钟以后的游戏中，会出现更多主题式合作游戏。

3. 游戏材料

幼儿园内的结构游戏材料多是积塑、积木、雪花片之类，再加上废物利用的材料。幼儿园配套材料数量、种类看似丰富，但是有些材料不符合低结构的要求，投入较少的幼儿园就更难保证结构游戏材料的数量和种类了。

案例评析：让管子站起来

4. 教师引导

教师在幼儿结构游戏中要起到支架式的作用，不要一味地强调游戏规则，要根据幼儿的兴趣与能力给幼儿创设适宜的环境和材料。

（三）结构游戏的指导策略

1. 提供丰富的结构玩具和材料

教师要根据幼儿不同年龄特点、游戏发展水平，为幼儿提供不同的材料。如为小班幼儿提供形状单一、色彩鲜艳、体积较大的高结构玩具材料；中、大班幼儿随着想象力与创造力的发展，游戏能力逐渐增强，可以选择一些低结构的废旧材料。在材料的玩法方面，教师应深入探究已有材料的玩法，探索出更多更新的玩法。如拼字积木既可以用来搭房子、拼字，又可以用来做多米诺骨牌，实现一物多用、一物多玩。

2. 丰富幼儿的生活经验

首先，教师可带领幼儿观察日常生活中的实物和图片，加深对各种事物的印象，掌握物体的特点，进而在游戏中创造性地反映出来。其次，教师可组织幼儿到大自然中去观察各种物体和建筑物的形状、结构、色彩等，引导幼儿有目的、有顺序地进行观察，掌握物体各部位的形状及关系结构等，从而引导幼儿概括出物体的主要特征。

3. 帮助幼儿掌握基本的结构知识与结构技能

在日常生活中，教师应引导幼儿逐步识别各种材料的性质及作用等。幼儿园常见的结构材料有积塑和积木材料。积塑的形状多种多样，需要插接（一字插、十字插、整对正方形插等）、镶嵌、整体连接、交叉连接、端点连接、围合连接等技能；积木材料需要的基本技能有排列、延长、铺平、围合、盖顶、加长、加高、加宽、砌墙、搭台阶等。同时，教师还应注重培养幼儿的设计构思能力，尤其是中、大班幼儿，可以让其在建构之前先整体构思设计造型，从而有目的、有计划地进行构造活动。

4. 收拾整理，欣赏评价，结束活动

幼儿从专注游戏到结束游戏在心理上需要一定的时间来转换，所以教师应在游戏结束的前五分钟向幼儿发出结束信号。在欣赏评价环节，首先，教师要对幼儿的建构作品给予一定的肯定和赞美。这样有利于增强幼儿的自信心，使其体验到结构游戏带来的快乐。其次，教师要引导幼儿围绕游戏过程中出现的主要问题进行思考，提出解决方法或改进措施。最后，教师要谨慎对待幼儿的建构作品，采用恰当的方式保留幼儿作品，如拍照或陈列等。

三、3～6岁幼儿表演游戏的观察与指导

表演游戏是指幼儿按照文艺作品（童话、故事、儿歌、歌曲等）中的情节、内容和角色，运用一定的表演技能（语言、表情和动作）对文艺作品进行创造性表现的一种游戏形式。表演游戏根据游戏内容的不同，可以分为故事表演游戏和歌舞表演游戏。如图6－4所示。

图6－4 表演游戏区

（一）表演游戏的观察要点

1. 游戏主题和内容的选择

表演游戏主题和内容的选择范围非常广泛，那些情节简单、有趣、符合幼儿身心发展规律、幼儿熟悉并喜欢的故事、童话、歌谣等文学作品及幼儿周围生活中有趣味、有意义的人和事，都可作为幼儿表演的基本主题及素材。

2. 游戏道具的选择和装扮情况

幼儿园表演游戏区域一般是相对固定的场所，表演场地的布置应尽量简单，以免分散幼儿的注意力。在观察的过程中，要关注幼儿能否根据游戏的主题和内容布置适宜的场景，会选择哪些材料装扮自己，装扮与角色是否吻合等。

3. 角色的分配与交换

游戏中幼儿会表现出对故事主角的期待，争相扮演主角，而不愿意扮演其他角色，尤其对反面角色会表现出强烈的排斥。教师要观察幼儿角色分配的方式以及能否交换角色，对于角色选择冲突能否协商出合适的解决方式。

4. 幼儿的表现和创作能力

案例评析：谁的剧本比较好

初次表演，幼儿经常出现动作过于简单、表情不够丰富、忘词并冷场的现象，有的幼儿甚至连自己扮演的角色到底该做些什么都不知道。在游戏中，教师需要观察幼儿对表演角色语气、语调、对话的掌握，以及幼儿表演时的表情和动作是否适合角色，同时，需要观察幼儿在表演的过程中是否对作品进行了改编或创编，以及改编或创编了什么内容。

（二）表演游戏的解释分析

1. 文艺作品的选择

游戏内容的选择是表演游戏的一个必要环节，表演游戏的内容应符合幼儿的年龄和心理发展特点。所选择的文学作品应符合故事情节的趣味性和起伏性、故事主题的教育性、角色形象的生动性和角色的对话性等特征。幼儿对文艺作品的理解也会影响幼儿的游戏表现，如果幼儿对文学作品中的角色形象及其特征理解不到位，就很难生动地表现游戏的内容。

2. 游戏环境的创设

游戏环境的创设包括游戏场地的布置和游戏材料的选择。表演游戏的场地首先要注意根据游戏角色的内容和数量安排较为宽敞的空间，有条件的幼儿园可以专门设置表演游戏室；其次表演区应尽量与其他区域分隔开来，以避免与其他区域相互干扰。在游戏材料的投放方面，小班幼儿最适宜提供角色挂牌帮助他们区分角色；中班幼儿适宜提供指向性明确的头饰和与角色形象相对应的服装和道具，有助于其形象地演绎文学作品；大班幼儿可鼓励其自制服装和道具，有助于他们发挥创造力和想象力。

3. 教师的指导方式

在指导的过程中，教师的指导频率、指导身份以及指导的方式都会影响幼儿的游戏发展，教师应根据不同年龄段幼儿参加表演游戏的特点有针对性地提供指导，在观察的基础上把握合适的介入时机，指导身份和指导方式应多元化。

（三）表演游戏的指导策略

1. 了解幼儿的需要、兴趣和经验

需要和兴趣是幼儿参与表演游戏的出发点，同时幼儿的已有经验是表演游戏顺利进行的保证，决定着表演游戏的发展方向。教师可以通过观察幼儿的游戏、倾听他们之间的对话等方式，发现他们在游戏中的兴趣点。

2. 提供适宜的支持和引导

教师在指导游戏时，应运用动作、表情、眼神对幼儿表现出的创造性及遵守规则、克服困难、坚持游戏等正向的游戏行为及时做出反馈并加以肯定，帮助幼儿将其变成稳定的习惯和品质。同时教师可以给幼儿做适当的示范、讲解，帮助他们更好地理解角色，表现角色特点。

3. 采用多样化的游戏指导方式

故事表演游戏的指导应准确把握游戏干预的尺度，既不应因教师的过分限制而影响幼儿的主动性游戏行为，也不应因干预不足而使游戏出现无序、嘈杂的状况。对于模仿性律动游戏，教师应选择合适的音乐，和幼儿共同欣赏和分析，辅以示范，启发幼儿大胆表现，跟随音乐律动。对于歌唱式表演游戏，教师可以选择富有一定情节、便于进行角色扮演的歌曲，然后引导幼儿把对词、曲的理解与自编的舞蹈动作结合起来，鼓励幼儿大胆地进行创造性表演。

同步练习

1. 简述 3～6 岁幼儿角色游戏的观察要点和指导策略。

____

____

____

2. 简述 3～6 岁幼儿结构游戏的观察要点和指导策略。

____

____

____

3. 简述 3～6 岁幼儿表演游戏的观察要点和指导策略。

____

____

____

情景任务探索

中班角色游戏：自助餐厅的小客人

知识拓展

幼儿积木游戏发展的七个阶段

主题 3　3～6 岁幼儿规则性游戏活动的观察与指导

一、3～6 岁幼儿智力游戏的观察与指导

智力游戏是指根据一定的智育任务设计的，以智力活动为基础的一种有规则的游戏。智力游戏主要是为了发展幼儿的感知觉、注意力、记忆力、想象力、创造力、思维能力和操作能力等。如图 6－5 所示。

（一）智力游戏的观察要点

目前，托幼园所智力游戏活动主要集中在区域活动的益智区域内。智力游戏主要有三个观察对象，分别为游戏环境（时空设置、背景布置、材料摆放等）、游戏材料（包括种类、数量、新旧程度、投放与调整频次）、活动主体（3～6 岁幼儿与教师）。

图 6－5　智力游戏

1. 感官类智力游戏活动

（1）听觉游戏。关注幼儿对声音材料的大小、远近、音质特点与强弱变化等的敏感性与辨别能力。注意单一材料与复杂材料构成的游戏的目的与活动方式。

（2）视觉游戏。关注幼儿对视觉材料的色彩、形状、大小、长短、粗细，及复合材料的异同、方位、搭配与组合等方面的观察、分辨与归纳行为。注意静态材料与动态材料应用的目的与效果。

（3）触觉游戏。关注幼儿对触摸材料大小、长短、冷热、软硬、光滑与粗糙、圆润与

多角等的触觉认知与辨别。注意触摸游戏的设计、组织与实施环节。

（4）嗅觉与味觉游戏。让幼儿闻一闻、尝一尝不同的安全性材料，观察幼儿对气味与味道的敏感性和辨别能力。此类游戏可与其他游戏组合进行。

2. 其他专项智力游戏活动

（1）发展注意力的游戏。观察游戏活动中幼儿对游戏材料、活动要求以及活动进程注意的选择、指向和集中程度；注意力的持续性和稳定性；注意范围，包括注意力的分配和转移；幼儿内部注意力水平。下面的“小小侦探”智力游戏的设计目的就在于训练 3～6 岁幼儿的注意能力。

案例

小小侦探

全体幼儿自由站立在场地上或坐在椅子上，选出一名幼儿扮演侦探。侦探观察大家的服饰后，暂时离开集体。然后让一名幼儿脱下外衣再随意地给另外一位幼儿穿上，请侦探回来继续观察大家的服饰，说出谁的外衣不见了，谁穿的不是自己的外衣。游戏中除了可以让幼儿调换外衣外，也可以调换鞋子，冬天还可以调换帽子、围巾、手套等。

资料来源：张惜萍，隋春玲. 幼儿园游戏组织与指导［M］. 北京：北京出版社，2014：92.

案例评析：类似这样的活动玩法还有很多，如“按指示做”“数数”“你变我也变”“反应速度”等。这类游戏既能引导 3～6 岁幼儿调动多种感官来看、听、想，又能促进 3～6 岁幼儿注意力的发展。

（2）发展记忆力的游戏。教师应注重培养幼儿对于特定内容的识记、保持、再认和再现能力；注意幼儿在游戏中展现的即时记忆与长时记忆的敏捷性、准确性和持久性；注意幼儿在记忆方法、记忆能力、记忆广度与记忆深度方面的个体差异等。如引导幼儿对实物、图片、图形、数字、词汇等内容进行识记后开展寻找、发现、传话、取物等形式的再认和再现活动。

案例评析：拍电报

（3）发展想象力和创造力的游戏。游戏活动中可重点观察幼儿想象再造、想象创造的过程，包括幼儿的面部表情、言语表达、肢体动作、与材料的互动等外显行为。如猜谜游戏、补缺游戏、拼图游戏、听描述做动作游戏和空间想象游戏等想象再造游戏。想象创造游戏更具有开放性，重点观察幼儿创新求异的过程与表现。

（4）发展思维能力的游戏。教师要对幼儿进行批判性思维训练，需持续观察并从以下几点来引导幼儿：不仅要问幼儿发生了什么，还要问是如何发生的以及为什么会发生；对假设的“事实”进行考察，看看有没有证据可以支持这些“事实”；要认识到，有的时候好的答案和解释不止一个；对多个答案进行比较并判断哪个最优；对别人的话要进行判断和评价，而不是别人一说就立即当成事实接受。

（二）智力游戏的解释分析

1. 游戏材料投放

幼儿园中智力游戏的材料要层次丰富、种类丰富。益智游戏区通过幼儿摆弄操作、游戏来发展幼儿的感觉，调动幼儿的五官感受物体的形状、大小、长短、粗细，让幼儿在不断探索中开发智力，投放材料不合适会影响幼儿的选择。

2. 智力游戏时间

幼儿每次游戏的时间为 10 ～ 20 分钟。教师在游戏中要维持纪律、向幼儿说明游戏规则等，这会占用一定的时间。幼儿在游戏中自己建构游戏规则，这也需要连续充分的时间。因此，如果时间不充足、不连续，智力游戏的效果就不会好。

3. 教师关注游戏

在游戏活动中，教师需要做的不仅仅是管理常规、解决幼儿游戏中发生的冲突，也不仅仅是教不会操作游戏材料的幼儿学会如何操作、摆弄，更重要的是要一步步引导幼儿进行深层次的探索，不断挖掘材料的内涵，对幼儿零散经验进行具体总结，使幼儿在自己原有水平上得到提高。比如教师指导幼儿进行分类游戏时，需要启发幼儿探索不同的分类方法。

（三）智力游戏的指导策略

1. 为幼儿进行智力游戏创造条件

幼儿进行智力游戏往往需要各种玩具、教具及其他材料。教师应根据教育要求和幼儿的实际需要，为幼儿选择、制作各种玩教具。玩教具在室内摆放的位置，要以便于幼儿自由取放为原则，同时要注意更换和增加新的玩教具。对于新的玩教具，教师要教会幼儿玩的方法，然后让幼儿自己玩。

2. 教会幼儿正确地游戏

每个智力游戏都有一定的教育任务，而游戏的教育任务要通过游戏的玩法与规则来实现。教师可以用生动、简明的语言及适当的示范讲解游戏规则，让幼儿掌握游戏的玩法。如果是有操作练习的游戏，还应事先教会幼儿必要的技能。小班幼儿的智力游戏多是利用玩教具进行的，教师首先要考虑如何通过游戏玩教具来激发幼儿的游戏兴趣。在游戏中教师的讲解要生动、简单、形象，有些讲解可以和示范动作相结合，同时要不断提醒他们遵守游戏的规则。对中班幼儿的指导仍需要示范和讲解游戏的玩法和规则。对大班幼儿智力游戏的指导，主要是教师依靠语言讲解游戏，要求幼儿独立地进行智力游戏，并严格遵守游戏规则，争取最好的游戏结果。教师还可以要求幼儿对自己的游戏结果进行适当的评价。

3. 兼顾幼儿的个体差异

教师应当根据幼儿的不同需要，提出不同的要求，让幼儿进行不同的练习。对能力差的幼儿，应更多地鼓励、吸引他们参加智力游戏，及时肯定他们的进步，增强他们的自信心，提高他们的游戏能力。

案例评析：环扣变形记

二、3～6岁幼儿体育游戏的观察与指导

体育游戏是指以发展幼儿的基本动作，提高幼儿身体基本素质为主要目标的一种规则游戏。体育游戏按照幼儿发展的基本技能，可分为奔跑游戏、跳跃游戏、投掷游戏等。

（一）体育游戏的观察要点

1. 幼儿动作发展的情况

体育游戏虽冠以“游戏”的称号，但其本质仍是动作练习。3～6岁幼儿主要是发展走、跑、跳、投掷、爬等基本动作发展情况，这些都是观察的要点。

2. 幼儿投入游戏的状态

幼儿园体育游戏以集体性游戏为主。但是，在开展体育游戏时，会出现一部分幼儿在参与游戏，其他幼儿消极等待的问题。尤其是在幼儿的兴趣和情绪不够稳定的情况下，容易出现注意力分散的现象。因此，幼儿投入游戏的状态是观察的要点之一，能够很好地指引教育者去调整体育游戏。

3. 材料的投放和使用

教师可以用丰富多彩的材料和游戏形式来吸引幼儿。教师需要对游戏材料进行重点观察与把握，包括材料种类、数量是否适宜，材料对幼儿主动参与游戏的影响，幼儿与游戏材料之间是如何互动的，互动是否有效，幼儿是否能通过材料的指引去参与多种探索和操作活动。

（二）体育游戏的解释分析

1. 体育游戏的时间

《3～6岁儿童学习与发展指南》提出：“保证幼儿的户外活动时间，提高幼儿适应季节变化的能力”“幼儿每天的户外活动时间一般不少于两小时，其中体育活动时间不少于1小时，季节交替时要坚持”。

2. 体育游戏的材料投放

体育游戏材料的投放将直接影响到幼儿对活动参与的积极性和游戏水平的提高。幼儿园要根据幼儿年龄特点和兴趣爱好定期更换投放体育游戏器械，开发新的玩法。如果体育游戏的材料投放数量有限、种类又少，就会在客观上影响幼儿园户外体育游戏功能的

发挥。

3. 体育游戏的场地设置

幼儿园要根据实际情况，对活动场地进行全面的划分，要充分考虑开设哪些活动区、这些活动区都设置在什么地方、每一个活动区需要多大的面积和空间、各个区域之间怎么联系、周围环境该如何利用等。幼儿园的游戏场地是幼儿生活和学习的重要场所，它的设计理念和方法关系到幼儿的心理和生理成长。

案例评析：自主性体育游戏

（三）体育游戏的指导策略

1. 介绍游戏的名称、玩法和规则

游戏讲解应简单明了，语速要适当。在活动中，可以先让幼儿观察一下场地，再讲解游戏玩法。讲解时不要语速过快或是多次重复，可请幼儿或是自己示范一次游戏的玩法。

2. 分配角色和分队

分组时，要注意幼儿能力和性别的搭配，使各组能力基本相近。有些游戏要选 1 ～ 2 名幼儿担任主要角色。分配角色时应按角色要求的难易程度，分别挑选不同能力的幼儿担任。角色难度大的，让能力强的幼儿先担任，角色难度一般的，可让幼儿轮流担任，特别要鼓励比较胆小、不好动的幼儿担任主要角色，使他们在集体游戏中得到锻炼和成长。当大多数幼儿同时要求担任主要角色时，教师可采用简单的游戏（如剪刀石头布）来分配角色。小班游戏中的主要角色可以先由教师担任，待幼儿熟悉游戏玩法后，再由幼儿担任。

3. 增加一定的内容和情节

在游戏活动中，适当增添一些玩具、头饰等辅助材料，使扮演的角色更加形象逼真，这样可提高幼儿对游戏的兴趣和动作的质量。例如练习从场地一端跑向另一端，每个幼儿手拿小风车，就会增加跑的兴趣；练习跳时，戴上小兔的头饰就会跳得更自然、更起劲；练习纵跳时在高处系上响铃，就会刺激幼儿跳得更高。

同步练习

1. 简述 3 ～ 6 岁幼儿智力游戏的观察要点和指导策略。

____

____

____

2. 简述 3 ～ 6 岁幼儿体育游戏的观察要点和指导策略。

____

____

____

情景任务探索

智力游戏的设计方案

知识拓展

“安吉游戏”户外环境的创设

学习评价与反思

学习情况评价表

姓名：________　　　　　　　　　　　　　　　　　学号：________

评价项目		评价标准	状态水平描述		
			自我评价	小组评价	教师评价
学习内容评价	游戏行为	是否了解3～6岁幼儿游戏行为观察的意义			
		是否掌握3～6岁幼儿游戏行为的观察要点			
		能否对3～6岁幼儿的游戏行为进行科学、客观的解释分析			
		是否掌握3～6岁幼儿游戏行为的指导策略			
	角色游戏	是否掌握3～6岁幼儿角色游戏的观察要点			
		能否对3～6岁幼儿的角色游戏进行科学、客观的解释分析			
		是否掌握3～6岁幼儿角色游戏的指导策略			

续表

评价项目		评价标准	状态水平描述		
			自我评价	小组评价	教师评价
	结构游戏	是否掌握 3 ～ 6 岁幼儿结构游戏的观察要点			
		能否对 3 ～ 6 岁幼儿的结构游戏进行科学、客观的解释分析			
		是否掌握 3 ～ 6 岁幼儿结构游戏的指导策略			
	表演游戏	是否掌握 3 ～ 6 岁幼儿表演游戏的观察要点			
		能否对 3 ～ 6 岁幼儿的表演游戏进行科学、客观的解释分析			
		是否掌握 3 ～ 6 岁幼儿表演游戏的指导策略			
	智力游戏	是否掌握 3 ～ 6 岁幼儿智力游戏的观察要点			
		是否对 3 ～ 6 岁幼儿的智力游戏进行科学、客观的解释分析			
		是否掌握 3 ～ 6 岁幼儿智力游戏的指导策略			
	体育游戏	是否掌握 3 ～ 6 岁幼儿体育游戏的观察要点			
		能否对 3 ～ 6 岁幼儿的体育游戏进行科学、客观的解释分析			
		是否掌握 3 ～ 6 岁幼儿体育游戏的指导策略			
学习表现评价	学习能力	能否正确运用教材中的观察记录表进行观察记录			
		能否独立设计一份幼儿游戏活动的观察计划			
		能否结合本模块知识点对幼儿园教育实践进行反思			
		能否主动查阅相关专业书籍进行拓展阅读			
	学习态度	是否认真听讲本模块的知识点			
		是否在课堂上积极参与到小组讨论当中			
		是否认真完成本模块的同步练习			
		对于本模块的困惑是否请教了同学或者老师			
综合评价	自我评价： 小组评价： 教师评价：				

任课教师：________ 评价日期：________

模块七　0～3岁婴幼儿社会交往行为的观察与指导

学习目标

思政目标：在观察0～3岁婴幼儿社会交往活动的过程中，体会互动与学习的乐趣，培养热爱婴幼儿的情感，坚定教育自信，弘扬我国优秀教育传统。

知识目标：了解0～3岁婴幼儿社会交往行为的观察要点和指导策略。

能力目标：掌握观察0～3岁婴幼儿亲子活动、师幼互动活动、同伴交往活动的方法。

思维导图

- 0～3岁婴幼儿社会交往行为的观察与指导
  - 0～3岁婴幼儿社会交往行为的观察与指导概述
    - 0～3岁婴幼儿社会交往行为的观察要点
    - 0～3岁婴幼儿社会交往行为的解释分析
    - 0～3岁婴幼儿社会交往的指导策略
  - 0～3岁婴幼儿亲子活动的观察与指导
    - 0～3岁婴幼儿亲子活动的观察要点
    - 0～3岁婴幼儿亲子活动的解释分析
    - 0～3岁婴幼儿亲子活动的指导策略
  - 0～3岁婴幼儿师幼互动活动的观察与指导
    - 0～3岁婴幼儿师幼互动活动的观察要点
    - 0～3岁婴幼儿师幼互动活动的解释分析
    - 0～3岁婴幼儿师幼互动活动的指导策略
  - 0～3岁婴幼儿同伴交往活动的观察与指导
    - 0～3岁婴幼儿同伴交往活动的观察要点
    - 0～3岁婴幼儿同伴交往活动的解释分析
    - 0～3岁婴幼儿同伴交往活动的指导策略

教学导航

0～3岁婴幼儿的社会性互动大多与父母以及照料者进行。除此之外，还有与同伴的互动；若进入托幼机构，还会发生与教师的互动。对于家长或尚未接受过观察训练、尚未形成观察习惯的教师而言，在一日生活中对婴幼儿与家长、教师、同伴的互动行为观察容易被忽略，由此错过促进婴幼儿社会性发展的良好机会。

通过学习本模块，你将了解0～3岁婴幼儿社会交往活动的观察要点，掌握影响0～3岁婴幼儿社会交往行为的因素，了解0～3岁婴幼儿社会交往行为的指导策略。

工作任务与重点

本模块主要阐述了行为观察在0～3岁婴幼儿社会交往行为观察与指导中的应用。婴幼儿的社会交往行为是其社会性发展的重要组成部分，也是婴幼儿生活中经常出现的行为，教师和家长可对其进行观察，发挥观察的作用，了解婴幼儿社会性发展的程度与阶段，及时对其行为进行分析与指导，由此促进婴幼儿在社会交往活动中的进一步发展。婴幼儿社会交往活动有以下观察重点：婴幼儿的反应、行为发生的过程及原因、家长与教师的反应等。本模块主要根据婴幼儿互动的对象对其社会交往活动进行划分，从0～3岁婴幼儿亲子活动、师幼互动活动、同伴交往活动这三大环节入手，带领幼儿教师进行有重点的观察。

案例分享与讨论

东东是学前教育专业在读学生，曾经在学校学习过关于0～3岁婴幼儿的课程与知识。他有一个侄女名叫希希，是一个6个月大的婴儿。有一次希希的妈妈带着希希和东东参加一个聚会，聚会上有许多和希希一般大的小朋友。东东不经意间看到希希第一次和这么多同龄的小朋友在一起，表现得很是兴奋。东东对于这一现象很感兴趣，便继续进行观察：希希不停地左右转动她的小脑袋去看身边的小朋友，偶尔也会看向妈妈那边，突然希希伸手去拍身边的小朋友，捏他的脸，咿咿呀呀地叫着，被妈妈笑着制止了。东东此时第一次发现，原来6个月大的婴幼儿就已经有了社会交往的行为。由此，东东认为自己还是需要与婴幼儿多进行互动并进行仔细的观察，将理论与实践相结合，才能让所学的知识内化于心。

讨论：

1. 你曾经仔细地观察过0～3岁婴幼儿的社会交往行为吗?

2. 举例说明你是如何观察0～3岁婴幼儿的社会交往行为的，尝试总结你的观察要点。

主题1　0～3岁婴幼儿社会交往行为的观察与指导概述

儿童的社会性发展是儿童个体社会化的内容与结果，是儿童在社会化过程中获得的情感、性格等心理特征，也是在社会交往中处理人际关系时表现出来的心理特征。婴幼儿社会交往行为是指婴幼儿个体在人际交往中所表现出来的对人、事、物的一系列态度和行为反映。0～3岁婴幼儿社会交往行为的发展，经历了从先天具有到后天习得的过程。其天生即具有一定的社会交往技巧，如新生儿会模仿成人的面部表情，会有无意识的、自发的微笑，会主动向照料者寻求食物或安抚。这些天生的社交技能为新生儿在生命的初期与他人建立亲密的关系打下了基础。但其社会行为更多的是在与他人的互动、在家庭或更广阔的社会环境中逐步学习得来的。对婴幼儿社会交往行为进行观察与指导，既可以使照料者了解婴幼儿社会交往行为的发展水平，包括社会交往经验获得水平、社会交往能力的发展、社会交往方面的心理需要、社会交往的学习方式等，也可以使教师更好地开展保教活动，促进教师专业发展，还可以促进亲子间的有效互动。

一、0～3岁婴幼儿社会交往行为的观察要点

婴幼儿社会交往行为根据其互动的对象及开展的活动，可划分为亲子交往行为、师幼互动行为、同伴交往行为。因此，教师可通过观察婴幼儿的亲子活动、师幼互动活动和同伴交往活动来整体地了解婴幼儿社会交往行为的发展水平并进行有针对性的指导。

(一) 亲子活动

婴幼儿亲子活动方面的观察要点包括三项：一是观察婴幼儿与母亲的互动，例如看到妈妈是否会主动伸手要拥抱。二是观察婴幼儿与不同养育者的互动，例如婴幼儿哭闹的时候，对不同养育者的抚慰行为是否会有不同的反应。三是观察婴幼儿在不同情境下与母

亲、其他不同养育者或陌生人的互动，例如在熟悉的地方或者陌生的地方，主要照料者或者陌生人呼喊婴幼儿名字时，婴幼儿是否会做出不同的反应。

（二）师幼互动活动

婴幼儿师幼互动活动的观察要点包括两项：一是观察婴幼儿与教师的行为互动，例如婴幼儿对教师的社会模仿行为与亲近行为等。二是观察婴幼儿与教师进行的沟通，例如婴幼儿会采取何种方式主动地与教师进行交流，教师对婴幼儿提出要求或规则时婴幼儿是否能够遵从等。

（三）同伴交往活动

婴幼儿同伴交往活动的观察要点主要包括两项：一是观察婴幼儿同伴交往中的助人或友好行为，关注婴幼儿与同伴间的帮助行为、友好行为。二是观察婴幼儿同伴交往中的冲突行为，关注婴幼儿与同伴发生冲突事件的时间、人物、起因、表现出的行为及解决的策略。

二、0～3岁婴幼儿社会交往行为的解释分析

婴幼儿早期社会交往会受到年龄、动作发展、语言表达和活动范围等因素的影响，主要是由其特定的年龄发展特点和阶段所决定的。

（一）婴幼儿社会交往行为发展水平的影响

1岁左右的婴幼儿开始能理解成人的情感和想法，初步具备了同伴意识，有了交往的需求且产生了交往的行为。2～3岁的婴幼儿开始自主地接触同龄人，但由于处于“自我中心”的心理发展阶段，仍喜欢独自玩耍。具体来说，婴幼儿社会交往行为的特点主要有以下四点。

1. 喜欢模仿成人

照料者是婴幼儿最初的模仿对象，为婴幼儿提供榜样和经验。婴幼儿通过模仿照料者与他人交往的行为，理解和探索周围的人、事、物。在模仿照料者的态度、行为的过程中，婴幼儿逐渐意识到自己的行为和别人的不同，自我意识开始萌发。

案例

朗朗模仿爸爸唱歌与拍手

8个月大的朗朗与爸爸面对面坐着，爸爸很开心地唱着歌，随着歌声拍着手。朗朗很高兴地看着爸爸的动作，听着爸爸唱歌。不一会儿，朗朗开始跟着爸爸一起咿咿呀呀地哼歌，手上学着爸爸的动作拍手，脸上带着兴奋的笑容。

案例评析：婴幼儿具有很强的模仿性，朗朗通过观察爸爸的动作短时间内即可进行模仿。照料者是婴幼儿最初的模仿对象，应注意为婴幼儿提供正确的榜样与经验。

2. 借助动作进行自我表达

该阶段的婴幼儿语言开始发展，但掌握的词汇不是很多，不能用完整的语句表达自己的意愿和要求。因此，婴幼儿往往会采用动作来补充自身语言表达的不足，例如在交往中会使用自己的嘴、手、脚、身体的动作，加上词或句子来表达自己的需要。

3. 处于自我中心化阶段

1 岁半至 3 岁的婴幼儿处于自我中心化阶段，以自身的需求作为衡量事物的唯一标准。在 1 岁至 1 岁半时，幼儿自我意识逐渐萌芽。到 2 至 3 岁时，幼儿能够正确地使用第一人称代词“我”来称呼自己，也逐渐学会准确地称呼其他人称代词，这是自我意识形成与发展的重要时期。

4. 互动易受成人影响

该时期婴幼儿的交往行为极易受成人的影响。由于 1～3 岁幼儿的语言发展处于前语言阶段，因此他们还不具备足够的逻辑思维能力来接受照料者的言语教育，但他们可以通过照料者的情感、声调、身体姿态和表情来辨别照料者对其行为的态度。

（二）婴幼儿社会交往行为发展阶段的影响

0～3 岁婴幼儿社会交往行为的发展一般会经历三个阶段：单纯的社会反应阶段、建立与抚养者依恋关系阶段和发展伙伴关系阶段。这也影响着婴幼儿社会交往行为的发展。

1. 第一阶段（0～6 个月）：单纯的社会反应阶段

在婴幼儿单纯的社会反应阶段，其通过哭、笑、肢体动作和一些表情对周围环境做出反应，这种交往技巧主要是先天的条件反射。3 个月左右的婴儿就开始与人进行社会交往活动，能发出声音，露出特殊的婴儿式的“迷人微笑”，从而激发成人的好感。

2. 第二阶段（7～24 个月）：建立与抚养者依恋关系阶段

这一阶段的婴幼儿与抚养者慢慢建立起了依恋关系，开始认生，此时的婴幼儿能明显地区分出熟悉与不熟悉的人。婴幼儿在与母亲相处时很愉快，还会用哭闹来迫使母亲等依恋对象回到自己的身边。

3. 第三阶段（25～36 个月）：发展伙伴关系阶段

2 岁的幼儿身体移动能力逐渐增强，能够自由地走或者跑，大大地扩展了活动空间，且开始有了自我表现的欲望。该阶段的幼儿越来越喜欢和小伙伴一起玩，与母亲分离的焦虑有所减轻。此时的幼儿主要使用身体动作或行为作为交往的手段，表达自己想要和同伴游戏的愿望等。此时幼儿之间会产生最初的友谊。

三、0～3岁婴幼儿社会交往行为的指导策略

（一）做好示范，促进婴幼儿形成良好依恋

照料者是婴幼儿的第一任老师，也是婴幼儿学习的榜样。照料者在人际交往上要起示范带头作用，积极主动地开展人际交往，为婴幼儿提供和谐安全的人际环境，遇到矛盾冲突勇于面对并积极协商解决。此外，提倡父母直接抚养婴幼儿，如果受客观条件限制不能亲自照顾，也要给婴幼儿安排固定的照顾者，并抽出时间陪伴。当家庭让婴幼儿对人际关系产生安全感与信任感时，他们就会主动迈出交往的第一步。

（二）积极创设环境，引导婴幼儿进行同伴交往

给予婴幼儿更多情感温暖的、相对宽松的家庭教养方式能促进婴幼儿积极地进行社会交往，专制、严厉的教养方式会抑制婴幼儿的社会交往，甚至会造成他们一定程度的社会退缩。因此，照料者应为婴幼儿创设民主宽松、温暖随和的家庭氛围，多支持与鼓励，少批评与惩罚。在婴幼儿进行同伴交往的过程中，照料者适合扮演引导者、旁观者与倾听者的角色，适当地观察婴幼儿的同伴交往过程，适时地与其分享交往经验，对其正确的交往行为给予肯定，引导矫正错误行为。同时，照料者要重视婴幼儿的同伴交往，循序渐进地创造社会交往机会。对于有一定社会退缩的婴幼儿，可以引领其接触熟悉的同伴，鼓励婴幼儿发展友谊，使其体验人际交往的乐趣。

（三）学习科学知识，理解接纳婴幼儿的社会行为发展

照料者需要重视学习婴幼儿发展心理的科学知识。这些知识不仅能帮助照料者更从容地面对婴幼儿发展过程遇到的问题，更重要的是能够理解并接纳婴幼儿发展的进程，特别是婴幼儿在与同伴交往中在不同年龄段呈现出的特点，顺其自然地帮助婴幼儿成长。关于婴幼儿的分享行为，照料者要意识到婴幼儿在3岁以前的自我中心特点，其通过对物的占有与使用的过程来感受自我，而分享特别是主动分享对他们而言是困难的，此时如果照料者强迫婴幼儿进行分享，反而会扰乱婴幼儿的所有权概念。因此，照料者面对婴幼儿的社会交往问题时，应该抱有理解、接纳的态度，给予婴幼儿空间，鼓励他们与成人或同伴自行商量解决问题。

（四）正确面对冲突，传授婴幼儿社会交往技能

建设性的谈话、批判性思维和关系维护被认为是婴幼儿通过冲突及其解决而学习到的，当成年人不存在时，婴幼儿似乎更有可能提出自己的解决方案并为他们的行为承担责任。因此，当婴幼儿面对冲突时，照料者不要过于担心、一味保护，而要帮助其树立勇敢面对并积极应对冲突的观念，让其尝试自己解决冲突。同时，依据婴幼儿时期的认知发展

水平，照料者可以采用角色扮演、故事及游戏等形象具体的方法与婴幼儿讨论分析人际交往中矛盾产生的原因，理解他人心理，从而找到建设性解决冲突的办法。

同步练习

1. 简述0～3岁婴幼儿社会交往行为的观察要点。

____

____

____

2. 简述0～3岁婴幼儿社会交往行为的特点。

____

____

____

3. 简述婴幼儿社会交往行为发展的三个阶段。

____

____

____

情景任务探索

促进亲子互动的对策及建议

知识拓展

成人与儿童积极关系的基本要素

主题 2　0～3 岁婴幼儿亲子活动的观察与指导

亲子活动是指婴幼儿与主要抚养人之间进行的、伴随情感关系的交往过程的活动，它是婴儿期的主要活动。在亲子活动中，主要抚养人处在亲子关系的主动地位，其想法、观念和行为会对婴幼儿产生极大的影响，是婴幼儿安全感建立的基础，也是婴幼儿社会适应能力发展的基础。因此，对婴幼儿的亲子活动进行观察有着重要的意义与指导作用。

一、0～3 岁婴幼儿亲子活动的观察要点

（一）0～3 个月婴儿亲子互动行为的观察要点

1. 观察婴儿能否模仿成人的面部动作

观察环境和条件：婴儿在清醒状态下，在自己的床上或其他可活动的地方。

方法：面对着婴儿，成人将舌头伸出，观察婴儿是否也同样伸出舌头。

2. 观察婴儿与他人的情绪沟通

观察环境和条件：婴儿在清醒状态下，在自己的床上或其他可活动的地方。

方法：用观察记录表，记录下婴儿在他人逗引时的反应。其中积极的反应为与逗引的动作相一致的反应，标记为“笑脸”；消极的反应为没有反应或与逗引动作没有关联的反应，标记为“哭脸”。如表 7－1 所示。

表 7－1　0～3 个月婴儿情绪反应观察记录表

内容与维度	父母或监护人
对着婴儿拍手	
叫婴儿的名字，轻轻晃动婴儿	
对婴儿哼出愉快的节拍，轻轻摇晃婴儿	
对着婴儿做出生气、不高兴的表情和动作	

3. 观察婴儿对他人的友好和亲近行为，是否有社会性微笑

观察环境和条件：婴儿在清醒状态下，情绪较好的时候。

方法：观察婴儿在看到别人对他微笑时，是否会微笑。

（二）4～6 个月婴儿亲子互动行为的观察要点

1. 观察婴儿听到母亲声音时的反应

观察环境和条件：婴儿在清醒状态下，情绪较好的时候。

方法：记录不同情境下婴儿听到母亲声音时的反应。如表7-2所示。

表7-2　4～6个月婴儿听到母亲声音时的行为观察记录表

不同情境	行为记录
妈妈给婴儿讲故事	
妈妈给婴儿唱歌	
妈妈在婴儿附近与别人说话	
很多人在一起说话，妈妈也在说	

2. 观察婴儿对不同养育者抚慰行为的反应

观察环境和条件：婴儿在熟悉的情境中，哭闹的时候。

方法：记录下婴儿哭闹时对不同养育者抚慰行为的反应。如表7-3所示。

表7-3　4～6个月婴儿对不同养育者抚慰行为反应的观察记录表

不同养育者的抚慰	行为记录

（三）7～9个月婴儿亲子互动行为的观察要点

1. 观察婴儿对照料者行为的响应和配合

观察环境与条件：婴儿在清醒状态下，情绪较好的时候。

方法：记录下婴儿在熟悉的照料者不同行为下的表现及反应方式。如表7-4所示。

表7-4　7～9个月婴儿行为响应的观察记录表

照料者行为	积极反应	消极反应
帮婴儿换衣服		
叫婴儿名字，逗引发笑		
假装生气，大声训斥		
帮助婴儿做蹬腿动作		

根据观察表分别统计婴儿积极反应和消极反应的次数，做出直方图，以直观地看出婴儿积极回应的比率。

2. 观察婴儿对照料者行为的模仿

观察环境与条件：婴儿在清醒状态下，情绪较好的时候。

方法：照料者很高兴地对婴儿做一个简单的表情或者动作，记录下婴儿的模仿行为。如表7-5所示。

表 7－5　7～9 个月婴儿模仿照料者行为的观察记录表

表情或动作	婴儿反应 1	婴儿反应 2	婴儿反应 3	……
表情或动作①				
表情或动作②				
表情或动作③				
其他表情或动作				

3. 观察婴儿与照料者的亲近行为

观察环境与条件：婴儿在清醒状态下，情绪较好的时候。

方法：观察一段时间内婴儿对照料者的亲近行为。

（四）10～12 个月婴儿亲子互动行为的观察要点

1. 观察婴儿是否听成人的指令

观察环境与条件：婴儿情绪较好且清醒的情况下。

方法：与婴儿一起玩需要互动的游戏，给婴儿发出指令，记录下婴儿的表现。如表 7－6 所示。

表 7－6　10～12 个月婴儿与照料者互动行为观察记录表

游戏及指令	积极行为	消极行为
传球游戏，让婴儿把球扔到指定地点	例：听指令扔球	
记录 1		
记录 2		
记录 3		

2. 观察婴儿的社会模仿行为

观察环境与条件：日常生活情境中，婴儿情绪较好且清醒的情况下。

方法：观察记录一周内婴儿发生社会模仿行为的次数及内容。如表 7－7 所示。

表 7－7　10～12 个月婴儿社会模仿行为的观察记录表

观察内容	模仿对象	行为记录
记录 1		例：模仿使用遥控器开电视
记录 2		
记录 3		
记录 4		

（五）13～18 个月幼儿亲子互动行为的观察要点

1. 观察幼儿吸引照料者的方式

观察环境和条件：照料者在幼儿附近，幼儿情绪较好且清醒的情况下。

方法：照料者在幼儿身边，观察一段时间内幼儿使用什么方式吸引照料者的注意。

2. 观察幼儿是否具有清晰的依恋关系

观察环境和条件：日常生活情境中，幼儿情绪状态较好且清醒的情况下。

方法：母亲消失在幼儿的面前，过一段时间后母亲出现，记录幼儿的表现。

（六）19～24个月幼儿亲子互动行为的观察要点

对于19～24个月幼儿，主要对其自我指导、自我控制行为进行观察。

1. 观察幼儿是否会重复大人的话，同时修正自己的行为

观察环境和条件：在各种生活场景中，成人给幼儿提出要求时。

方法：在观察记录表中记录幼儿的各种行为表现。可每隔两周统计一次幼儿自我控制发生的频率，将每次统计的频率记录在一个方格内，并通过时间序列做对比。

2. 观察幼儿的无理要求不被允许时，成人是否能通过一定的策略转移其注意力或延迟满足

观察环境和条件：在熟悉的生活情境中，幼儿提出的无理要求被成人拒绝时。

方法：记录此时期幼儿的无理要求、成人的应对策略及幼儿能否有一定的自我控制，如能自我控制，则标记为“☺”，统计出幼儿自我控制行为的比例并制成图。如表7－8所示。

表7－8　19～24个月幼儿自我控制行为的观察记录表

时间序列	发生时间	具体内容	应对策略	延迟满足或自我控制
事件1				
事件2				
事件3				
……				
事件N				

（七）25～30个月幼儿亲子互动行为的观察要点

观察照料者对幼儿提出要求或规则时，幼儿是否能遵从。

观察环境和条件：在一般生活场景中，幼儿情绪较好，照料者提出合理的规则和要求时。

方法：记录照料者对幼儿提出要求或规则时幼儿是否能遵从。

（八）31～36个月幼儿亲子互动行为的观察要点

观察环境和条件：一般生活场景中，幼儿主动发起交往时。

方法：记录幼儿主动发起交往的事件，记录发生的时间、地点、场景、人物和幼儿的行为。如表 7 - 9 所示。

表 7 - 9　31 ～ 36 个月幼儿发起主动交往的事件记录表

事件序列	发生时间 / 人物	场景	幼儿行为
事件 1	例：2021.08.18	例：想吃苹果	例：对妈妈说想吃苹果
事件 2			
事件 3			
……			
事件 *N*			

二、0 ～ 3 岁婴幼儿亲子活动的解释分析

在婴幼儿的社会交往行为发展过程中，依恋是一种重要的情感。在发展心理学中，依恋是指婴幼儿与他的抚养者（一般为母亲）之间存在的一种特殊情感关系。依恋的形成与母亲经常满足婴幼儿的需要、给予愉快的刺激有关，也是婴幼儿在与人交往中对人从泛化到分化的社会性认识的结果。依恋的质量对日后婴幼儿的情感、认知能力和社会交往能力的发展具有重要的意义。

（一）各月龄段婴幼儿亲子互动行为发展水平的影响

1. 0 ～ 3 个月婴儿亲子互动行为发展的主要特征

（1）以情绪性沟通为主。0 ～ 3 个月婴儿受限于语言和动作的发展，与他人的沟通常常是一种情绪性的沟通，并主要基于婴儿的生理需要。特别是新生儿，在沟通时主要以哭泣、吸吮、探寻、抓握等本能反射为手段表达自己的需求。他们对于他人各种行为的回应也是情绪性的，表达和反映了自身的生理感受。

案例

妈妈不抱就哭

妈妈抱着三个月大的柠柠，用手轻轻地抚摸他的背部，身体轻轻地晃动。此时，在妈妈的怀抱里，柠柠的表情舒缓、脸上带着微笑。过了一会儿，妈妈轻轻地把柠柠放回到床上，柠柠的脸部紧皱起来，脸色变红，开始放声大哭，妈妈随之又将柠柠抱起，他的哭声逐渐减弱。如图 7 - 1 和图 7 - 2 所示。

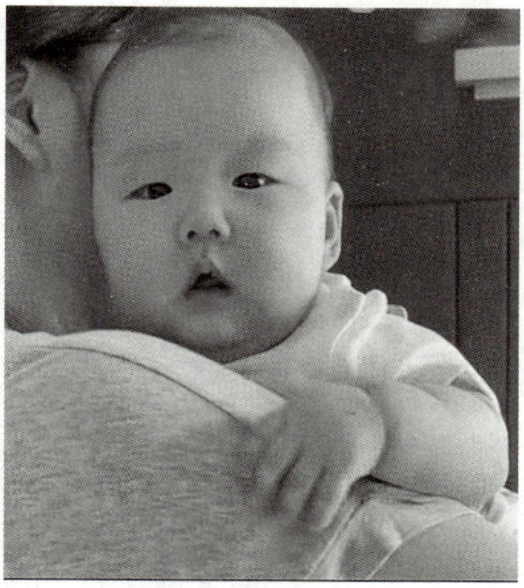

图7-1　婴儿被妈妈抱着时表情舒缓

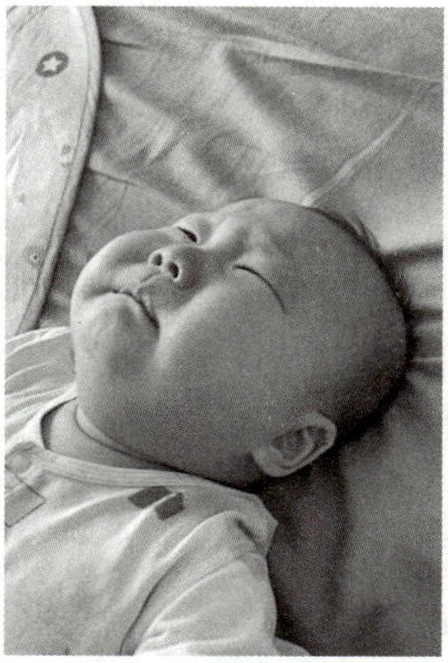

图7-2　婴儿被妈妈放在床上后开始大哭

案例评析： 0～3个月婴儿受限于语言和动作的发展，会通过哭声去吸引母亲的关注，表达自己对于母亲拥抱的需求，需求满足之后婴儿就会停止哭泣。作为照料者，应能识别婴儿主动发出的信号，并及时回应婴儿的需求。

（2）亲子交往由泛化的前依恋行为构成。在婴儿出生后的第一周，微笑和哭泣已经出现，婴儿通过这种生理性情绪向成人表达自己的生理需要，并以一些简单的动作（如挥动双手等）回应成人的声音等，建立并维持与父母的关系。0～3个月的婴儿还没有形成真正意义上的依恋，也没有特定的依恋对象，对所有人的反应几乎是一样的。婴儿此时的亲子交往行为主要是与养育者之间的情绪交流。

2. 4～6个月婴儿亲子互动行为发展的主要特征

4～6个月婴儿的社会性在原有的基础上进一步发展，但社会性的亲子互动行为仍处于萌芽阶段，对外界刺激的反应仍多为生理性的反应。

（1）开始区别对待熟悉的成人与陌生人。该月龄段的婴儿可以很清楚地辨别熟悉的人和陌生人，并有了明显的喜好，这个月龄段的婴儿不会再像以前那样对每个人都很友好。

（2）开始认人。6个月的婴儿开始认人了，情感的表达方式也更加丰富，婴儿最喜欢和与他特别亲近的人待在一起，如父母或亲近的抚养者，对他们的声音也十分敏感。当听到抚养者的声音时，婴儿会很高兴，会挥舞胳膊要求抱抱。

（3）开始有了较为明确的依恋对象。4～6个月的婴儿眼睛时常会跟随养育者移动；被抱时，会紧紧趴在抱他的人身上（见图7-3）。这都是婴儿在社会性发展中与养育者保持联系的行为，也是“形成中依恋”的表现。这一月龄段的婴儿开始有了较为明确的依恋对象，是有效巩固与父母之间亲密关系的时期。婴儿喜欢亲近父母，害怕陌生人，但父母的离开不会引起其强烈的反抗行为。6个月末的时候会初步出现与父母的分离焦虑，对养育者产生依恋。

3. 7～9个月婴儿亲子互动行为发展的主要特征

（1）交往手段增多。7～9个月的婴儿在亲子互动中的交往手段增多。这个月龄段的婴儿会用不同的方式表达自己的情绪，例如用哭、笑来表达不喜欢和喜欢。此时婴儿的哭笑已经不是之前简单的生理上痛苦或愉快的表达，而已经可以表达自身的偏好。该月龄段的婴儿对成人的语言理解能力增强，能根据成人语气、语调的变化，初步理解成人要表达的意思。

（2）交往更为密切。这个月龄段的婴儿与成人的交流逐渐变得更容易与主动，婴儿会通过语言和动作相配合的方式与大人交往。随着婴儿语言能力的发展，9个月的婴儿不仅能听懂成人平常说的词语，而且已经能够用简单的单词或发音来回答问题。

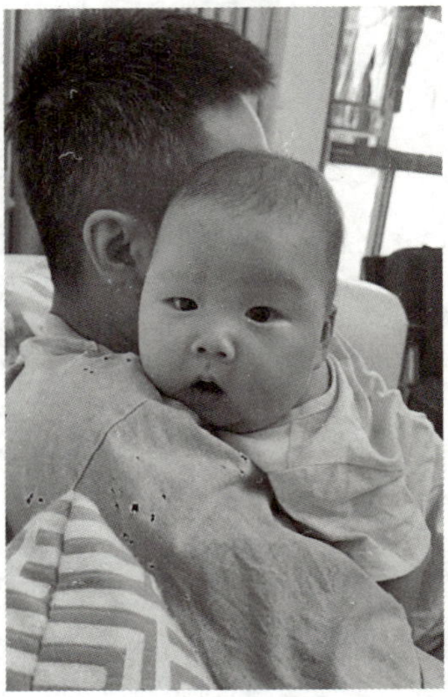

图7－3　婴儿依偎着爸爸

（3）真正的依恋关系逐渐形成。这个月龄段的婴儿亲子依恋逐渐进入明确阶段。8个月时会出现依恋情绪，不肯离开其主要照料者；喜欢和照料者玩耍，如喜欢被父母抱着坐（见图7－4），会主动抓熟悉的人的衣服，会主动和熟悉的人逗趣。

4. 10～12个月婴儿亲子互动行为发展的主要特征

（1）与成人的交流更有自主性。10～12个月的婴儿喜欢与成人交往，他们会设法引起成人的注意，如主动讨好大人或淘气，也更喜欢玩与成人互动的游戏，如捉迷藏等（见图7－5），进行此类游戏时婴儿会很高兴。

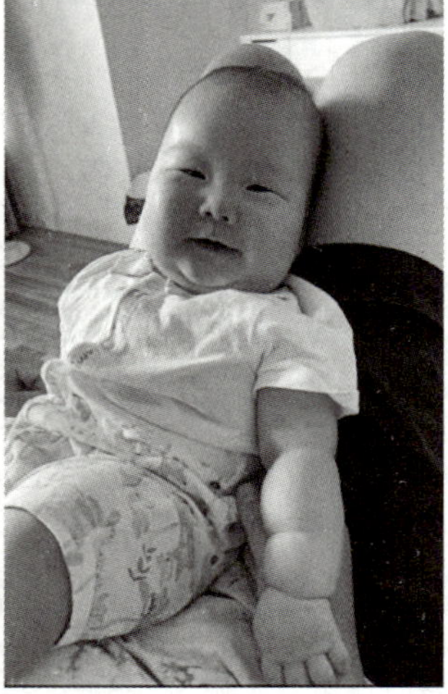

图7－4　婴儿坐在爸爸的腿上开怀大笑

图7－5　婴儿躲在窗帘后与成人玩捉迷藏游戏

（2）能够执行成人提出的简单要求。这个月龄段的婴儿能顺从成人，执行成人提出的简单要求。他们对他人的要求已经有了一定的意识，此时婴儿一般很听话，愿意听成人的指令帮忙拿东西。

（3）喜欢模仿成人的行为。该月龄段的婴儿拥有泛化的社会模仿行为，对成人的行为充满兴趣，喜欢模仿成人的举动。与上一月龄段相比，婴儿模仿的范围从简单的动作扩大到一系列的动作或行为，并会将学来的行为不分情境地加以使用。

（4）亲子依恋更加鲜明。该月龄段的婴儿将妈妈看作特殊对象，更加依恋妈妈，有明显的依恋情结，出现了分离焦虑，分离会令婴儿和妈妈都感到十分痛苦。婴儿的情绪会受到母亲情绪的影响，当母亲不安或沮丧时，婴儿也会显得不高兴；当母亲十分轻松快乐时，婴儿也会表现得很兴奋。

5. 13～18个月幼儿亲子互动行为发展的主要特征

（1）依恋行为变得更鲜明。该月龄段的幼儿随着其运动能力的发展，不仅能通过微笑、尖叫、伸手接近等方式吸引母亲的注意，还能通过紧紧抓住、爬行跟随等方式清晰地指明他们依恋的对象。对该月龄段的幼儿来说，依恋对象与其他人，甚至是同样熟悉亲近的人都是不同的。

（2）对成人的要求有一定的理解。该月龄段的幼儿社会技巧更加丰富，与成人的互动更加复杂，在一些简单的日常生活中能够理解成人希望他们做什么。

6. 19～24个月幼儿亲子互动行为发展的主要特征

该月龄段的幼儿自我控制能力开始发展，开始理解并采纳依恋对象的观点，可以对母亲的行为进行推断。

7. 25～30个月幼儿亲子互动行为发展的主要特征

（1）社会模仿行为增多。该月龄段的幼儿热衷于模仿成人，不同于1岁时的滞后模仿，该月龄段的幼儿对成人的模仿多是即时的，如看见成人拿水杯便要上前跟着拿水杯。

（2）亲子依恋进一步发展。该月龄段的幼儿处于纠正目标的依恋关系中，不会再成天黏着母亲。随着对因果关系的认识，幼儿会使用更加微妙的方式控制母亲的行为。

8. 31～36个月幼儿亲子互动行为发展的主要特征

该月龄段的幼儿自我意识逐渐增强，爱表达自己的意愿和主张，爱反抗成人的指示和决定。此时，幼儿的社会行为出现分化，出现了更多有技能的行为，而且会对不同的人表现出不同的行为反应，这个阶段是培养幼儿良好行为习惯的关键期。

（二）婴幼儿依恋类型的影响

1. 婴幼儿依恋的产生与发展过程

（1）前依恋阶段（出生到6周）。新生儿用一套自己的信号系统——抓握、微笑、哭泣和凝视成人的眼睛来获得成人的关注，但是还没有形成对于特定对象的依恋，此时婴儿并不介意和不熟悉的人在一起。

（2）依恋形成阶段（6周到6～8个月）。在这一阶段，婴儿继续探索环境，开始能够识别熟悉与不熟悉的成人之间的差别，并且开始对不同的人做出不同的反应，对母亲（照料者）更为偏爱。这时的婴儿在母亲面前表现出更多的微笑、咿呀学语、依偎、接近，而在其他熟悉的人如其他家庭成员面前，这些反应则相对少一些，对陌生人的反应更少，此时依然不怕生。

（3）清晰依恋阶段（6～8个月到18～24个月）。从6～8个月起，婴幼儿会对母亲（照料者）的存在特别关切，特别愿意与母亲在一起，当母亲离开时会哭着不让离开，当母亲回来时马上就显得十分高兴。同时，只要母亲在婴幼儿身边，婴幼儿就能安心地玩、探索周围环境，好像母亲是其安全的基地。此时的婴幼儿已经出现了明显的对母亲的依恋，形成了对母亲专门的情感联结。婴幼儿对陌生人的态度变化很大，见到陌生人，大多不再微笑、咿呀学语，而是紧张、恐惧甚至哭泣、大喊大叫，开始怕生。

（4）交互关系的形成阶段（18个月到2岁及以后）。幼儿开始能认识并理解母亲（照料者）的情感、需要、愿望，知道她爱自己，不会抛弃自己，知道交往时应考虑她的需要和兴趣，并据此适当调整自己的目标，这时与母亲在空间上的邻近性逐渐变得不那么重要。

2. 婴幼儿依恋的类型

20世纪70年代末，美国心理学家玛丽·爱因斯沃丝设计了一种专门研究婴幼儿依恋的陌生情境测验。研究发现，婴幼儿对母亲的依恋大致可以分为以下三类：

（1）安全型。这类婴幼儿与母亲在一起时，喜欢与母亲接近，但并不总是靠在母亲身边，而是积极地探索周围环境，并且时常与母亲进行远距离的玩耍。母亲离开时，表现出不安，有的甚至会哭泣。当母亲回来时，他们会立即接近母亲，并迅速缓解悲哀和不安，恢复平静继续玩耍。这类婴幼儿对陌生人会表现出不同程度的怕生，但在母亲的鼓励下，也能很好地与陌生人交往。

（2）回避型。这类婴幼儿与母亲之间情感淡漠。与母亲在一起时，多数时间表现冷漠而且很少拥抱母亲。在与母亲分离时，悲伤程度小，能专心做眼前的事。当母亲回来时，不积极欢迎，也无明显的喜悦，抱他时会挣脱或身体移开，主动回避。

（3）矛盾型。这类婴幼儿对母亲的离开非常警惕。与母亲在一起时，喜欢与母亲保持身体接触，母亲离开后极为痛苦，但当母亲返回时则表现出矛盾情绪。他们一方面寻求与母亲接触，同时在母亲亲近时又生气地拒绝，要花很长的时间才能使他们平静下来。这类婴幼儿面对陌生人会退缩，表现得难以接近。

在三种依恋类型中，安全型依恋为良好、积极的依恋，而回避型和矛盾型依恋为不安全型依恋，是一种消极、不良的依恋。

3. 影响婴幼儿依恋类型形成的因素

依恋风格的形成并非受制于某一个因素，影响婴幼儿依恋的因素主要是婴幼儿的气质特点、父母的照看方式。

（1）婴幼儿的气质特点。依恋风格的形成是亲子双方交互作用的结果，因此婴幼儿形成何种依恋风格，不只与父母有关，还与婴幼儿自身的特点有关。婴幼儿的气质类型分为三类，分别是容易照看型、难以照看型和缓慢活动型。容易照看型的婴幼儿容易适应新环境、容易接近陌生人，常常表现出积极正向的情绪。这类婴幼儿能够与母亲形成稳定、融洽的依恋关系。难以照看型的婴幼儿情绪不稳定，容易吵闹和烦躁，常常表现出消极负面的情绪。这类婴幼儿比较容易发生心理问题，与母亲的关系不太融洽。缓慢活动型婴幼儿适应新环境比较慢，通过成人的带动与引导能够慢慢融入环境，通常表现得比较安静。

（2）父母的照看方式。安全型依恋的婴幼儿，其父母的照看方式是敏感的、合作的、接受的、易接近的、表达积极情绪的和提供丰富社会性刺激的，父母照看婴幼儿方式的敏感性及教养行为的适应性是婴幼儿安全型依恋形成的中心要素。

婴幼儿气质特点和父母教养方式都对依恋有直接或间接的影响，并且两者的交互作用，使婴幼儿依恋的产生和发展呈现出相应的个体特点。

三、0～3 岁婴幼儿亲子活动的指导策略

（一）了解婴幼儿的气质特点

任何气质特点的婴幼儿都有形成安全型依恋的可能，关键在于父母提供给婴幼儿的抚育环境是否与其气质特点一致。因此，父母有必要了解婴幼儿的气质特点，对婴幼儿发出的信号应该保持敏感，针对婴幼儿的气质特点选择不同的教育方式，采取合适的、有针对性的抚育方式，这样才能与其建立安全型依恋。

（二）营造良好的家庭心理氛围

家庭是婴幼儿生活的主要场所，婴幼儿由于自身的心理发展具有可塑性极强的特点，既易受到外界积极刺激的影响，又易受到消极刺激的影响。家庭成员为婴幼儿营造一种温暖的、和谐的、互助的家庭氛围，将有助于婴幼儿在这种良好的环境下获得较好的依恋经验，从而有助于婴幼儿安全型依恋关系的形成。因此，父母要以科学的态度来认识婴幼儿的需求，尽可能创造一个温暖、自由的生活环境，给婴幼儿一个民主、平等的空间，同时多抚触婴幼儿，经常互相拥抱玩耍，以消除婴幼儿心理上的情感饥饿，满足其心理发展的需要。

（三）丰富婴幼儿的物理活动空间

有些婴幼儿会有恋物行为，这些替代品在一定程度上满足了婴幼儿的心理需要。抚养者需要多抱婴幼儿到喜欢的地方去走走（见图 7－6），让婴幼儿得到情感需求上的各种满

足，使婴幼儿的单一集中性依恋转向多角色的分享性依恋。这样可以增强婴幼儿依恋的广度，为其社会性情感的进一步发展奠定基础。

图 7－6　爸爸带着婴儿在小区内散步

同步练习

1. 如果母亲能一贯具有敏感、接纳、合作、易接近等特征，其婴儿容易形成的依恋类型是（　　）。（2017 年教师资格证考试真题）

A. 回避型　　B. 安全型　　C. 反抗型　　D. 紊乱型

2. 在陌生环境试验中，妈妈在婴儿身边时，婴儿一般就能安心地玩玩具，对陌生人的反应也比较积极，婴儿对妈妈的这种依恋类型属于（　　）。（2014 年教师资格证考试真题）

A. 回避型　　B. 无依恋型　　C. 安全型　　D. 反抗型

3. 婴幼儿的“认生”现象通常出现在（　　）。（2016 年教师资格证考试真题）

A. 3 ～ 6 个月　　B. 6 ～ 12 个月　　C. 1 ～ 2 岁　　D. 2 ～ 3 岁

4. 试论述如何根据 0 ～ 3 岁婴幼儿亲子互动的观察记录，对婴幼儿进行个别化指导。

情景任务探索

母亲与婴儿互动的观察与指导

知识拓展

安全依恋是最好的依恋吗？

父母陪伴对幼儿健康成长的意义

主题3 0～3岁婴幼儿师幼互动活动的观察与指导

从2岁开始，随着幼儿自我意识的发展和各项能力的提高，幼儿的主动交往行为增多，不同性格的幼儿的行为也开始产生分化，此时是塑造幼儿良好行为的关键期，幼儿此时与他人的互动经验是其日后参与社会生活、进行社会交往的基础。此时的幼儿逐渐地在陌生环境中不再怕生，可以尝试离开照料者在托幼机构接触同伴与教师，这为其更好地进行社会适应提供了条件。

一、0～3岁婴幼儿师幼互动活动的观察要点

师幼互动存在于婴幼儿与教师接触的一日生活的各个环节中。在师幼互动活动的观察中，不仅要观察婴幼儿的行为，也要观察教师的行为。下面仅阐述19个月至36个月幼儿的师幼互动活动观察要点。

（一）19～24个月幼儿师幼互动活动的观察要点

1. 观察幼儿的社会模仿行为

观察环境和条件：幼儿情绪状态较好且清醒的情况下。

方法：观察记录一周内幼儿发生模仿教师行为的次数及内容。

2. 观察1个月内幼儿在托幼机构中放松下来的方式及需要的时间

观察环境和条件：幼儿情绪状态较好且清醒的情况下。

方法：记录1个月内幼儿在陌生环境中安静下来的方式及所需的时间。如表7－10所示。

表7－10　19～24个月幼儿在陌生环境中的安静方式及时间记录表

环境	日期	方式	安静时间
教室		例：教师安抚	
户外			
……			

3. 观察教师对待幼儿的方式

观察环境和条件：幼儿情绪状态较好且清醒的情况下。

方法：记录教师与幼儿对话时声音是否轻柔、语调是否平缓、是否经常与其进行目光交流。

案例

菲菲初到绘本室

24个月大的菲菲坐在教室里，因第一次来绘本室而显得有些不知所措。这时，负责阅读区的刘老师走了过来，手里拿着一本绘本故事书《鲸鱼》。刘老师故意将这本书倒过来递给菲菲，菲菲接过书随意地翻了翻，并没有发现书是倒过来的。于是刘老师问菲菲："鲸鱼怎么啦？"菲菲并没有做出回应。刘老师又说道："你看看其他小朋友的书里小动物都是正的，我们的鲸鱼是不是倒了呀？我们怎么把它拨正呢？"只见菲菲用手指着图画中的鲸鱼，用手指画了个圈圈。这时刘老师轻轻用手拿住绘本动作非常缓慢地将书转了过来，菲菲仔细地观察着老师的动作。随后，刘老师再一次将倒过来的书递给菲菲，菲菲也学着刘老师的样子把书转了过来。

资料来源：钱文. 0～3岁儿童社会性发展与教育［M］. 上海：华东师范大学出版社，2014.

案例评析：婴幼儿刚刚进入一个陌生环境时，往往会先打量一下周围的环境，而不会轻易投入活动中。婴幼儿一直不愿意讲话，甚至不愿和老师进行眼神上的交流，说明其对新的环境缺乏安全感，情绪还没有稳定。教师遇到类似的情况可以使用转移注意力、引诱式提问、引导观察同伴的行为、亲身示范等方式引导婴幼儿进行活动。菲菲在和老师的互动过程中逐渐学着老师的样子，成功将书本拨正，说明她对教师的行为进行了模仿，同时也说明了教师为婴幼儿提供正确示范的重要性。

（二）25～30个月幼儿师幼互动活动的观察要点

观察教师对幼儿提出要求或规则时，幼儿是否能够遵从。

观察环境和条件：托幼机构中教师提出合理的规则和要求时。

方法：记录教师提出合理的规则和要求时，幼儿是否能够遵从。

（三）31～36个月幼儿师幼互动活动的观察要点

1. 观察幼儿与教师的亲近行为

观察环境和条件：幼儿清醒状态下，情绪较好的时候。

方法：观察一段时间内幼儿对教师的亲近行为。如表7－11所示。

表7－11　31～36个月幼儿主动亲近教师的行为观察记录表

观察时间	
观察记录人	
亲近行为	

2. 观察与教师相处时，幼儿交往行为的表现及策略

观察环境和条件：教师在幼儿附近。

方法：记录面对教师时幼儿主动发起交往的方式和起因。

3. 观察教师是否能及时、准确地识别幼儿发出的沟通信号

观察环境和条件：当幼儿主动发出沟通信号时。

方法：记录教师是否及时回应幼儿发出的沟通信号，是否准确地识别出沟通信号表达的需求并及时进行了照料。

二、0～3岁婴幼儿师幼互动活动的解释分析

对于0～3岁的婴幼儿而言，进入托幼机构生活属于适应除了家以外的新环境，能够培养其一定的规则意识和责任感，以及初步的交往能力等，是促进其社会适应能力提升的方式之一。

影响婴幼儿师幼互动活动的主要因素有各月龄段婴幼儿师幼互动活动发展水平、婴幼儿社交参照、教师对婴幼儿参与社交信号的识别程度这三个方面。

（一）各月龄段婴幼儿师幼互动活动发展水平的主要特征

下面仅阐述19个月至36个月幼儿的师幼互动发展水平的主要特征。

1. 19～24个月幼儿师幼互动活动发展的主要特征

随着认识范围逐渐扩大、接触陌生人的机会增多，该月龄段的幼儿，渐渐地不再怕

生。幼儿有了一定的生活自理能力，能够开始自己脱衣服。

2. 25～30 个月幼儿师幼互动活动发展的主要特征

该月龄段的幼儿心理处于“自我中心”阶段，对是非判断以自己是否愉快为标准，经常对成人的要求说不。此时的幼儿已经能理解成人的要求，反抗只是为了显示其能力。但是，随着幼儿的自我控制水平进一步提高，他们能对成人的要求做出反应，并遵守成人提出的规则。

3. 31～36 个月幼儿师幼互动活动发展的主要特征

该月龄段的幼儿社会问题解决技能进一步发展。幼儿的社会问题解决技能的使用，能使其获得物质资源（如玩具）和社会资源（如他人的注意和帮助）。幼儿社会问题解决技能是其社会互动的主要成分。在师幼互动中，婴幼儿要解决的社会问题主要以引发具体的教师的行为为目标，以引起教师的注意的行为较多。

（二）婴幼儿社交参照的影响

案例评析：婴幼儿社交参照的影响

婴幼儿密切关注他人与物体之间的互动，大约在 1 岁的时候，婴幼儿开始参考他人的建议，将他人的目光和表情作为自己在不确定情况下的行动参考，即“社交参照”。因此，婴幼儿在托幼机构时，会模仿身边的教师的行为，逐渐地发展社会适应能力。

（三）教师对婴幼儿参与社交信号的识别程度的影响

婴幼儿在成长过程中，会逐渐地学会使用一定的社交信号主动地发起互动。参与信号的发出意味着婴幼儿已经准备好进行互动。婴幼儿发出的一些参与信号是强烈的，并且很容易被解读，如凝视、灿烂的笑容或向教师伸出手臂；其他参与信号较为微妙，如扬起眉毛、睁大眼睛、张开双手并且手指稍微弯曲或者仅仅是抬起头。在婴幼儿发出信号后，教师需要及时、仔细地进行识别。如果教师能准确识别并及时回应婴幼儿的社交信号，婴幼儿通常就能体验到自己与教师或照料者之间积极的、投入的互动。

三、0～3 岁婴幼儿师幼互动活动的指导策略

（一）关注婴幼儿的情感需要

在师幼互动的过程中，教师可以通过身体接触、参与婴幼儿活动、支持同伴协助、理解婴幼儿情绪和进行社会性对话来与婴幼儿建立积极的师幼关系；利用经常的微笑、热情大笑来表达积极的情感；利用身体语言和言语行为来表达积极的期望，与婴幼儿积极交流；通过目光的接触、尊重性语言以及同伴之间的合作分享来营造相互尊重的氛围。

（二）树立正确的教育理念

教师不仅要重视集体活动中的师幼互动，更要经常在常规活动、餐点时间和小组活动，尤其是常规活动中与婴幼儿进行积极有效的互动，给予婴幼儿科学的指导，使婴幼儿知道在什么时间应该做什么，提供丰富多样的活动和材料，允许婴幼儿选择，有效安排活动时间，让互动贯穿于婴幼儿一日活动的各个环节，使其在互动中获得多元人际交往的体验。

（三）信赖、接纳婴幼儿

在师幼互动的过程中，教师应该以支持者、合作者、引导者的身份指导婴幼儿的学习活动，以平等的姿态与婴幼儿进行交流，关注婴幼儿的看法，支持其行为，尊重其需要，包容其过失。婴幼儿潜能的最大限度发挥、思想情感的良好表达、人格和主体精神的充分建构，都离不开婴幼儿在互动过程中的主体地位的确立。

同步练习

1. 观察婴幼儿的师幼互动行为。

（1）内容：利用到幼儿园观察的时间，对婴幼儿与教师互动的行为进行观察记录。

（2）要求：在观察前，小组内讨论制订观察计划，主要包括观察内容、观察对象、观察要点等；现场进行观察记录，进行整理和分析；在班级内进行交流与分享。

____

____

____

____

2. 简述0～3岁婴幼儿师幼互动活动的指导策略。

____

____

____

____

3. 试论述幼儿教师应如何更好地与0～3岁婴幼儿进行有效的互动。

____

____

____

____

情景任务探索

婴幼儿参与社交信号的观察与指导

知识拓展

儿童与教师的互动对儿童发展的影响

主题4　0～3岁婴幼儿同伴交往活动的观察与指导

同伴交往活动是指年龄相同或相近的婴幼儿之间的共同活动，它会使婴幼儿产生心理上的相互影响。虽然3岁前婴幼儿的社会交往活动以亲子交往活动为主，但同时也开始了同伴交往活动。婴幼儿在社会行为及如何与他人相处方面的许多知识都是通过与同伴交往习得的，他们通过同伴关系的拓展完成个体的社会化进程，形成完整的自我。可见，婴幼儿的同伴交往有着亲子交往所无法替代的作用与重要性。

一、0～3岁婴幼儿同伴交往活动的观察要点

（一）0～6个月婴儿同伴交往活动的观察要点

1. 观察有别的婴儿在场时，婴儿是否与他们表示友好与亲近

观察环境和条件：有别的婴儿在的场合。

方法：记录下婴儿与别的婴儿在一起时主动接近、独自玩耍的时间和次数。如表7-12所示。

表 7－12　0～6个月婴儿与同伴在一起时的行为观察记录表

观察对象	主动接近		独自玩耍	
	接近时间	接近方式	玩耍时间	玩耍方式
	例：5秒	例：目光注视	例：10秒	例：注视玩具

2. 观察婴儿对别的儿童声音的反应

观察环境和条件：婴儿在清醒状态下，附近有别的儿童时。

方法：观察当附近有别的儿童说话，或电视上有小朋友的声音时，婴儿是否转过头去看。

（二）7～9个月婴儿同伴交往活动的观察要点

观察婴儿与其他小朋友在一起时，是否有主动注视、微笑、伸手触摸等行为。

观察环境和条件：婴儿在清醒状态下，情绪较好，附近有别的小朋友时。

方法：记录婴儿与其他小朋友在一起时是否有主动注视、微笑、伸手触摸等行为以及这些行为的次数。

（三）10～12个月婴儿同伴交往活动的观察要点

观察婴儿与同伴对玩具或物品的共同注意。

观察环境和条件：婴儿在清醒状态下，与其他小朋友一起玩耍的时候。

方法：观察和记录婴儿能否与其他小朋友共同注意同一件玩具。

（四）13～18个月幼儿同伴交往活动的观察要点

观察有别的小朋友在场时，幼儿是否与他们表示友好和亲近。

观察环境和条件：有别的小朋友在的场合。

方法：记录与其他小朋友在一起玩耍时幼儿的互动行为。如表 7－13 所示。

表 7－13　13～18个月幼儿的同伴互动行为观察记录表

发生时间	对象	主动接近	触碰身体	触碰他人手中玩具	争夺玩具	独自玩耍
例：9:35			√			

（五）19～24个月幼儿同伴交往活动的观察要点

该月龄段幼儿的观察主要涉及一段时间内的观察记录，观察的情境扩大，可以在各种不同的情境下进行。

1. 观察在他人受到伤害、表现出痛苦的时候，幼儿是否能够表现出安慰等亲社会行为

观察环境和条件：日常生活中，幼儿清醒且情绪良好的时候。

方法：记录此时期幼儿在他人表现出痛苦时的行为表现，记录亲社会行为发生的比例。对他人的安慰行为标记为“◇”，对他人的痛苦漠不关心标记为“□”，对他人的痛苦情绪表现出相反的情绪（如高兴）标记为“△”，以标记的形式记入行为归类一列中，以方便做数据统计。如表7－14所示。

表7－14　19～24个月幼儿亲社会行为的观察记录表

事件序列	发生时间	具体内容	行为归类
事件1		例：拍拍对方	◇
事件2			
事件3			
……			
事件N			

2. 观察幼儿社会互动中的主动交往行为

观察环境和条件：幼儿情绪较好的情况下，各种日常生活情境中。

方法：记录此月龄期幼儿一周内与他人发生社会交往时的主动行为及行为意图，每一次的主动交往行为可用“☺”标记，后面记录儿童的意图及事件。每周的行为次数可以记录下来，做成表格，观察幼儿的行为变化。如表7－15所示。

表7－15　19～24个月幼儿主动交往行为观察记录表

周次	事件	次数
第一周		例：3
第二周		
第三周		
……		

（六）25～30个月幼儿同伴交往活动的观察要点

1. 观察幼儿同伴交往中的冲突行为

观察环境和条件：幼儿与别的小朋友一起玩时。

方法：记录幼儿与同伴一起活动的过程中发生冲突的次数、幼儿的行为及最终解决策略。

2. 观察幼儿在同伴交往中的助人行为、友好行为

观察环境和条件：幼儿与别的小朋友一起玩时。

方法：记录幼儿在与同伴一起活动的过程中同伴发生困难时的帮助行为、一起玩耍时的友好行为。

（七）31～36个月幼儿同伴交往活动的观察要点

观察幼儿在同伴交往中互补互惠的游戏行为。

观察环境和条件：幼儿与别的小朋友一起玩时。

方法：记录幼儿在与同伴一起活动的过程中发生互补互惠行为的次数、幼儿的行为。如表7-16所示。

表7-16　31～36个月幼儿同伴互补互惠的游戏行为观察记录表

事件序列	发生时间/人物	场景	幼儿行为
事件1		例：想玩同伴的玩具	例：使用自己的玩具跟同伴交换
事件2			
事件3			
……			
事件N			

注意：分析方法为对每个月幼儿与同伴间互补互惠的游戏行为进行记录，分别统计发生的次数，做出直方图。

二、0～3岁婴幼儿同伴交往活动的解释分析

（一）各月龄段婴幼儿同伴交往活动发展水平的影响

1. 0～6个月婴儿同伴交往行为发展的主要特征

刚出生的婴儿即对人的脸表现出较高的兴趣，并能模仿成人的面部表情，这是类似本能的反应。在2个月时，婴儿会注视同伴，3个多月的婴儿与同伴一起时，会互相观望和抚触。这个时期的婴儿对他人的注意明显高于对物品的注意。

随着认知和动作能力的发展，5个月左右的婴儿已经有了初步的同伴意识，对他人有了一定的喜好倾向，能够区别成人和婴幼儿，会对同伴微笑，也会做出一些表示“友好”的动作，发出“咿咿呀呀”的声音；婴儿开始喜欢小朋友，听到街上或电视中有儿童的声音时会扭头寻找；婴儿对其他小朋友的喜爱会随着月龄的增长而增加。

2. 7 ～ 9 个月婴儿同伴交往行为发展的主要特征

7 ～ 9 个月的婴儿开始主动对同伴表示友好，与上一月龄段相比，对同伴表现出更大的兴趣，与同伴在一起时，会主动对同伴微笑或伸手触摸同伴。

3. 10 ～ 12 个月婴儿同伴交往行为发展的主要特征

这个阶段的婴儿与同伴在一起时的交流不仅有触摸和微笑，还有对物品的共同注意，但这还不是真正意义上的交往。此时，婴儿的同伴发展进入初级阶段，与小朋友之间拥有了以物体为中心的简单交往，但注意力多集中于物体，而不是其他同伴在做什么。

4. 13 ～ 18 个月幼儿同伴交往行为发展的主要特征

（1）以物为中心的社会互动技能逐渐发展。13 ～ 18 个月的幼儿与同伴一起玩要时，会倾向于接触同伴正在玩的玩具，利用物品或玩具接近对方和传递信息。

（2）冲突行为增多。该月龄段的幼儿喜欢与同伴玩要，但伴随自我意识的发展，交往中常会发生打架、咬人和争夺玩具的行为。

（3）出现选择性的社会模仿行为。这个阶段的幼儿开始出现带有一定选择性的模仿行为。此时幼儿的社会模仿不再只是单纯的模仿行为，而是带有了社会价值判断的选择性；此时的模仿行为容易因受到表扬而强化，幼儿也更倾向于模仿那些受到表扬的行为。

案例

晴晴与天天的微笑

天天的爸爸妈妈带着 14 个月大的天天下楼晒太阳，碰到了与天天一般大的晴晴。天天和晴晴都被各自的妈妈抱着，天天妈妈逗晴晴玩，晴晴开始笑起来。天天扭过头，看向晴晴，眼睛盯着晴晴。晴晴一笑，天天也跟着笑。晴晴想要挣脱妈妈，自己独自站在花园里，天天也开始想要挣脱妈妈的怀抱。

资料来源：韩映虹. 婴幼儿行为观察与分析［M］. 上海：上海科技教育出版社，2017.

案例评析：这个月龄段幼儿的交往开始变得复杂，此时的同伴交往最重要的表现就是彼此之间相互模仿。这种模仿不仅意味着幼儿对同伴感兴趣，也意味着幼儿知道同伴对他是有兴趣的。

5. 19 ～ 24 个月婴幼儿同伴交往行为发展的主要特征

（1）出现自发的亲社会行为。该月龄段的幼儿在目睹别人的痛苦时，会开始表现出一定的亲社会行为进行安慰，例如拍拍对方等。

（2）出现合作行为。该月龄段幼儿的分享与合作行为萌芽并发展，特别是在与同伴发生冲突时，开始学会使用分享或合作的方式解决冲突。

6. 25～30个月幼儿同伴交往行为发展的主要特征

（1）冲突行为增多。2岁起幼儿与同伴的社会互动逐渐增多，在互动中的冲突也不断增多，大多是关于物品使用权和所有权的冲突。25～30个月的幼儿同伴交往中的分享行为减少，在自我意识过重时，常会为达到目的而出现冲突行为。该月龄段的幼儿解决冲突的技能得到发展，冲突中的输赢也会影响到以后的冲突行为。

（2）亲社会行为增多，交往年龄范围扩大。该月龄段的幼儿开始产生助人行为，能够主动帮助处于困境中的同伴，用语言或其他替代活动表示同情或安慰。该月龄段的幼儿与人交往能力增强，交往范围逐渐扩大，常能主动地与年龄相近或稍长的幼儿玩耍。

（3）同伴游戏水平提高。这个月龄段的幼儿在进行游戏时，出现了分工合作行为。如在过家家游戏中，一个幼儿抱着娃娃，另一个幼儿给布娃娃打针。

7. 31～36个月幼儿同伴交往行为发展的主要特征

（1）社会问题解决技能进一步发展，社会技能产生分化。受欢迎的幼儿可能使用非侵犯行为发起同伴互动，并对其他同伴和自己发起的互动都做出反应。而不受欢迎的幼儿可能会使用侵犯性的行为，如使用争抢的方法来开启互动，并对同伴发起的互动行为不予理睬。

（2）逐步建立起较为稳定的同伴关系。这个月龄段的幼儿能与同伴发生互补或互惠的游戏行为，有了较好的玩伴，较为稳定的同伴关系也开始建立起来。

（二）婴幼儿自身特征的影响

婴幼儿的自身特征，如个性、行为特征，也明显地影响着同伴的交往。婴幼儿积极或消极的行为会在很大程度上影响婴幼儿的同伴交往，也会影响他在同伴交往中的地位。喜欢用积极行为去与同伴交往的婴幼儿易受到同伴的欢迎；在交往中经常表现出消极行为的婴幼儿则不易受大家的喜欢。

（三）亲子交往经验的影响

亲子交往互动的经验与婴幼儿同伴交往之间有着密切的关系。因为婴幼儿与抚养者相处的时间更长，抚养者为其提供了最多的榜样、经验，婴幼儿最可能在与抚养者交往的早期经验中习得同伴交往。抚养者对婴幼儿的照料行为、方式影响着婴幼儿随后与同伴交往的行为、方式，尤其是其行为的内容及态度。

（四）玩具与物品的影响

玩具和物品也是婴幼儿同伴交往的一个重要影响因素。婴幼儿间最普遍的游戏就是以玩具和物品为中介的各种活动，因此玩具的数量、特征也明显地影响着婴幼儿同伴交往的数量和方式。婴幼儿通过摆弄玩具、重新组合玩具，不仅赋予玩具以新的含义，也产生了更多的同伴合作行为，从而促进婴幼儿社交技能的提高。玩具为婴幼儿提供了多种形式的同伴交往方式，比如给、拿、模仿、合作、分享、抢夺等。

案例评析：玩具与物品的影响

（五）同伴熟悉程度的影响

同伴之间的熟悉程度对婴幼儿的同伴交往也有很大影响。婴幼儿早期同伴交往大都发生在相互熟悉的婴幼儿之间。在陌生的环境中，相互不熟悉的婴幼儿之间是很难进行交往的。在同一陌生环境中，两个相互熟悉的婴幼儿之间交往的积极性、频率、持久性和复杂性都远远超过相互不熟悉的婴幼儿之间所进行的交往。

三、0～3岁婴幼儿同伴交往活动的指导策略

（一）建立良好的亲子关系

亲子之间良好的依恋关系对同伴交往有促进作用，安全型依恋可以给婴幼儿自我肯定感，有助于婴幼儿与他人的交往。安全依恋型婴幼儿在以后与人交往时会表现出较高的积极性、主动性、独立性和合作性，有良好的适应能力和行为品质。在婴幼儿的同伴交往教育中，首先需要建立起良好的亲子关系。

（二）创造同伴交往的机会

成人要为婴幼儿创造相互交往、自由交谈和玩耍的良好机会，让婴幼儿多与其他婴幼儿一起玩耍并积极参加亲子活动或游览儿童乐园等活动。在这些活动中，婴幼儿能逐步体会到人与人之间的关系，逐渐学会如何与别人沟通，获得共同活动的能力。

（三）提供物质支持

同伴交往的物质主要包括玩具等物品。成人应尽可能为婴幼儿提供一些合适的玩具及物品。玩具等物品对于婴幼儿同伴交往的进行具有显著影响。婴幼儿通过摆弄玩具、重新组合玩具，能够产生更多的合作行为，从而促进社交技能的提高。大型的玩具（如滑梯、攀爬架等）比小型玩具更有助于增强婴幼儿同伴间交往的积极性。

同步练习

1. 简述0～3岁各月龄段婴幼儿同伴交往的特点。

2. 简述 0～3 岁婴幼儿同伴交往的影响因素。

3. 简述玩具对于 0～3 岁婴幼儿同伴关系建立的意义及作用。

4. 试论述如何有效地促进 0～3 岁婴幼儿同伴交往的发展。

情景任务探索

婴幼儿同伴交往的观察与指导

知识拓展

婴幼儿同伴交往的作用

学习评价与反思

学习情况评价表

姓名：________　　　　　　　　　　　　　　　　　　　　　　学号：________

评价项目		评价标准	状态水平描述		
			自我评价	小组评价	教师评价
学习内容评价	社会交往行为	是否了解婴幼儿社会交往行为的观察要点			
		能否对婴幼儿社会交往行为进行科学、客观的解释分析			
		是否掌握 0 ～ 3 岁婴幼儿社会交往行为的指导策略			
	亲子活动	是否掌握各月龄段婴幼儿亲子活动的观察要点			
		能否对各月龄段婴幼儿的亲子活动进行科学、客观的解释分析			
		是否掌握各月龄段婴幼儿亲子活动的指导策略			
	师幼互动活动	是否掌握各月龄段婴幼儿师幼互动活动的观察要点			
		能否对各月龄段婴幼儿的师幼互动活动进行科学、客观的解释分析			
		是否掌握各月龄段婴幼儿师幼互动活动的指导策略			
	同伴交往活动	是否掌握各月龄段婴幼儿同伴交往活动的观察要点			
		能否对各月龄段婴幼儿的同伴交往活动进行科学、客观的解释分析			
		是否掌握各月龄段婴幼儿同伴交往活动的指导策略			
学习表现评价	学习能力评价	能否正确运用教材中的观察记录表进行观察记录			
		能否独立设计一份婴幼儿社会交往行为的观察计划			
		能否结合本模块知识点对婴幼儿社会交往活动进行反思			
		能否主动查阅相关专业书籍进行拓展阅读			
	学习态度评价	是否认真听讲本模块的知识点			
		是否在课堂上积极参与到小组讨论当中			
		是否认真完成本模块的同步练习			
		对于本模块的困惑是否请教了同学或者老师			
综合评价	自我评价： 小组评价： 教师评价：				

任课教师：________　　　　　　　　　　　　　　　　　　　　评价日期：________

模块八　3～6岁幼儿社会交往行为的观察与指导

学习目标

思政目标：在3～6岁幼儿的各项社会交往行为的观察与指导过程中体会工作和学习的乐趣，培养热爱幼儿的情感，坚持科学的教育理念，坚定教育自信，注重学用相长、知行合一。

知识目标：了解3～6岁幼儿社会交往行为的观察要点与解释分析。

能力目标：掌握观察3～6岁幼儿亲子活动、师幼互动活动、同伴交往活动的具体方法。

思维导图

- 3～6岁幼儿社会交往行为的观察与指导
  - 3～6岁幼儿社会交往行为的观察与指导概述
    - 3～6岁幼儿社会交往行为观察的意义
    - 3～6岁幼儿社会交往行为的观察要点
    - 3～6岁幼儿社会交往行为的解释分析
    - 3～6岁幼儿社会交往行为的指导策略
  - 3～6岁幼儿亲子活动的观察与指导
    - 3～6岁幼儿亲子活动的观察要点
    - 3～6岁幼儿亲子活动的解释分析
    - 3～6岁幼儿亲子活动的指导策略
  - 3～6岁幼儿师幼互动活动的观察与指导
    - 3～6岁幼儿师幼互动活动的观察要点
    - 3～6岁幼儿师幼互动活动的解释分析
    - 3～6岁幼儿师幼互动活动的指导策略
  - 3～6岁幼儿同伴交往活动的观察与指导
    - 3～6岁幼儿同伴交往活动的观察要点
    - 3～6岁幼儿同伴交往活动的解释分析
    - 3～6岁幼儿同伴交往活动的指导策略

教学导航

不同年龄段的幼儿在人际交往上的特点是不一样的，随着他们年龄的增长，人际关系范围逐渐扩大，幼儿的交往活动也从最初的亲子交往，扩展到同伴交往、师幼交往、其他人交往等。国际21世纪教育委员会提出，人际交往能力是教育的四个支柱之一，儿童早期的人际交往技能、交往状况会影响其未来的人际关系和自尊，甚至会影响到个体的幸福生活。因此，幼儿教师需要掌握幼儿这个时期的社会交往特点，运用一定的教育理论知识，根据观察到的幼儿社会交往行为，科学合理地引导幼儿进行积极健康的人际交往，为幼儿创设健康快乐的成长环境，促进其身心健康发展和全面发展。

通过学习本模块，你将了解3～6岁幼儿社会交往行为的观察要点，发现影响3～6岁幼儿社会交往行为的因素，掌握3～6岁幼儿社会交往行为的具体指导策略。

工作任务与重点

本模块主要阐述了行为观察在3～6岁幼儿社会交往行为观察与指导中的应用。幼儿的社会交往包括了人际交往和社会适应两大因素，教师可以在幼儿一日生活中，充分发挥观察记录的作用，了解每个幼儿的社会交往表现，及时做出相应的分析和具体指导，以此引导幼儿更好地进行社会性发展。本模块主要从3～6岁幼儿亲子活动、师幼互动活动、同伴交往活动这三大环节入手，带领幼儿教师进行有重点的观察。

案例分享与讨论

幼儿园午餐结束后是小班小朋友们的自由涂鸦时间，小林很快就吃完饭，然后拿起自己的画笔开始在白板上画自己喜欢吃的棒棒糖。吃完饭的小朋友都相继过来涂鸦，等小瑞吃完饭，画笔都被小朋友们拿光了，他没有画笔可以用了，于是就走到小林旁边，抢过她的画笔想要画画，小林“哇”的一声哭了，并且十分大声地说：“这是我的，不允许你拿！”说完用力推了小瑞一下，小瑞因为疼痛也哭了起来，引起了老师的注意。

讨论：

1. 小瑞的这种情况，很多幼儿都有，作为老师应该怎样解决？你仔细观察过幼儿的交往行为吗？

2. 举例说明你是如何观察3～6岁幼儿的人际交往行为的，尝试总结你的观察要点。

主题1　3～6岁幼儿社会交往行为的观察与指导概述

每个幼儿从出生的那一刻起就处于一定的社会环境和社会关系中，特定的社会环境和社会关系构成了幼儿身心发展的基本条件和重要内容。在这一时期，幼儿学习怎样与人相处、怎样看待自己、怎样对待别人，逐步认识周围的社会环境，内化社会行为规范，逐渐形成对所在群体的归属感和认同感，发展其适应社会生活的能力等。幼儿的社会化，就是在亲子、同伴、师幼等社会关系系统中，通过人际交往和对社会生活的主动适应来进行的。

一、3～6岁幼儿社会交往行为观察的意义

（一）观察是发现幼儿社会交往问题的重要手段

幼儿人际交往的学习与发展是一个复杂的过程，所包括的学习与发展的内容极为丰富，而不同的内容往往又有各自不同的发展规律和特点。例如，幼儿的自我意识具体表现为自我认识、自尊、自信、自主、自我调节等，幼儿的规则意识与行为具体表现为道德意识、亲社会行为等。这些都可能影响幼儿的人际关系互动和对环境的适应。如果幼儿未能形成与掌握正确的人际交往能力与情感，就会出现攻击性行为、任性、不合群等问题。因此，教师需要系统地了解幼儿人际交往行为的观察要点，以便及时发现幼儿出现的人际交往问题并给予恰当的引导。

（二）观察是提升幼儿社会交往能力的重要途径

幼儿社会交往的学习与发展是在人际交往和与社会环境的相互作用中进行的，家庭和幼儿园的生活、同伴间的游戏与活动等都是幼儿社会学习的影响因素，而幼儿往往通过模仿、同化、强化、体验等方式进行社会交往的学习。成人通过观察，能够明确幼儿当前的社会性发展水平，及时干预其社会交往问题并进行科学的引导，进一步促进幼儿自我意识的发展、社会性认知的发展和社会交往中情绪情感的发展。

二、3～6岁幼儿社会交往行为的观察要点

（一）明确幼儿社会交往的因素

人际交往和社会适应是幼儿社会学习的主要内容，也是其社会性发展的基本途径，因此需要从人际交往和社会适应这两个方面观察幼儿的日常生活、游戏中的社会交往行为。

从心理学的角度来看，人际交往包括交流信息、组织共同活动、形成和发展人与人之间的关系、增进人们之间的相互了解等，这些对幼儿来说具有特殊的发展意义。幼儿的人际交往包括愿意与人交往，能与同伴友好相处，具有自尊、自信、自主的表现，关心尊重他人等方面。社会适应即幼儿与社会环境建立起和谐关系的过程，对幼儿的学习与发展也有着重要意义。幼儿的社会适应包括喜欢并适应群体生活、遵守基本的行为规范等方面。具体见表8-1。

表8-1 3～6岁幼儿社会交往观察要素

要素	具体要点	3～4岁	4～5岁	5～6岁
人际交往	愿意与人交往	愿意和小朋友一起游戏；愿意与熟悉的长辈一起活动	喜欢和小朋友一起游戏，有经常一起玩的小伙伴；喜欢和长辈交谈，有事愿意告诉长辈	有自己的好朋友，也喜欢结交新朋友；有问题愿意向别人请教；有高兴的或有趣的事愿意与大家分享
	能与同伴友好相处	想加入同伴的游戏时，能友好地提出请求；在成人指导下，不争抢、不独占玩具；与同伴发生冲突时，能听从成人的劝解	会运用介绍自己、交换玩具等简单技巧加入同伴的游戏；对大家都喜欢的东西能轮流玩或使用、分享；与同伴发生冲突时，能在他人帮助下和平解决；活动时愿意接受同伴的意见和建议；不欺负弱小	能想办法吸引同伴和自己一起游戏；活动时能与同伴分工合作，遇到困难能一起克服；与同伴发生冲突时能自己协商解决；知道别人的想法有时和自己不一样，能倾听和接受别人的意见，不能接受时会说明理由；不欺负别人，也不允许别人欺负自己
	具有自尊、自信、自主的表现	能根据自己的兴趣选择游戏或其他活动；为自己的好行为或活动成果感到高兴；自己能做的事情愿意自己做；喜欢承担一些小任务	能按自己的想法进行游戏或其他活动；知道自己的一些优点和长处，并对此感到满意；自己的事情尽量自己做，不愿意依赖别人；敢于尝试有一定难度的活动和任务	能主动发起活动或在活动中出主意、想办法；做了好事或取得了成功后还想做得更好；自己的事情自己做，不会的愿意学；主动承担任务，遇到困难能够坚持而不轻易求助；与别人的看法不同时，敢于坚持自己的意见并说出理由

续表

要素	具体要点	3～4岁	4～5岁	5～6岁
人际交往	关心和尊重他人	长辈讲话时能认真听，并能听从长辈的要求；身边的人生病或不开心时表示同情；在提醒下能做到不打扰别人	会用礼貌的方式向长辈表达自己的要求和想法；能注意到别人的情绪，并有关心、体贴的表现；知道父母的职业，能体会到父母为养育自己所付出的辛劳	能有礼貌地与人交往；能关注别人的情绪和需要，并能给予力所能及的帮助；尊重为大家提供服务的人，珍惜他们的劳动成果；接纳、尊重与自己的生活方式或习惯不同的人
社会适应	喜欢并适应群体生活	对群体活动有兴趣；对幼儿园的生活好奇，喜欢上幼儿园	愿意并主动参加群体活动；愿意与家长一起参加社区的一些群体活动	在群体活动中积极、快乐；对小学生活有好奇和向往
	遵守基本的行为规范	在成人的提醒下，能遵守游戏和公共场所的规则；知道不经允许不能拿别人的东西，借别人的东西要归还；在成人提醒下，爱护玩具和其他物品	感受到规则的意义，并能基本遵守规则；不私自拿不属于自己的东西；知道说谎是不对的；知道接受了的任务要努力完成；在成人提醒下，能节约粮食、水、电等	理解规则的意义，能与同伴协商制定游戏和活动规则；爱惜物品，用别人的东西时也知道爱护；做了错事敢于承认，不说谎；能认真负责地完成自己所接受的任务；爱护身边的环境，注意节约资源

资料来源：《3—6岁儿童学习与发展指南》.

（二）划分幼儿社会交往的类型

幼儿社会交往一般分为亲子交往、师幼交往和同伴交往三类，每一类交往行为都各具特点，也有着不同的观察要点。

1. 亲子交往

亲子交往是指主要抚养人与婴幼儿的交往，包括主要抚养人的教养方式、与婴幼儿的交流。

2. 师幼交往

师幼交往是指教师与幼儿的交往，包括教师与幼儿之间的交流、互动，情感沟通，以及教师的引导等。

3. 同伴交往

同伴交往是指幼儿与同龄幼儿或年龄相近幼儿的交往，包括共同游戏、相互学习等。

（三）划分幼儿在社会交往中的类型

幼儿在社会交往中有受欢迎型、受排斥型、受忽略型和一般型等四种类型，每一类幼儿都有不同的表现。

1. 受欢迎型

这些幼儿的人际关系很好，人缘不错，常常表现出友好、积极的交往行为，班级里有好多幼儿说这些孩子是他们最好的朋友，或者最愿意和这些孩子玩，很少有孩子说不愿意和他们玩，或者讨厌他们，这些孩子是“受欢迎儿童”。

2. 受排斥型

这些幼儿在班级里的人际关系很差，在交往中常常采用不友好的交往方式，例如强行加入其他小朋友的游戏中、抢玩具、推打同伴等。他们攻击性行为较多，亲社会行为较少，同伴不乐意跟他们在一起游戏、交往，这些幼儿就是“受排斥儿童”，也称“被拒绝儿童”。

3. 受忽略型

这些幼儿的名字很少被大家提到，他们既不受欢迎，也不受排斥，为大多数同伴所忽视和冷落，是“受忽略儿童”。被忽视的孩子在同伴交往中的行为是笨拙的，由于害羞，很少见到他们表现自己或表现出攻击性行为，导致同伴对他们视而不见。

4. 一般型

这一类型的幼儿在上述各方面均处于中等水平，体质、力气一般，性格、情绪和行为没有特别突出的具体表现。

三、3～6岁幼儿社会交往行为的解释分析

幼儿社会交往行为的发展作为幼儿社会化进程的一个组成部分，就如同幼儿个体的社会化一样，是贯穿于幼儿成长始终的。影响幼儿社会交往行为的因素主要包括幼儿自身的内部因素和外部环境因素。

（一）幼儿自身的内部因素对其社会交往行为的影响

从幼儿自身的角度来看，其社会交往行为的发展主要受到认知能力、自控能力、性格特点等方面的影响。

1. 认知能力

3～6岁幼儿的社会认知能力处于以自我为中心的阶段，还不能意识到自身以外别人的观点，并且还没有形成对他人外部特征完整且确切的认知。不过，这一时期幼儿的移情能力还是有初步发展的，具体表现为幼儿开始安慰别人，并且帮助他人的行为也随着年龄的增长逐渐增多。

2. 自控能力

幼儿的自我控制主要包括对动作和运动的控制、对认知活动的控制以及对情绪情感的控制。从有关的研究可以看出，学龄前幼儿的自我控制能力还是比较弱的，但3～5岁幼儿的自我控制能力会随着其年龄的增长而逐渐增强，4岁左右时这一方面的表现最为

明显。

3. 性格特点

在人际交往中，幼儿的性格有着至关重要的作用。不良的人格特征，如自私自利、不尊重人、嫉妒、猜疑、自卑、骄傲、孤独、固执等，容易给人以不良评价、不愉快的感受乃至一种危险感，因而会影响幼儿的人际交往。

（二）幼儿成长的外部环境因素对其社会交往行为的影响

从外部环境来看，家庭环境、幼儿园环境、社会环境等也会在一定程度上影响幼儿社会行为的发展。

1. 家庭环境

家庭中父母的言行、教养方式以及对幼儿社会交往的态度、要求和行为，还有家庭的情感氛围等，都对幼儿有着直接的影响。比如在言行和教养态度方面，良好的家庭人际关系有利于幼儿的亲子交往、同伴交往等，缺乏积极健康氛围的家庭环境则会对幼儿的亲子交往、同伴交往等产生不利影响。比如，父母本身对某件事情前后态度不一致，或是父母双方对幼儿某一行为态度不一致，这些言行上的不一致都会使幼儿对社会行为产生矛盾的心理认识。

案例

小睿上幼儿园有一个月了，可是他觉得在幼儿园不快乐，几乎每天都是哭着去的。他经常说："幼儿园不好玩，没人跟我玩。"最近，他的这种表现尤为厉害，每天早上都想在家多赖一会儿。妈妈告诉他必须去幼儿园，他知道留在家里是不可能的了，只好跟着去了。一路上他不停地哭，一会儿说不舒服，一会儿说要买东西，一会儿又说让爸爸妈妈早点接他回家。

每天早晨送他去幼儿园已经成为爸爸妈妈最头痛的事。小睿从小由爸爸妈妈和保姆照顾，从不和陌生人玩，甚至不和邻居小朋友玩。小睿说在幼儿园没有好朋友，没人跟他玩。老师也经常告诉小睿的父母，说小睿不怎么跟别人玩，经常自己一个人躲在角落里看其他小朋友玩耍。为此，小睿的父母很是苦恼。

案例评析：对于刚刚入园的小朋友来说，分离焦虑是很正常的现象，小睿受其成长环境的限制，没有充分体验过与同伴一起玩耍和游戏的快乐。幼儿教师和家长可以有意识地安排小睿与同伴一起游戏，帮助小睿找到朋友，使他感受到与同龄人一起游戏的快乐，从而尽快地融入幼儿园这个集体中。

2. 幼儿园环境

幼儿园是幼儿生活成长的主要场所，其对幼儿社会交往行为的影响主要来自幼儿教师以及同伴。在幼儿园，幼儿教师的言行对幼儿有着直接的影响，幼儿对幼儿教师有着很强的依赖性，幼儿教师对幼儿也有着榜样示范作用，因此教师言行的一致性，以及教师对幼儿社会行为的反应态度、处理方式等，对幼儿社会交往行为的发展有着很重要的意义。

3. 社会环境

从社会环境的角度来看，对幼儿影响最大的还是大众传播媒介，它是社会传递文化和渗透道德价值观的主要途径。电影、电视、报纸、杂志、互联网各种平台等，都是幼儿获取外界信息的渠道。大众传播媒介对幼儿社会交往行为的影响主要来自其所传播的信息的性质。积极、健康的信息有利于幼儿社会交往行为的健康发展，能让幼儿学会礼让行人、尊敬老人等，而带有暴力内容的信息则会助长幼儿的攻击性行为，幼儿可能会模仿学习打架、不文明用语等。因此，社会环境对幼儿社会交往行为的性质和具体形式具有重要的影响。

四、3～6 岁幼儿社会交往行为的指导策略

（一）重视一日生活中的社会教育

在幼儿一日生活活动中，要注重每一个生活环节中幼儿的社会交往行为，并进行相应的社会教育。如早晨入园时，可引导幼儿向老师问好，和爸爸妈妈说再见，培养幼儿讲礼貌的行为习惯；在盥洗环节，可引导幼儿节约用水，养成遵守秩序的行为习惯；在进餐环节，可教育幼儿爱惜粮食、文明进餐等。教师应抓住这些机会，将社会交往行为的教育与指导渗透在一日生活活动中。

（二）重视游戏及区角活动中的社会教育

游戏是幼儿最喜爱的活动，通过游戏可以有效地促进幼儿社会性的发展。例如在角色游戏中，通过扮演各种各样的社会角色，幼儿可以了解各行各业人们的行为规范，以及人与人之间的关系；在建构游戏中，幼儿可以学习与他人沟通与合作；在户外体育游戏中，可以培养幼儿的集体意识、规则意识和增强幼儿的自信心等。

（三）重视幼儿参与社会教育活动的积极性

幼儿社会交往行为的指导，也需重视幼儿社会教育活动的参与。幼儿园社会教育活动应紧密结合幼儿的生活实际选择活动的内容、确定活动的主题，教师应根据社会教育的目标、内容，灵活地导入活动，以激发幼儿参与活动的积极性与兴趣。

同时，调动幼儿的生活经验和兴趣，以多种形式促使幼儿积极参与活动。在活动组织过程中，教师要尊重幼儿的想法和喜好，及时调整活动目标及活动环节，既要实现教育目标，又要尊重幼儿的兴趣和愿望。在活动组织指导的全过程中，教师应注重引起幼儿的情

感共鸣，激发幼儿积极向上的社会交往情感，营造健康、有序的社会交往氛围。

（四）重视环境在幼儿社会交往中潜移默化的作用

幼儿的社会生活环境对于幼儿社会性的发展具有潜移默化的作用。教师应该充分利用幼儿园的环境影响幼儿、感染幼儿，创设与幼儿年龄特点和心理需要相匹配的物质环境和心理环境。幼儿园的物质环境应该是集艺术性与教育性于一体的，让幼儿在充满童趣、美感和教育意义的环境中健康成长。同时，要让幼儿有自己选择、参与环境设计的机会，有效地促进幼儿社会性的发展。在精神环境方面，幼儿园应建立宽松、友好、健康向上的氛围，促进良好、和谐、平等的师幼关系的建立，让幼儿在积极的、不断得到鼓励和关心的环境中进行有效的师幼互动。

此外，家庭环境的作用也很重要，家长和老师都要为幼儿提供社会学习的榜样，让幼儿在模仿和观察学习中获得正确的道德知识和社会交往行为模式；尽可能多地为幼儿提供与同伴交往的机会，提供了解周围环境、在环境中了解社会及其关系的机会。

同步练习

1. 简述3～6岁幼儿社会交往行为的观察要点。

2. 在对3～4岁、4～5岁、5～6岁幼儿关心尊重他人的社会交往行为的观察中，观察要点有什么不同？

3. 影响3～6岁幼儿社会交往行为的因素有哪些？请举例说明。

4. 如何判断幼儿的社会交往类型？

情景任务探索

幼儿和客人交往能力观察

知识拓展

马斯洛需要层次理论对儿童人际交往教育的启示

主题2　3～6岁幼儿亲子活动的观察与指导

亲子交往主要是子女与父母间的人际交往活动。托幼机构中的亲子活动，一般是指由托幼机构组织的，邀请幼儿家长及其子女来到托幼机构或其他指定场所，通过亲子共同活动和指导，让幼儿与父母之间产生积极的、良性的互动，增进彼此了解，加深亲子感情又使幼儿接受家庭教育指导的一种集体性指导活动。

在托幼机构组织的亲子交往活动中，幼儿园教师可以运用角色扮演法、移情训练法、讲解法、参观法、实践练习法等开展家园合作式亲子活动，如家长开放日、郊游活动、参观活动、家长读书联谊活动等。

一、3～6岁幼儿亲子活动的观察要点

（一）亲子活动的准备

亲子活动准备的观察要点包括四个方面：第一，亲子活动方案是否完整，比如活动方案有没有具体的活动时间、活动地点、活动内容等。第二，亲子活动的前期沟通是否细致，比如亲子活动有没有通知到每位幼儿的家长、家长是否了解亲子活动的具体内容、家

长对活动前期需要的物资准备等是否了解等。第三，亲子活动的环境是否安全，比如室内外的环境是否安全、室内外的活动空间是否宽敞等。第四，亲子活动的材料是否充足，比如家长和幼儿是否都有足够的进行互动的材料等。

（二）亲子活动的内容

对亲子活动内容的观察包括以下三个方面：第一，观察亲子活动的内容是否符合幼儿的年龄特点，比如幼儿是否能够参与到亲子活动中。第二，观察亲子活动的内容是否考虑到家长的参与度，比如活动内容的制定是否和家长沟通过、家长能否参与到亲子活动中去、家长能否完成亲子活动的内容等。第三，观察亲子活动的内容是否适宜以亲子共同参与的方式开展，比如家长和幼儿是否可以同时进行活动等。

（三）亲子活动中幼儿的表现

亲子活动中幼儿表现的观察要点包括三个方面：第一，幼儿是否积极参与亲子活动，比如幼儿是否对亲子活动感兴趣等。第二，幼儿是否主动与材料、成人互动，比如幼儿是否愿意与家长进行亲子互动、幼儿是否愿意参与到活动中去等。第三，幼儿是否遵守亲子活动常规，比如幼儿是否遵守游戏中的规则等。3～6 岁幼儿亲子交往培养目标见表 8－2。

表 8－2　3～6 岁幼儿亲子交往培养目标

	3～4 岁	4～5 岁	5～6 岁
亲子交往	刚刚走出家庭，没有完全摆脱对家庭的依恋，愿意与父母等年长者一起参与活动	愿意与父母等长辈交流谈话，有事情就告诉长辈	充满好奇心，每天都有问不完的问题，愿意与他人分享快乐

（四）亲子活动中家长的表现

亲子活动中家长表现的观察要点包括以下四个方面：第一，家长是否愿意积极地参与活动，比如家长对待亲子活动的态度是否积极等。第二，家长是否与幼儿保持平等的亲子关系，比如活动中家长是否与幼儿处于平等的地位等。第三，家长能否运用语言提示、态度支持等多种形式给予幼儿适宜的引导，比如在活动中家长是否能用言语鼓励引导幼儿进行亲子活动等。第四，家长是否尊重幼儿的想法，比如家长是否支持、鼓励幼儿大胆表现与表达。

二、3～6 岁幼儿亲子活动的解释分析

案例评析：亲子活动的解释分析

由于幼儿身心发育不成熟，认知发展不完善，而模仿能力又极强，所以家长的教养方式、人格特征、经济收入、职业特点都会影响其与幼儿人际交

往的质量。因此，在亲子活动的选择上，需要考虑以下几个因素。

（一）家长的角色

在亲子活动中，家长的参与意识、参与方式、参与程度直接影响着活动的效果，决定着亲子活动是否可以持续、有效地开展下去。但在实际中，有些家长并不了解托幼机构为什么要开展亲子活动，没有树立正确的亲子活动观，不能正确认识家长参与托幼机构亲子活动的重要性。例如有些家长即使参与了亲子活动，也不知道自己该做些什么，在活动中该扮演什么样的角色，并未对整个活动起到积极的促进作用。因此在亲子活动中，教师需要引导家长明确自己的角色，如活动的支持者、游戏的参与者、活动的协助者等。

案例

小红所在的幼儿园又要开亲子运动会了，知道这件事的时候，本该很高兴的小红却默默地低下了头，丝毫没有快乐的感觉。放学后，奶奶来接小红，老师把要开亲子运动会的事告诉了奶奶，同时也把小红的不开心告诉了奶奶。路上奶奶每次提到运动会的时候，小红就避而不答，在奶奶的一再追问下，小红居然“哇”的一声大哭了起来，哭着说：“我不想和爷爷奶奶参加亲子运动会，我要和爸爸妈妈参加……”奶奶这才明白小红为什么不高兴。小红的爸爸妈妈工作非常忙，从未参加过幼儿园组织的任何活动，为了让孙女高兴，每次都是爷爷奶奶去参加的，每次看到小红也挺高兴的，爷爷奶奶就没有当回事，没想到，这次小红的情绪却爆发了。

案例评析： 案例中幼儿的情绪变化，说明幼儿已经压抑很久了，家长忙于工作而没有时间参加幼儿园组织的亲子运动会，没有意识到自己承担家长角色的重要性，对幼儿的心理打击是很大的，不利于幼儿与父母间的正常交流和沟通，更不利于幼儿身心的健康成长。

（二）亲子交往的类型

亲子交往通常可划分为三种类型：放任型、专制型和民主型。不同的交往类型对幼儿的影响是截然不同的。研究表明，民主型的亲子交往最有益于幼儿个性的良好发展。

1. 放任型

父母在与幼儿的人际交往过程中表现出两个极端，或是百依百顺、宠爱骄纵、关怀过度，或是消极否定、漠不关心、缺乏必要的交流、放任其自由发展。有的父母在与幼儿的交际中固守刻板印象，对幼儿否定过多，只能看到其错误和缺点，不能进行正确客观的评价。在这种人际交往环境中成长的幼儿，往往独立性较差、蛮横胡闹、自私自利、没有礼貌等，在未来的人际交往中缺乏自信、胆小懦弱、意志薄弱、害怕承担责任。

2. 专制型

父母在与幼儿的人际交往过程中限制性极强，会提出许多规则并严格要求幼儿遵守。如果幼儿没有遵守，父母就会采用惩罚和强制性的策略迫使幼儿顺从遵守，而不是解释这些规则存在的必要性。在这种人际交往环境中成长的幼儿缺乏想象力和创造力，墨守成规，做事没有积极性和主动性，有的幼儿甚至会发展成以自我为中心，胆大妄为，在父母面前和背后言行不一。

3. 民主型

父母在与幼儿的人际交往中表现出慈祥、诚恳、支持、尊重的态度，善于与幼儿进行交流，支持幼儿的兴趣爱好和正当要求。对幼儿的行为有一定的控制，提出明确而合理的要求，将控制、引导性的训练与积极鼓励幼儿的自主性和独立性相结合。这是融洽和谐的人际交往环境，生活在其中的幼儿独立性、自主性和自我控制能力都会有较好的发展。

（三）亲子活动的具体内容

亲子活动的主体是家长和幼儿。在亲子活动中，家长既是活动的承载者，又是活动的传递者。因此，适宜、科学的亲子活动内容是实现亲子活动目标的重要前提。亲子活动的内容选择是否恰当，会影响到家长和幼儿参与活动的兴趣。适宜、科学的亲子活动内容，在帮助家长转变教养态度、促进家园合作等方面都有重要的作用。同时，积极的活动内容能促进家长与幼儿人际交往过程中的互动和语言表达，能够使家长民主地关注和尊重幼儿的需求。相反，如果活动内容不适宜且无法激发幼儿参与的兴趣，家长在与幼儿交际的过程中就会态度消极，给予幼儿的提问、解释、建议的言语较少，更多会采用控制的手段，忽视幼儿在成长过程中的交际需求。因此，教师在选择亲子活动的内容时，需要在幼儿已有经验、兴趣的基础上，综合考虑活动空间、材料、时间、家长兴趣等多方面的因素。

三、3～6岁幼儿亲子活动的指导策略

（一）调动幼儿参与亲子活动的积极性和主动性

幼儿教师要注重亲子活动的趣味性，充分激发幼儿参与亲子活动的积极性和主动性，使幼儿与家长在亲子活动中达到愉快沟通与交往的状态，以达到亲子活动的教育目的。

（二）注重亲子活动的安全性

幼儿园教师、幼儿及家长在相关活动场所里进行亲子活动时，始终要坚持安全性原则，活动前确保安全防护措施到位。例如大班幼儿和家长参观某博物馆，活动前各个班级

做好外出参观的安全宣传工作，在乘车往返前，强调交通安全规则等，把幼儿的安全工作贯穿到整个活动始终。幼儿园教师要认真履行安全管理的岗位职责，始终坚持安全性原则，防患于未然。

（三）重视亲子活动的适度性和有效互动性

一方面，要把握好亲子活动的适度性，在幼儿园亲子活动的内容选择上要综合考虑幼儿的身心发展规律、年龄特点、认知发展水平、身体协调性等因素。该阶段幼儿身体持久性和注意力集中性短暂，活动持续时间不能太长，可以分段进行活动。活动形式可以多种多样，既可以进行集体活动，也可以小组活动或个人活动，做到活动的动静交替进行。

另一方面，把握亲子活动的有效互动性，应充分调动家长与幼儿参与的积极性和主动性。组织者既要关注家长与幼儿之间的互动，也要关注组织者与家长之间的互动。亲子活动的组织者可以利用恰当时机引导家长在活动中分享育儿方法，鼓励家长之间相互交流成功的教育经验和在育儿方面遇到的问题。只有充分运用宝贵的教育资源，亲子活动才能有效地达到预期的目的。

同步练习

1. 简述 3 ～ 6 岁幼儿亲子活动的观察要点。

____

____

____

2. 选择亲子活动时应考虑哪些因素？

____

____

____

3. 家长在亲子活动中应扮演什么角色？

____

____

____

4. 如何判断亲子交往的类型？

____

____

____

情景任务探索

幼儿亲子关系谈话方案

知识拓展

陈鹤琴：怎样做父母

主题 3　3～6 岁幼儿师幼互动活动的观察与指导

幼儿在成长过程中逐渐会接触父母以外的人，进入托幼机构后，教师在幼儿的人际交往中开始扮演重要的角色，标志着幼儿开始正式离开父母的怀抱，与不同龄的成人进行交际。师幼互动标志着幼儿社会性的发展迈出了重大一步，在其人际交往中出现了一种全新的关系，他们开始独立处理这种人际交往关系。

师幼互动是指教师和幼儿之间发生的各种形式、各种性质和各种程度的相互作用和影响，是一种特殊的人际互动，其互动主体是教师和幼儿。《幼儿园教育指导纲要（试行）》中强调教师要“以关怀、接纳、尊重的态度与幼儿交往。耐心倾听，努力理解幼儿的想法与感受，支持、鼓励他们大胆探索与表达”“关注幼儿在活动中的表现和反应，敏感地察觉他们的需要，及时以适当的方式应答，形成合作探究式的师生互动”等。因此，师幼互动作为一种特殊的社会交往形式，其质量直接影响着幼儿的发展以及托幼机构保教质量的高低。

一、3～6 岁幼儿师幼互动活动的观察要点

师幼互动是幼儿园教师与幼儿双方互动、相互期望、交流思想观念、沟通情感等的综

合性反映。它作为幼儿园各个教育领域的基本表现形式，贯穿于幼儿一日生活之中，对幼儿的全面健康发展起着非常重要的作用。

（一）师幼的互动关系

民主、平等的新型师幼互动关系是双向的、互动的、良性的生态型师幼关系，它既要重视教师在幼儿园教育活动中的主导作用，更要重视幼儿个体的主动学习和探究精神，要把两者紧密地结合起来，这就是以幼儿为主体的师幼互动观。在师幼互动的教育环节中，幼儿教师要注意两个主要特性：教师的主导性和幼儿的主体性。同时还需要具备几个不可或缺的要素：第一是主体性要素，包括阳光型幼儿教师和健康的幼儿。第二是情感性要素，教师要细心、耐心、精心，幼儿能够充分释放个人天性。第三是师幼互动的平台。教师和幼儿之间良好的、积极的情感沟通和交流，是促进师幼良性互动的基石。幼儿自控力不强，有意识性行为少，并且受情绪情感影响严重，因此在师幼互动中特别强调双方情感支持和交流的作用。师幼之间积极的情感互动可以让幼儿养成自尊、自爱、不怕困难、乐于探索的良好品质，也是积极、有效师生互动的重要因素。

（二）师幼互动中幼儿的表现

幼儿教师要注意观察幼儿在师幼互动中的行为方式和情绪反应等。如果幼儿与教师形成的是亲密而不是冲突性的关系，他们就能够更好地适应幼儿园生活。在和谐的师幼关系中，通过师幼间的积极交往，幼儿能够拓展社会认知，学习一定的社会行为规范和价值标准；在教师的示范指导下和对教师的观察模仿中，幼儿能学会分享、合作、同情、谦让等亲社会行为，并发展积极的社会性情感。

那些感受到幼儿园教师支持和温暖的幼儿更可能具有强烈的学习动机，对自己的能力表现得更自信。3～6 岁幼儿师幼互动培养目标如表 8－3 所示。

表 8－3　3～6 岁幼儿师幼互动培养目标

	3～4 岁	4～5 岁	5～6 岁
师幼互动	愿意与老师一起参与活动	愿意与老师交流，有事情就告诉老师	有问题愿意向老师请教，愿意与他人分享快乐

（三）师幼互动的环境背景

要观察和分析师幼互动的具体表现，就要明确这一社会交往行为发生的原因和情境。在环境层面需要考虑以下两个方面的因素：

第一，物质环境因素：周围的设施设备是怎样的；这些设施设备是怎样影响幼儿行为的；周围的环境中是否存在危险因素。

第二，精神环境因素：幼儿附近是否有重要人物（包括对幼儿重要的成人、幼儿的朋友或不喜欢的人、幼儿在意的来访者）；这些重要人物在做什么；幼儿的行为是否是在教师的鼓励下进行的；幼儿这样做是否是出于模仿其他幼儿；幼儿是否是出于自身交往的需要而向教师发起交往的；幼儿做出某种行为之前是否遭受到了某些挫折。

二、3～6岁幼儿师幼互动活动的解释分析

（一）教师因素

案例评析：师幼互动的解释分析

师幼关系是幼儿园教师和幼儿在教育教学过程中形成的比较稳定的人际关系，与亲子关系、同伴关系等幼儿的其他人际关系相比较，师幼关系的特殊之处在于它蕴含着教育的因素，是一种特殊的教育关系。在幼儿园这个环境里，教师是对幼儿影响最大的人，教师与幼儿的交往贯穿于幼儿一日活动的各个环节。由于教师角色的权威性，及教师在幼儿心目中的特殊地位，其自觉或不自觉流露出来的对幼儿的情感、期望与评价，直接影响着幼儿的自我认识和社会行为。教师的态度、言行对幼儿具有潜在的、榜样作用和示范性影响。

因此，在幼儿一日活动中，教师必须对自身角色定位进行调整，不是管理者、指挥者、机械的灌输者或传授者，而是良好师幼互动环境的创造者，交往机会的提供者，积极师幼互动的组织者，幼儿发展的支持者、帮助者、指导者、合作者。教师对幼儿表现出友好、关心、接纳等积极的情感态度，有利于促进幼儿的社会性发展。爱护幼儿的自尊心，尊重他们的人格，与他们建立一种和睦融洽、尊重平等的师幼关系，有利于促进幼儿良好个性的形成和主动性、创造性的发挥。

案例

在小班美术活动中，蒋老师一边讲解怎样填涂“树叶宝宝”，一边示范涂画。老师把自己涂好的“树叶宝宝”拿在手里，展示给小朋友们看，然后再用磁力扣扣在白板上，让小朋友们按照老师画的样子进行填涂。老师在教室里来回走动，巡视幼儿的绘画情况，若有幼儿询问，便进行指导。当老师走到轩轩身边时，发现轩轩画了一幅紫色的树叶画，看到这里，老师立即皱起了眉头，说：“轩轩，你是不是没注意听讲？难道你不知道树叶是什么颜色的吗？你看到有哪一片树叶是紫色的吗？重新画。”轩轩眼睛里含着眼泪，一句话也没说，赶紧低下头，趴在桌子上重新涂了起来。

案例评析：在案例中，师幼交往过程中教师受传统教育观念与方式影响较深，多以指导者角色自居，过分重视模仿、范例的作用而忽视幼儿独特的自我表现，过分强调活动的规范和纪律而忽视了幼儿的主体表现和情感心理需要。幼儿的主动行为很少得到教师的支

持和鼓励，更多的是拒绝和指责。如果长期处在这样压抑、淡漠的师生关系中，幼儿很难有自尊、自信、自主的表现。

（二）幼儿因素

相对于亲子关系和同伴关系，师幼关系对幼儿的学习和幼儿园适应性影响最为突出。幼儿开心快乐、精神饱满、思维活跃，是提高参与活动的积极性和形成和谐的师幼关系的重要因素，也是高质量教学活动的基础和前提。幼儿精神沮丧、情绪低落、参与活动积极性和主动性降低或者丧失，则易形成传统型师幼关系，这会使幼儿产生否定自我的内心感受与体验，更不利于幼儿终身学习活动的正常开展。

幼儿的性格和能力会影响师幼关系，同时还会影响教育教学活动的进程与效果，也对幼儿在自我意识、社会情绪情感、社会行为、社会道德等方面的发展具有重大影响。

（三）环境因素

物质环境也会影响师幼互动的质量。班级规模越小，师生间就越可能形成安全依赖关系。当班级规模较大时，教师无形中会以组织集体活动或小组活动为主，影响师幼互动发生的频率。另外，师幼比例、幼儿园教育环境等也会对师幼互动产生影响。

在精神环境方面，根据幼儿园教师秉承的教育观念的不同，师幼关系可以分为传统型师幼关系和和谐型师幼关系。传统型师幼关系是指幼儿园教师依然秉承传统教育理念，以教师为教育主体，用填鸭式教育教学方式进行教育活动，忽视幼儿学习和活动的主体性地位，不能把自己融入幼儿集体中去，缺少民主教育活动气氛，由此形成比较独断的教育人际关系。和谐型师幼关系是指在幼儿园的教育活动中教师和幼儿相处融洽，教师遵循幼儿的身心发展特点，以幼儿身心全面健康发展为目标，科学合理地设置活动内容，在浓郁的民主氛围中实施教育活动，由此形成良好的教育人际关系。良好的师幼关系有利于幼儿身心的健康发展，更有利于幼儿健全人格的形成，能起到幼儿其他人际关系无法取代的特殊作用。所以，和谐的师幼关系给幼儿提供的是支持、帮助和安全感，而不和谐的师幼关系给幼儿提供的却是压力、冲突和紧张感。

三、3～6岁幼儿师幼互动活动的指导策略

（一）尊重幼儿，建立民主、平等的师幼关系

教师要尊重幼儿，信任、热爱幼儿，在和幼儿的平等对话与交流中以智慧、情感启迪幼儿。理解幼儿的想象，使师幼双方处于积极的互动状态，营造自由宽松的氛围。《幼儿园教育指导纲要（试行）》中提出教师要善于发现幼儿感兴趣的事物、游戏和偶发事件中所隐含的教育价值，把握时机，积极引导。教师的语言、提供的材料要能给幼儿以启发，

还要给予幼儿充足的时间和空间进行思考、发现、创作。对于幼儿的观察、想象不做过多干预，让幼儿在感到身心愉悦的同时，与教师建立起相互信任的关系，使幼儿形成良好的自我意识，进而使他们富有创造的勇气和热情。

（二）根据幼儿认知发展水平，采取合适的互动策略

正确的认识该阶段幼儿的具体身心发展水平，是保证有效师幼互动的前提。教师要充分考虑到幼儿的认知发展水平和实际生活经验，理解和预想到幼儿可能出现的行为，注重幼儿的个体差异，设计适合的互动问题，以开放性提问为主，引发幼儿更多的思考和回应。

此外，在活动组织的过程中，教师应关注幼儿的反应，从幼儿的回答中了解其实际发展水平，灵活调整教育策略。当教育活动中出现了幼儿更感兴趣且更有价值的关注点时，教师应予以鼓励，并调整互动策略。

（三）转变教师角色意识，树立正确的教育理念

教师的角色定位直接影响着师幼互动的质量。在活动中，教师应留意观察每个幼儿个兴趣、操作情况、自主性及交往能力，选择恰当的机会参与幼儿的活动，与幼儿共同探索、发现、解决问题，做幼儿的支持者和引导者。

教师应在活动中关注幼儿，以幼儿为中心，敏感地察觉他们的需要和反应，及时把握机会和幼儿积极互动，这样不仅能满足幼儿的兴趣和需要，同时也能提高教师根据实际情况及时调整教学活动的水平和能力。

同步练习

1. 简述 3～6 岁幼儿师幼互动活动的观察要点。

2. 有效的师幼互动应考虑哪些因素？

3. 影响 3～6 岁幼儿师幼互动的环境因素具体有哪些？

情景任务探索

师幼交往能力观察

知识拓展

师幼互动中的“三少”和“四多”

主题 4　3～6 岁幼儿同伴交往活动的观察与指导

同伴关系的发展是幼儿社会化过程中的一个重要组成部分，是年龄相仿的幼儿在共同活动中建立的一种平等、互助式的人际关系。同伴交往活动是幼儿运用语言符号系统或非语言符号系统与同伴相互交流信息、沟通情感的活动。同伴交往也是幼儿的基本需要，幼儿在自我成长的过程中与年龄相仿、社会地位和心理发展水平相当者交往，有利于分享经验、传递信息、沟通情感，更有利于在交流中相互启迪、建构知识，发展语言表达能力、思维能力和人际交往能力等。

一、3～6 岁幼儿同伴交往活动的观察要点

（一）同伴交往的发展水平

同伴之间的交往与幼儿和父母、教师等成人之间的交往相比具有特殊的意义，需要具体观察不同年龄阶段幼儿同伴交往的发展水平。幼儿在与同伴之间自由平等的交往中，能够获得分享经验、互相学习和模仿的机会，在游戏中发展思维，提高解决问题的能力，有助于自我意识的形成。在交流的过程中幼儿运用自己已有的社交技能和策略，并根据同伴的反应做出调整，有助于提高社交能力。同伴间的人际关系通常是在游戏情景中产生的，

其人际交往在不同的年龄段表现出不同的特点。

3岁左右的幼儿，其与同伴之间的人际关系处于混沌期，交际的主要特点是随机性和情景性。这一阶段的幼儿还不能够与其他同伴建立稳定的人际关系，往往会随着情景而发生变化。在他们已有的简单人际关系中，对交往的同伴的态度和判断标准多为“喜欢”“他给我玩玩具”等，发生冲突的原因也非常简单，例如“他推我”“他不和我分享玩具”等。这种冲突持续的时间比较短暂，主要是因为此时的幼儿缺乏人际交往的经验和技巧。值得一提的是，此阶段的幼儿还没有合作和分享的精神，同伴交往以独自游戏、各自玩各自的玩具为主要形式。

4岁左右的幼儿，其与同伴之间的人际关系处于分化期，交际的主要特点是探索性和冲突性。这个阶段的幼儿能够在探索中主动与同伴建立稳定的人际关系，但对人际关系的处理和对同伴的态度已经有明显的喜恶，人际交往的冲突已经由“以物为中心”转变为“以人为中心”。他们在活动中有想要加入其他同伴游戏中的人际交往需求，并学会了提出请求的交际策略。

5岁以后的幼儿，其与同伴之间的人际关系处于形成期，交际的主要特点是群体性和稳定性。这个阶段的幼儿在人际交往对象上已经具有稳定的同伴，他们主要在自发形成的小群体中进行交往。人际交往中出现了群体概念，喜欢同伴的理由出现了“我们是一个小组的”“我们是一起的”，冲突多发生在群体间，一般是缺乏合作交际技巧导致的。在游戏中，幼儿开始以群体为单位进行游戏，为了共同的目标，遵守共同的规则，每个成员有不同的分工，要通过相互协作、关心和帮助，共同完成游戏。这个阶段的幼儿开始意识到为了更好地在群体中生存，需要在人际交往的策略上改变自己的一些行为。

（二）同伴关系

同伴关系是幼儿在幼儿园学习生活中不可或缺的一种人际关系，友好融洽的同伴关系在幼儿的发展和社会适应中起着十分重要的作用：一是有助于幼儿社会交往技能的获得；二是有助于幼儿安全感和归属感的形成；三是有助于幼儿自我概念的发展。

案例评析：同伴关系

幼儿的同伴关系是通过相互作用的过程表现出来的，这是一个从简单到复杂、从不熟悉到熟悉、从低级到高级的过程。

在同伴交往中，幼儿需要得到同伴的接纳和认可。这不仅对幼儿的身心发展具有十分重要的意义，也能有效缓解幼儿因为身处新环境而产生的分离焦虑感。具体可以参考表8-4所示的3～6岁幼儿同伴交往培养目标，来进一步明确幼儿同伴关系的发展水平。

表 8－4　3～6 岁幼儿同伴交往培养目标

	3～4 岁	4～5 岁	5～6 岁
同伴交往	能够友好地提出加入同伴游戏的请求；在家长和老师的指导下，能够和平玩耍；与同伴发生冲突时，能够听从他人规劝	能够使用自己认为合理的方式参加同伴游戏，如主动自我介绍、交换玩具等；学会与同伴分享；在他人帮助下能够和平解决个人冲突；有与其他小朋友合作的意识，能够和平共处	有主动参与游戏的想法；能够与他人合作解决困难，协商解决争端；能够听取不同意见，有自己的看法；不允许别人欺负自己

（三）同伴交往中的具体行为

幼儿在同伴交往过程中会出现一些问题行为，如不及时发现、及时纠正，就会影响到幼儿未来的同伴关系的处理，不利于幼儿身心健康成长，家长和教师需要认真观察幼儿的同伴交往行为并及时引导、干预。

1. 攻击性行为

几乎每个孩子在成长过程中都会出现不同程度的打人、踢人、咬人等攻击性行为，这些行为主要出现在当自己的需求得不到满足或是受到限制的时候。例如，想要出去玩耍不被允许、自己的食物或玩具没有经过允许被拿走、听到他人嘲笑自己的时候。

2. 破坏性行为

破坏性行为是指幼儿故意破坏物品，并以此为乐趣的行为。幼儿的破坏性行为具有迷惑性，家长和教师要了解幼儿这种行为的真正动机。有的幼儿表面上是故意破坏物品，实际上真正的目的是探索未知的世界。例如，幼儿将闹钟拆开，看看它为什么会响，那么这种行为就是一种健康的行为。

3. 退缩性行为

幼儿在人际交往中表现出不喜欢和陌生人交往，不喜欢人多的交际场合，喜欢独处，避生人，这种行为表现一般称为退缩性行为。这样的人际交往方式会导致孩子无法形成必要的人际交往技能和策略，影响幼儿的发展，成人应多加引导，创造条件积极互动，给予幼儿鼓励。

4. 欺骗行为

幼儿的欺骗行为大多表现为偷拿别人的物品或是说谎。造成幼儿欺骗行为的情况主要有两种：一种是幼儿有意识地故意说谎以达到某些目的，另一种是幼儿心理发展特点造成的，对于这两种情况要采用不同的方式和态度加以处理。从幼儿心理发展特点来看，低龄幼儿的记忆不精确，在回忆的时候容易歪曲事实，经常把想象中的事情当成事实加以描述说明，但随着幼儿年龄的增长，记忆思维能力的提高，这种欺骗行为会逐渐消失。家长和教师在处理这种情况的时候，要有一定的容忍度，不要过于严厉地惩处幼儿。家长和教师要多关注幼儿为了达到某种目的而有意识地说谎的行为，有些幼儿甚至会隐瞒事实并嫁祸于人，这种行为如果在幼儿时期不加以管教制止，长大后养成习惯就很难纠正了。

5. 嫉妒行为

嫉妒行为是幼儿嫉妒心理外显的具体表现，是在对别人在品德、能力方面胜过自己而产生不满和怨恨的情绪时表现出的一种消极的行为。这种行为不仅发生在幼儿园中，也发生在具有血缘关系的兄弟姐妹中。例如，母亲拥抱弟弟或妹妹的时候，幼儿表现出拍、打、抓弟弟或妹妹的行为，或是孤立幼儿园中常常受到教师表扬的幼儿。

二、3～6岁幼儿同伴交往活动的解释分析

幼儿同伴交往活动的影响因素，需要从内在因素和外在因素两个方面分析。

（一）内在因素

3岁之前，幼儿的交际心理处于萌芽阶段，在心理上还不构成对对方的情感需要，更多的是对同龄人的好奇心。进入4岁，孩子开始乐于与人交往，很多家长会发现，这个年龄的孩子只要一天不和小伙伴见面玩耍，心情就会受到很大的影响。随着幼儿交际经验的积累和交际手段的提高，他们的朋友圈逐步扩大，结交了不同年龄层的朋友，也懂得了关心和尊重他人。例如，身边的小伙伴生病了，他们会像大人一样叮嘱小伙伴要打针吃药。5岁之后，幼儿已经懂得如何和朋友和谐相处，能够分享自己的体会和经验，也会分享自己的食物和玩具。

1. 幼儿的认知水平

幼儿的认知具有以自我为中心的特点，这个特点不仅限制了幼儿探索外部世界的机会，还深深地影响着其同伴合作和交往的发生发展。当幼儿从以自我为中心的状态中解脱出来，站在他人的角度上去考虑他人的想法、领会他人的情感意图的时候，幼儿就能在同伴交往的过程中为了适应他人的行为和意图去调整自己的行为，从而表现出更多和更高水平的合作行为。

案例

庭庭在幼儿园的建构区里看到了一辆他期盼已久的玩具车。当庭庭第一眼见到这辆车时，就把它抱在了自己的手里，其他小朋友想玩这辆玩具车时，庭庭不让其他小朋友碰。老师说："庭庭，这辆玩具车真好看，可以让我们一起看一看吗？"庭庭好像没听到老师说的话似的，依旧自己玩着玩具车，不让别人靠近。因为这件事情，班上的好几个小男孩都不愿意和庭庭玩了。

案例评析：这种现象在幼儿园是经常发生且普遍存在的，虽然在老师的引导下，大部分幼儿都能从思想深处萌发出分享的意识，但受幼儿自身心理因素等的影响，他们的道德认识水平和道德感还处于较低级的阶段。案例中的庭庭受其年龄和心理发展的局限，站在

自己的立场上考虑问题，很难顾及他人的感受，也就是没有自我概念的意识及你、我、他关系的建立，很难理解和做到真正意义上的分享。

2. 幼儿的情绪情感

不同的情绪情感对同伴交往的发生发展有着不同的影响。例如，活泼开朗、主动积极、自信心高、对他人表现出更多的同情心和爱心的幼儿在与同伴交往时，往往会表现出更多的合作行为；相比之下，性格内向、被动消极、自信心低、依赖性强的幼儿在合作过程中则往往较少地出现与人合作的行为。

3. 幼儿的气质

受欢迎的幼儿在情绪上较平静，情绪反应不剧烈，行为上活动强度适中；不受欢迎的幼儿在情绪上不平稳，情绪反应较激烈，容易冲动，注意力不集中且缺少适应性。

（二）外在因素

1. 家庭教养方式和亲子关系

教养方式一般分为专制、民主、溺爱、放任等不同类型。民主型和放任型幼儿的合作行为更多。专制型教养方式不仅会使幼儿不受同伴欢迎，还会使幼儿出现一定的社会退缩行为。幼儿在与成人的依恋关系中安全感越强，幼儿的攻击倾向越低、合作倾向越高；亲子依恋程度越低，幼儿在同伴交往中越容易出现退缩行为。

2. 教师因素

在一个班集体中，同伴关系极易受到教师对集体中某个幼儿的评价的影响。例如，班级里的幼儿倾向于选择教师眼里的“好孩子”进行社会交往，一个经常受到教师积极评价的幼儿在群体里的接受度会高于其他幼儿等。

3. 环境因素

物质环境影响着幼儿同伴交往的质量，班级空间越小，同伴间产生矛盾的概率越大。班级的游戏材料也会影响同伴交往，材料越充足，幼儿的同伴互动越积极；反之，如果缺乏足够幼儿游戏的材料，同伴间发生争执的概率就会增加。另外，师幼比例也会在一定程度上对同伴互动产生影响。

三、3～6岁幼儿同伴交往活动的指导策略

（一）设置具体的情景，增强幼儿交往能力

教师和父母可以开展一些具体活动吸引幼儿参与到同伴交往活动中。对幼儿而言，交往的最好前提是共同做某项彼此都感兴趣的游戏或者事情。幼儿在幼儿园能够获得很多和同伴交往的机会，教师可以多组织同伴合作与分享的游戏，引导幼儿进行同伴之间的沟通与交往。

此外，父母也可以尝试利用社区资源创设一些活动，观察幼儿与同伴交往时的状态，再有针对性地进行幼儿交往能力的培养。例如，妈妈可以准备一些沙包，邀请左邻右舍的幼儿们一起玩丢沙包的游戏，或者在家中举办小小节日晚会，邀请邻居家的同龄小朋友们一起参加。

（二）培养有效的同伴交往行为

要提高幼儿同伴交往的能力，促进幼儿社会性的发展，就要鼓励幼儿进行同伴交往。例如，鼓励小班幼儿大胆和其他小朋友说话，使幼儿克服自我中心，同时能够激发幼儿与同伴交往的欲望。在早上入园时，鼓励幼儿与老师、同伴大胆打招呼。让幼儿在同伴交往中学会礼貌用语和交往语言，如："我们一起玩，好吗？""可以给我看看吗？"等等，对其同伴交往也有很好的铺垫。

同时，要让幼儿学会合作与分享。在同伴交往中，合作是幼儿与其他人交往的重要因素。通过与同伴的合作游戏，幼儿会为解决问题而主动与同伴协商、配合，共同体验合作带来的成功与喜悦，从而增强同伴之间的合作意识。例如，中大班幼儿的同伴交往主要在游戏的合作中发展，作为教师，要引导幼儿学会合作与分享。

（三）创造良好的同伴交往环境

同伴交往不仅仅是幼儿在不同游戏中的语言交往，其实更多的是幼儿在游戏中和一日生活中的交往。作为教师，需要营造良好的物质环境和精神环境。例如在班级环境的创设中，可以多采用一些暖色调的颜色，创设有序的游戏环境，让幼儿感受到温暖以及在幼儿园生活、游戏的乐趣。

同时，在同伴活动时，要帮助幼儿形成良好的同伴关系，比如在区域游戏中提供游戏的主题和一些需要的材料，然后逐渐地减少活动材料的投放，让幼儿尝试学会与其他幼儿合作和分享。此外，教师还要引导幼儿学会遵从社会交往规则，例如，"玩具可以一起分享""不争抢，学会排队"等，幼儿在与同伴交往过程中逐渐习得的社交规则，能被幼儿逐渐内化成自己的准则，再运用到和同伴的交往中。

同步练习

1. 简述3～6岁幼儿同伴交往活动的观察要点。

2. 在对3～4岁、4～5岁、5～6岁幼儿同伴交往行为的观察中，观察要点有什么不同？

3. 影响 3 ～ 6 岁幼儿同伴交往的因素有哪些？请举例说明。

情景任务探索

幼儿同伴交往能力观察

知识拓展

亲社会行为发生的步骤

学习评价与反思

学习评价表

姓名：________　　　　学号：________

评价项目		评价标准	状态水平描述		
			自我评价	小组评价	教师评价
学习内容评价	社会交往行为	是否理解幼儿社会交往行为观察的意义			
学习内容评价	社会交往行为	是否掌握幼儿社会交往的观察要点			
学习内容评价	社会交往行为	能否对幼儿社会交往进行科学、客观的解释和分析			
学习内容评价	社会交往行为	是否掌握幼儿社会交往行为的指导策略			

续表

评价项目		评价标准	状态水平描述		
			自我评价	小组评价	教师评价
	亲子活动	是否掌握幼儿亲子活动的观察要点			
		能否对幼儿亲子活动进行科学、客观的解释和分析			
		是否掌握幼儿亲子活动的指导策略			
	师幼互动活动	是否掌握幼儿师幼互动活动的观察要点			
		能否对幼儿师幼互动活动进行科学、客观的解释和分析			
		是否掌握幼儿师幼互动生活的指导策略			
	同伴交往活动	是否掌握幼儿同伴交往活动的观察要点			
		能否对幼儿同伴交往活动进行科学、客观的解释和分析			
		是否掌握幼儿同伴交往活动的指导策略			
学习表现评价	学习能力	能否正确运用教材中的观察记录表进行观察记录			
		能否独立设计一份幼儿社会交往行为的观察计划			
		能否结合本模块知识点对幼儿园教育实践进行反思			
		能否主动查阅相关专业书籍进行拓展阅读			
	学习态度	是否认真听讲本模块的知识点			
		是否在课堂上积极参与到小组讨论当中			
		是否认真完成本模块的同步练习			
		对于本模块的困惑是否请教了同学或者老师			
综合评价	自我评价： 小组评价： 教师评价：				

任课教师：________　　　　评价日期：________

模块九　教师行为观察能力的提升

学习目标

思政目标：进一步加深对婴幼儿行为观察的理解，培养教师观察的积极性与主动性，提升婴幼儿行为观察的能力，牢固树立教育质量观。

知识目标：了解教师在观察中容易出现的问题及观察中应把握的要点。

能力目标：掌握不同情境中师幼互动的技巧以及婴幼儿行为的细节。

思维导图

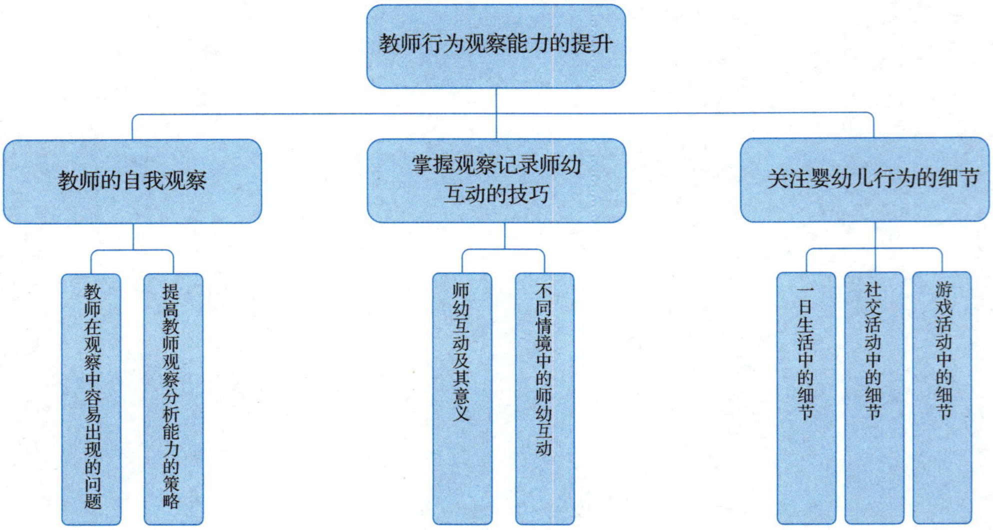

教学导航

婴幼儿行为观察是教师必备的基本技能，但在实际教学中，很多教师经常会有这样的困惑：自己深知观察记录的重要性，也尝试在一日生活活动、游戏活动、教学活动中对婴幼儿行为进行观察记录，并试图从观察中发现教育契机，探寻教育规律，进而指导教育实践，但常常疲于应付琐碎的一日生活，因而无从下手。

通过学习本模块，你将更加客观地了解教师在观察中容易出现的问题并找到相应的解决策略，把握婴幼儿行为观察应该注意的细节，从而规避新手教师在观察中常见的一些误区，为婴幼儿行为观察实践做铺垫。

工作任务与重点

本模块主要阐述了教师的自我观察、不同情境中的师幼互动以及教师在日常生活观察中应该关注的细节，使教师更加客观、全面地了解观察中容易出现的问题，进而寻找解决措施，提升自身综合观察水平。本模块主要从教师的自我观察、师幼互动的技巧以及婴幼儿行为观察的细节等方面进行重点阐述。

案例分享与讨论

在一次婴幼儿行为观察与分析的主题研讨中，李老师提出了这样的困惑：我深知婴幼儿行为观察与分析对教师及婴幼儿而言都具有非常重要的作用，我也想认真地去完成每一次观察记录，但要么找不出专门的时间去观察，忙于婴幼儿琐碎的一日生活，要么观察记录会被小朋友的告状、争吵、打闹等行为打断……更让我苦恼的是，在学期末整理观察资料时我发现，不知不觉中已经积累了许多观察记录表，但再次翻阅时就连自己也是一头雾水，不知所云，几乎找不到有研究价值的资料，观察记录表也成了一堆没有意义的废纸。不知道大家有没有类似的问题呢？你们是怎么解决的呢？针对这些问题，教师们开始热烈地讨论起来。

讨论：

1. 你在婴幼儿行为观察中是否遇到过与李老师类似的困惑呢？举例说说你的困惑。

2. 与同伴分享交流在婴幼儿行为观察中你有哪些好的方法与策略。

主题1 教师的自我观察

一、教师在观察中容易出现的问题

（一）自主观察意识不强，缺乏观察的主动性

婴幼儿行为观察是教师进一步了解婴幼儿，更好地进行教育教学活动的重要前提与基础，已成为教师的基本素养与必备技能之一。在实际工作中，很多教师缺乏自主观察的意识与主动性，未能理解观察的本质与核心，未能将自己视为一名专业的观察者，仅仅将观察等同于普通的“照看”。例如，有教师提到“只要有孩子在幼儿园，我就一定会随时随地看着他们，防止他们因争抢玩具、嬉戏打闹等发生一些安全事故，无论何时何地安全第一”，该教师观察的目的仅仅是维持班级纪律、解决婴幼儿之间的矛盾与纠纷、防止婴幼儿发生意外或安全事故，这就忽视了观察的本质与核心。有教师将观察视为一项工作之余需要被迫完成的负担与任务，较为消极被动。有教师提到“我们每个月有规定数量且必须上交的观察记录表，多是在空闲时间或者月底快要交表时，根据以往观察经验或对婴幼儿的了解随手简单一填，以应付上级检查”。可以看出，很多教师并没有理解婴幼儿行为观察的真正意图，更像是在执行任务，应付检查，更有教师对此感到厌烦与苦恼，长此以往，也便丧失了观察的主动性与积极性。

（二）观察目的不明确，难以抓住重点

观察目的是指观察所要达到的预期目标与方向，没有明确的观察目的，观察就无从下手。一方面，托幼机构一日生活细致、琐碎，从入园、晨检、早餐、睡眠、盥洗、如厕等生活活动，到各种教学活动与游戏活动，再到各个活动之间的过渡环节，可谓紧锣密鼓、环环相扣；另一方面，婴幼儿身心发展尚未完成，处于不断发展变化中，行为表现复杂各异，他们有时处于盲目的、无意义的探索阶段，有时又边做边想，毫无规律可循，可谓“有一百个婴幼儿就会有一百种行为表现”。例如，有教师提到，一天基本上很难抽出时间

进行专门的观察，有时候好不容易有空闲时间了，但观察记录还没有开始，就会被婴幼儿哭闹、告状、争吵等事件打断，因此观察也就不了了之了。的确，一些新教师或经验不足的教师常常疲于应付婴幼儿一日生活，一会儿忙于组织常规活动，一会儿穿梭于区域活动与各种游戏活动中，一会儿又忙于解决婴幼儿的矛盾与冲突，如若没有明确的观察目的，不仅难以筛选有意义的信息、抓住观察的重点，长此以往也容易丧失观察的敏锐性。

（三）观察计划不明晰，缺乏观察的系统性

婴幼儿行为观察作为一种科学的观察方式，区别于日常生活中的随意观看，理应有科学的计划与安排。很多教师在观察中常常有这样的困惑：自己深知观察的重要性，也会在教育教学活动中主动进行观察记录，但却常常是兴之所至，看到什么观察什么，想到什么观察什么，出现什么观察什么，因此具有很大的盲目性与随意性。有教师提到“我也会进行观察，但总感觉没有一个主题，今天观察一点，明天观察一点，最后一学期下来发现并没有观察到什么实质性内容”。究其原因，在于没有明确的观察主题与重点，没有制订切实可行的观察计划，所要观察的目标行为、观察对象、观察地点、观察时间、观察次数、观察记录的方式方法等都不甚明确，因此便会像无头苍蝇一样，忙忙碌碌却一无所获。

我们知道，婴幼儿是一个动态的、连续的、不断变化发展着的独立个体，教师仅凭某一次或某几次的观察很难科学、准确地判定婴幼儿的行为发展。如若没有系统的观察计划，不仅难以观察到婴幼儿系统的、有价值的、有意义的行为，其观察的科学性与专业性也难以保证。

（四）观察方法不恰当，未能快速捕捉有效信息

托幼机构一日生活细致、琐碎，婴幼儿的行为表现更是复杂多样，因此想要在有限的时间内观察到目标行为事件，观察方法就显得格外重要，科学、合理的观察方法会起到事半功倍的效果。通过前面各模块的学习，我们了解了各种不同类型的观察方法，例如日记描述法、轶事记录法、实况详录法、样本描述法、时间取样法、事件取样法、行为检核法以及等级评定量表法等，但不同的观察方法有各自不同的适用条件，也各有优缺点，这就需要教师根据观察行为选用恰当的观察方法。很多教师对婴幼儿行为观察方法的分类、适用范围以及每种方法的优缺点等不甚了解，在选用观察方法时也较为随意、笼统。例如，有教师想要研究 3 ～ 4 岁幼儿的自发性歌唱行为，采用时间取样法，仅仅选取早饭后、午饭后、午点后三个时间段进行观察，待观察结束后，发现收集到的样本数量较少，也未能得出有效的观察结果。究其原因，在于未能选取合适的观察方法。3 ～ 4 岁幼儿自发性歌唱行为发生的时间与持续的时长具有很大的不确定性，因此选用事件取样法，或选用时间取样与事件取样相结合的方法才更为有效。

（五）观察记录不规范，影响观察事件的准确性

观察记录几乎贯穿婴幼儿行为观察的整个过程，是有效保存观察资料的关键，是教师

进一步与观察记录“对话”并进行反思的前提。不少教师在观察记录中存在不会记、记不全、缺乏逻辑性、主观推断、记录不及时等诸多问题；有的教师在记录时事无巨细，将婴幼儿一日生活像流水账一样全部记录下来，让人读后难以抓住观察记录的重点；有的教师观察记录不翔实，内容过于简单，缺少过程性与细节性描述，后期难以对婴幼儿的行为做进一步质性研究；有的教师观察记录不完整，缺少观察时间、观察地点、观察背景等基本信息，再次翻看观察记录时难免会因为观察记录信息不全而产生误解；有的教师观察记录不及时，三天、五天、一周甚至更长时间后，仅凭回忆、想象对观察记录进行补充，难免会遗漏部分细节或重要内容；有的教师在观察记录中容易掺杂个人的主观情感，被“晕轮效应”所影响，即教师对婴幼儿既定的或先入为主的印象会影响其对该婴幼儿其他方面行为的判定，这样就难以客观、真实地反映婴幼儿的行为表现。有教师提到，再次翻看之前的观察记录时却发现，观察记录极为不规范，有的记录了一大堆文字却没有实质内容，有的又寥寥数语，抽象空洞，不知所云。这样的观察记录不仅会成为一堆没有意义的文字堆砌，徒增教师的工作量，更会影响婴幼儿行为观察分析的准确性。

（六）观察分析能力不足，难以科学解释婴幼儿行为

观察分析能力是指教师根据观察记录对婴幼儿行为进行客观评价与判断的能力，这不仅需要丰富的实践经验，更需要专业扎实的理论基础。教师良好分析能力不仅是教师长期专业沉淀和经验积累的结果，更是教师专业智慧的集中体现。很多教师在进行分析时，理论基础知识不够充盈，对婴幼儿年龄发展阶段及身心发展规律了解不够，仅靠已有经验对婴幼儿行为进行粗浅的、表面的分析，带有明显的个人主观色彩，缺乏专业性与科学性；也有教师将《3～6岁儿童学习与发展指南》与《幼儿园教育指导纲要（试行）》作为理论分析的不二法则，认为只要熟背上述文件就“万事大吉”了，在分析时不顾婴幼儿的实际状况，生拉硬扯，一味套用理论；也有教师在分析时偏向于使用“万金油”式的官话与套话，习惯于对婴幼儿的行为表现进行笼统的概括与分析，这样的分析从表面上看并无不妥，实则对婴幼儿的个体发展毫无帮助。

（七）教育策略缺乏针对性，未能对婴幼儿进行有效干预

我们之所以要观察婴幼儿，是因为想知道他们能够做些什么，进而制订出引导他们向前发展的计划。观察不是简单的素材堆积，而是要从众多的数据中发现婴幼儿身心的发展规律，并对问题做出回答，最终促进婴幼儿的进步与发展。因此，婴幼儿行为观察作为教师了解婴幼儿的一种手段或方式，其最终目的并非止于文本呈现，而是要作为一个载体，帮助幼儿教师提出有针对性的教育建议或策略，切实促进婴幼儿成长与进步。不少教师通过观察分析提出的教育策略较为空洞、抽象，流于表面，缺乏针对性与实操性，更多的是只说明做什么，而没有说明如何去做。我们经常看到这样的教育策略：托幼机构应加强培训，提升教师的整体素养；教师应加强对婴幼儿的关注与指导，帮助婴幼儿改正不良生活、卫生习惯；教

师应与家长密切沟通、合作，共同帮助婴幼儿改正不良行为习惯；等等。这些“放之四海而皆准”的教育策略看似并无不妥，但对观察对象本身而言却毫无实质性促进作用。

案例

区域活动时间，3 岁 6 个月的乐乐正在建构区玩积木游戏，进行层层垒高，每当积木垒高到一定程度之后，乐乐就会一把将积木全部推倒，就在积木散落的一瞬间，乐乐会兴奋地一边拍手一边大叫，随后又开始新一轮的垒高，如此反复，乐此不疲。王老师看到这一幕，急忙上前制止：“乐乐，你再这样不爱惜积木玩具，大喊大叫影响其他小朋友，我就请你到旁边休息。”乐乐听后便闷闷不乐地低下头，盯着手里的积木发呆……

在后续分析中王老师这样写道：乐乐很好地掌握了垒高这一技能，但规则意识不强，大喊大叫影响其他婴幼儿，也不懂得爱护玩具，需要加强常规练习。

案例评析：案例中的乐乐正处于空间发展的敏感期，不断垒高、推倒再重垒是婴幼儿建立三维空间的重要过程，也是促进婴幼儿数学心智发展的重要活动。案例中的王老师理论知识较为欠缺，对乐乐的行为观察不够细致，仅靠已有经验对乐乐的行为进行评析，缺乏科学性与严谨性。

二、提高教师观察分析能力的策略

（一）培养观察意识，增强观察主动性

教师对婴幼儿行为观察的认识与理解会影响他们的教育实践，因此教师要科学理解婴幼儿行为观察的真正含义，从思想上予以认可与重视，做有准备、有意识的观察者。一方面，教师要正视自己作为观察者的角色，认同婴幼儿行为观察的重要价值，它不仅是教师不可或缺的一项基本技能，也是对婴幼儿进行科学指导与干预的前提，更是教师进行自我反思，朝研究型教师迈进的重要载体与工具，因此教师需要从思想上转变态度，增强观察的主动性；另一方面，托幼机构应为教师创设良好的观察氛围，鼓励教师对婴幼儿行为进行积极的观察记录与分享，适当减轻教师不必要的教学任务与负担，给予教师更多的时间、空间、精力去观察。此外，托幼机构还可以为教师提供必要的物质保障与专业支持，例如提供照相机、摄像机、录音笔等辅助设备，让教师可以更加便捷、高效地对婴幼儿行为进行观察记录，有条件的托幼机构还可以定期对教师进行有针对性的理论培训与实操培训。

（二）明确观察目的，聚焦观察行为

观察目的是指将要观察什么，完成什么，最终达到怎样的效果。观察目的是观察的全

部意图所在。明确的观察目的可以帮助教师快速聚焦观察行为，减少不必要的工作量，因此教师首先要明确自己观察的目的是什么。观察不仅仅是为了照看婴幼儿的一日生活活动、保障婴幼儿的安全、调节他们之间的矛盾与冲突等，更重要的是要通过观察了解婴幼儿的学习兴趣与需要，发现婴幼儿生活中的困难与不足，并以此为契机与出发点设计活动，来干预、影响婴幼儿，促使他们在原有基础上更加全面和谐地发展。例如，刘老师通过对班级婴幼儿进餐行为的观察发现，班级大部分婴幼儿缺乏节约意识，存在许多浪费食物的现象，因此设计了“节约粮食，从我做起”的主题活动，在班级中每天评比“光盘小达人”，每周评比“光盘之星”，并与家长协商，监督婴幼儿，及时制止其在家浪费食物的行为，一段时间后，班级婴幼儿浪费食物的现象明显减少。

（三）制订观察计划，把握观察系统性

观察目的为观察指出了明确的观察方向，但要想取得满意的观察结果，必然离不开系统、科学的观察计划。教师要做有计划、有准备的观察者，预先制订系统、科学、详细的观察计划。例如观察目标、观察对象（群体、个体）、观察环境（室内、户外）、观察取样（事件取样或时间取样）、观察者的角色（局外观察者、部分参与的观察者、完全参与的观察者）、观察时间与次数、观察记录的方法（文字或表格）、辅助观察工具等，都需要预先进行规划与安排。需要说明的是，虽然在正式观察之前教师制订了系统、详细的观察计划，但在观察过程中也应根据托幼机构的一日生活安排、婴幼儿的身心发展状态或具体事件随机应变、灵活处理。

（四）厘清观察方法的内在联系，选择恰当的观察方法

在婴幼儿行为观察中，根据不同的分类维度与方法，可以将观察分为正式观察与非正式观察，直接观察与间接观察，参与观察与非参与观察，叙述观察、取样观察和评定观察，短期观察、长期观察和定期观察等不同的类别。每种观察方法都有各自的适用范围与优缺点，教师需要根据所要观察事件的性质选择最佳的一种或多种观察方法。例如，需要对婴幼儿的言语、表情、动作进行细致、全面的观察，就需要采用日记法、轶事记录法、实况详录法、样本描述法等描述性的观察方法，为质的分析提供全面、翔实的资料；如需在短时间内获得大量数据，快速了解婴幼儿短时间内的行为表现，对样本数据进行量化处理，行为检核法与等级评定法就更加高效、快捷，一目了然；如需要观察婴幼儿在某个特定时间段内的活动，则需要选择时间取样法，如婴幼儿的进餐行为、婴幼儿过渡环节的行为等；如果不能预估观察事件的发生时间段，则需要选择事件取样法，待事件发生时快速予以记录。

（五）掌握记录要领，进行客观准确的记录

要保证观察记录的科学性与准确性，规范的记录语言必不可少。首先，观察记录中应该包含一些基本信息，包括观察编号、观察对象基本情况（如姓名、性别、年龄、出生日期）、观察目的、观察目标、观察环境、观察时间、观察者等，如需进行“二孩子女”相关研究，还可以备注家庭子女数、家中排行情况等信息，以便观察者日后再次对观察记录进行研究反思；其次，把握记录的重点与要领，利用关键词记录重要信息或选用一些标志、符号代替文字快速记录，事后对相关信息进行补充；再次，记录要及时，在每一次观察活动结束后或活动结束当天对观察事件及时进行记录，避免时间过长遗漏重要细节或信息；最后，记录应客观、全面、实事求是，不带有任何偏见，尽可能全面、客观地记录婴幼儿行为的背景、过程和结果等，对主要观察者的肢体表现、表情、语气、具体话术等细节都要具体描述，像电影回放一样再现观察事件。此外，也可以根据实际需要制作观察记录表格或采用照相机、摄像机、录音笔等现代化工具作为辅助。

（六）夯实理论基础，提升综合分析能力

观察渗透理论指出，我们的任何观察都不是绝对客观的，具有不同知识背景的观察者观察同一事物，会得出不同的观察结果，也就是说，我们在评判或观察一个事件或事物时，总是受到原有经验或理论知识的影响。原有经验与理论知识是教师进行科学观察与分析的前提与基础，这就要求教师加强专业理论知识储备，夯实理论基础，用专业理论知识武装自己。教师需要学习婴幼儿相关的政策法规，例如《3—6岁儿童学习与发展指南》《幼儿园教育指导纲要（试行）》《幼儿园工作规程》《幼儿园教师专业标准（试行）》等，还需要了解经典早期儿童发展理论知识、婴幼儿心理学知识等，例如皮亚杰的认知发展理论、维果斯基的社会文化理论、埃里克森的心理发展理论、加德纳的多元智力理论、马斯洛的需要层次理论等。另外，婴幼儿行为观察的基本理论知识也是必不可少的，例如专业观察与日常观察的区别，婴幼儿行为观察、记录、分析的基本方法等。

（七）制定可行的教育策略，促进婴幼儿的发展

婴幼儿行为观察作为一种手段、媒介与方法，并非观察的最终目的所在，若最终不能支持婴幼儿成长、落实到婴幼儿自身的发展上来，那么观察便毫无意义。因此，教师要合理利用观察资料，制定切实可行的教育策略，充分发挥观察记录的价值。首先，应避免“放之四海而皆准”的官话与套话，根据观察事件的性质与事件本身制定教育策略，具体事件具体对待，体现教育策略的个体化与差异性。例如，同样是尿床问题，5～6岁幼儿与3～4岁幼儿就需要区别对待，应避免在全班幼儿面前呵斥尿床的幼儿，尽量照顾5～6岁幼儿的自尊心。其次，要根据婴幼儿在区域活动、游戏活动、教学活动、生活

活动等多种情境、多个场合中的多次表现综合施策。最后，应制定程序性教育策略。例如，方老师在解决笑笑午睡爱尿床的问题时制定了这样的教育策略：第一步，午饭时尽量不要给笑笑盛太多的汤水；第二步，午睡前提醒笑笑如厕后再上床；第三步，午睡后45分钟叫醒笑笑，再次如厕后入睡。经过以上操作步骤，笑笑爱尿床的问题便得到了有效的解决。

同步练习

1. 简述教师在观察中容易出现的问题。

2. 简述提高婴幼儿观察分析能力的策略。

3. 你准备从哪些方面入手提升自身的综合观察水平？

情景任务探索

观察记录分析

知识拓展

观察渗透理论

主题 2　掌握观察记录师幼互动的技巧

一、师幼互动及其意义

师幼互动是托幼机构教师与婴幼儿之间一种主要的、特殊的人际互动，对婴幼儿的全面发展具有非常重要的作用，在我国许多纲领性文件中都有提到。例如《3—6 岁儿童学习与发展指南》中提出："人际交往和社会适应是幼儿社会学习的主要内容，也是其社会性发展的基本途径"；教师应"主动亲近和关心幼儿……建立亲密的亲子关系和师生关系"。《幼儿园教育指导纲要（试行）》中提出："关注幼儿在活动中的表现和反应，敏感地察觉他们的需要，及时以适当的方式应答，形成合作探究式的师生互动。"

师幼互动是指发生在托幼机构内部的，贯穿于婴幼儿一日生活中的教师与婴幼儿之间相互作用、相互影响的行为和过程。它是婴幼儿教育过程得以实现的充要条件，既影响着婴幼儿的发展，又标识着外显的教育手段和教育结果、内隐的教师的儿童观和教师观。

案例评析：师幼互动

师幼互动行为全面存在于婴幼儿生活的各个环节，属于婴幼儿人际交往发展的核心内容，是促进婴幼儿顺利健康成长和发展的重要因素，也是托幼机构各项教养目标得以实现的技术保证。师幼互动不仅影响婴幼儿知识获得的数量与质量，也会潜移默化地影响婴幼儿对自己、对事物的认知，从而进一步影响与塑造他们的世界观与价值观。高质量的师幼互动是教育、教学活动顺利开展的保障，是托幼机构课程的核心，倘若没有自然、良好的师幼互动，再好的活动设计、再好的图书、再好的游戏都不能发挥其应有的作用。师幼互动不仅与教师自身的教育经历、教育观念、教育期望等因素相关，也与婴幼儿自身的气质类型、性格特点、个人能力等因素相关联，当然也受托幼机构文化制度、评价制度、班额量、师生比等客观因素的影响。目前，我国托幼机构的师幼互动多呈现为非对称相倚性互动，即教师多为互动的发起者与组织者，婴幼儿根据教师的计划调整自己的行为；师幼互动以事务性内容为主，多是为了传递固有知能、维护班级秩序，情感交流相对较少；师幼互动多展现出积极的、正向的教育功能。

二、不同情境中的师幼互动

（一）集体活动中的师幼互动

集体活动是托幼机构中常见的一种教学组织形式，在集体活动中，教师与婴幼儿的互动是一种一对多的互动对应关系，教师作为活动的主体，掌控着整个活动的方向与节奏，教师必须同时面向全体婴幼儿，并对他们不同的行为做出不同的反馈与回应。同时，婴幼儿作为集体中的一员，必须学会倾听与尊重，适当控制自己的言行举止，学会与其他婴幼儿共享一位教师，并在同一时间段内与其他婴幼儿保持大体相同的节奏，这对年纪尚小的婴幼儿来说是极大的考验与挑战，同样也非常考验教师的教学机智。

集体活动中的师幼互动具有明显的“非对称性”，教师多为活动的发起者与主导者，而婴幼儿多为活动的回应者，强调服从与遵守规则，他们往往处于较为被动的状态，很少有主动表达的机会。集体活动中的师幼互动多表现为积极的、正向的情感交流，教师为完成教学任务，多扮演纪律维持者的角色，他们往往会主动忽视一些与课堂无关的行为，以保证教学活动的高效、有序展开。

集体活动中的师幼互动多具有教育性与目的性，教师以活动目标为导向，以活动内容为中介，与婴幼儿进行积极的、有意义的对话与探索，使婴幼儿按照预设的路线有序前进，以便完成活动目标。例如在集体活动中，教师发现了影响活动纪律的婴幼儿，会用语言、眼神、手势等进行提醒或警告；当发现婴幼儿的回答已经严重偏离教师的提问时，教师会通过多种方式巧妙引导，使其不至于偏离活动太远。在集体活动中，以婴幼儿为主体发起的互动主题有主动展示、寻求指导与帮助、告状、请求、告白、发表个人见解、表述情况、询问等，其中婴幼儿主动展示作品、寻求指导与帮助等互动主题较为常见。以教师为主体发起的互动主题有提问、纪律约束、评价、请婴幼儿展示、指导与帮助、询问、提醒与要求、请婴幼儿帮忙、情绪安抚等，其中提问、纪律约束、评价等互动主题较为常见，而情绪安抚的互动主题在集体活动中则出现较少。在集体活动中，教师始终主导着活动的方向，但也不可避免地存在一些问题。例如：重教师的话语权，轻师幼平等的对话；重知识传授与纪律维护，轻婴幼儿能力发展及情感交流；重活跃的“中心人”，轻沉默的“边缘人”。

（二）区域活动中的师幼互动

区域活动是指教育者以婴幼儿感兴趣的活动材料和活动类型为依据，将室内外空间相对划分为不同区域，让他们自主选择活动区域，通过与材料、环境、同伴的充分互动获得学习与发展，以自由性、自主性、指导的间接性和个性化为基本特征。与集体活动相比，区域活动多以小组活动为主，婴幼儿拥有更多的游戏自主权，他们可以在一定程度上自由选择区域，自主确定游戏主题，自主选择游戏伙伴等，因而更能满足他们个性发展的需要。在区域活动中，教师与婴幼儿的互动多以师组互动或师个互动为主，教师与婴幼儿均可作为互动的施动者与发起者，教师与婴幼儿之间没有明显的“倾斜关系”。

在区域活动中，师幼互动多表现为积极的、正向的情绪情感交流。教师作为施动者发起的互动主题主要有指导活动、让婴幼儿做事、约束纪律、共同游戏、询问、帮助婴幼儿、示范、提问、表达情感等。婴幼儿作为施动者发起的互动主题主要有寻求指导与帮助、引起关注、告状、询问、陈述情况、发表见解、帮助老师做事、共同游戏、寻求安慰等，其中寻求指导与帮助、引起关注、询问、陈述情况较为常见，而发表见解、帮助老师做事、共同游戏、寻求安慰发生的次数都较少，一般情况下，婴幼儿只有在活动遇到瓶颈时或是在难度比较大的操作中，才会向教师发起求助。婴幼儿对教师发起的互动具有较高的敏感性，而教师对婴幼儿发起的互动常常处于低敏感状态，存在肤浅回应或者消极回应，甚至忽略的现象。

（三）生活活动中的师幼互动

生活活动是婴幼儿一日生活的重要组成部分，主要包括盥洗、饮水、进餐、如厕、散步、午睡、离园等常规活动，托幼机构的生活活动虽然琐碎、繁杂、细致，但却在婴幼儿一日生活中占有重要比重，也表现出了托幼机构生活教育的重要特点。生活活动是保障婴幼儿生命安全、维持身体健康的前提，是帮助婴幼儿形成良好的生活、卫生习惯的重要环节，同时也是教师与婴幼儿建立情感连接，形成亲密、良好师幼关系的重要纽带，具有十分重要的教育意义。

生活活动中教师发起的师幼互动的类型主要有询问型（如还有没有小朋友上厕所）、安慰型（如周周今天最乖了，都没有哭）、指令型（如必须把水壶里的水喝完）、点名型（如天天、佑佑，请回座位）、恐吓型（如如果再不睡觉就送到隔壁班去学习）等，其中指令型、点名型、询问型在生活活动中出现频率较高，安慰型出现频率较小且多发生在小班与托班；婴幼儿发起的互动类型有询问型（如我现在可以上厕所吗）、请求型（如请你帮我拉拉链）、告状型（如欢欢打到我胳膊了）等，在婴幼儿发起的互动类型中，无论哪个年龄段都以告状为主，其次是请求，最后是询问。同集体活动与区域活动一样，在生活活动中，教师也是活动的主要发起者，占据主动地位，婴幼儿则略显被动，需要服从教师安排，有序进行各类活动。同样的，在生活活动中，教师也容易存在一些忽视婴幼儿的实际需求，重纪律、轻感情，重中心人、轻边缘人，对婴幼儿的回应不到位、不够积极、冷漠或中性等问题。

案例

爱的抱抱

“早上好呀，君君！”张老师一边跟小朋友打招呼，一边做晨检工作。

“快跟张老师打招呼，说早上好呀，这孩子……”妈妈见状急忙提醒道。

“没关系，来，张大嘴巴，我们先检查下嘴巴，啊……好，小手伸出来，让老师看下手……嗯，君君真乖，但以后来幼儿园要记得主动跟老师打招呼，做一名有礼貌的小朋友哦！”

君君还是默默地盯着张老师没有说话，一旁的妈妈着急地说道：“这孩子在家里说得可好了，出了门就不爱说话，快，跟老师打招呼，说早上好！”

看到君君依旧没有说话，张老师灵机一动：“嗯，没事的，君君，我们慢慢来，那今天就跟老师抱一抱，我们用抱抱来打招呼好不好？”

君君一边点头一边伸出小手轻轻地抱了抱张老师，然后开心地走进了教室。从此，这也成了君君跟张老师独特的打招呼方式。

案例评析：入园环节是幼儿一日美好生活的开始，针对君君内向、不爱说话的情况，张老师并没有操之过急，没有对君君进行批评说教，而是换了一种独特的“抱一抱”的互动方式，使君君开开心心地入园，为君君一日活动的开展奠定了良好的情绪基础。

同步练习

1. 集体活动中的师幼互动的特点有哪些？

2. 区域活动中常见的师幼互动主题有哪些？

3. 请你设计一份生活活动中的师幼互动观察表。

情景任务探索

师幼互动任务

知识拓展

CALSS 评估系统

主题 3　关注婴幼儿行为的细节

早在多年前，我国著名教育家陶行知就提出了“生活即教育”的理论。的确，一日生活皆教育，在托幼机构中，生活活动占据了婴幼儿一日生活的相当比例，是婴幼儿一日生活中最重要的组成部分，是婴幼儿学习的重要途径。生活活动虽然琐碎而重复，但却是婴幼儿生活中最基本、最不可或缺的环节，它能够满足婴幼儿最基本、最强烈的生理需求，为其他活动的有序开展提供最基础的保障。不仅如此，生活活动更是婴幼儿生活、行为习惯养成的重要途径，蕴藏了许多教育契机，需要教师悉心引导与发现。

一、一日生活中的细节

（一）进餐活动

进餐活动是婴幼儿一日生活中非常重要的环节，为婴幼儿的身心发展提供了最基本的物质保障。进餐活动一般包括三餐两点或三餐一点，包括早、中、午饭以及早点与午点，每个托幼机构根据实际情况会有所调整。进餐活动不仅是婴幼儿生活中的重要环节，也包含着重要的教育契机，例如进餐的规则、进餐的礼仪、食物的营养与均衡等。在婴幼儿进餐活动中，教师应关注的细节详见表 9－1。

表 9－1 教师应关注的婴幼儿进餐活动细节

关注事项	活动细节	
进餐环境	进餐地点	教室、自助餐厅、走廊、其他
	进餐环境	安静的、喧闹的、有序的、杂乱的
	食物发放者	教师、婴幼儿
	食物分量	充足、适量、欠缺
	取餐路线	固定、随机
婴幼儿对进餐环境的态度	走向餐桌时的情绪	害怕、热切、积极、胆怯
	对待食物的态度	接受、期盼、挑剔、抗拒
	进餐时的表情	严肃、轻松
婴幼儿的食量	食量多少	非常少、比较多、两份、很多肉、不吃蔬菜、总是吃不够
婴幼儿对进餐的态度	餐具使用	是否使用餐具
		使用餐具的方法
	如何对待食物	手抓食物、边吃边玩、扔食物、攒食物
	进食是否有条理	进食很有条理
		将食物弄得乱七八糟
	能否坚持到最后	坚持到最后
		中途离开
进餐中是否与他人交流	从不交流	/
	交流	有无固定或特殊的交流对象
		交流的频率
		交流的对象
		交流的内容
		交流时的情绪
		能否兼顾交流与进餐
婴幼儿对食物的兴趣	喜欢/讨厌的食物	特别喜欢哪种食物
		特别讨厌哪种食物
	对食物的评论	味道
		形状
		气味
进餐的过程	进餐的程序	先汤后饭
		先饭后汤
	婴幼儿的表现	婴幼儿做了什么，说了什么
进餐后的行为	如何离开座位	热切地说话、噘着嘴、不声不响流着泪、轻松推椅子、敲着桌子
	随后做了什么	绕着桌子跑、站着说话、站着等候老师、拿书或玩具、上厕所、帮忙整理餐桌、查看碗中是否还有食物

（二）盥洗活动

托幼机构的盥洗活动也是婴幼儿一日生活的重要内容，主要包括洗手、洗脸、漱口、梳头等活动，饭前饭后、便后、喝水前、运动后、吃水果前……因此，盥洗活动是保障婴幼儿身体健康的第一道防线，养成和习得良好的盥洗习惯也就显得尤为重要。在盥洗活动中，教师应关注的细节详见表 9－2。

表 9－2　教师应关注的婴幼儿盥洗活动细节

关注事项	活动细节	
盥洗的意识	主动	餐前饭后自觉洗手、饭后主动漱口
	被动	教师提醒去洗手、漱口
		在教师命令下去洗手、漱口
盥洗时的秩序	有序	自觉排队
	无序	随意站队、中途插队、推搡、打闹
盥洗时的态度	认真	按照“七步洗手法”洗手
	随意、敷衍	随手一冲
		玩水、玩肥皂
盥洗时有无节水意识	节约用水	水量适中、随手关水龙头
	浪费水	水量过大、洗漱完未关紧水龙头、洗漱完忘记关水龙头

（三）如厕活动

在婴幼儿一日生活中，如厕与盥洗一样，是婴幼儿每天必不可少的重要活动，需要重复多次，看似不起眼的如厕活动同样具有自身的价值与作用，它能够满足婴幼儿最基本的生理需求，帮助婴幼儿获得生理愉悦，同时也是培养婴幼儿良好生活卫生习惯的重要活动，发展正常的婴幼儿都能够控制自己的大小便，按需解决自己的生理需求。在婴幼儿如厕环节，教师应关注的细节详见表 9－3。

表 9－3　教师应关注的婴幼儿如厕活动细节

关注事项	活动细节	
刺激因素	自身需求	自身生理需求
	外界刺激	模仿别人、群体活动、老师要求、尿湿裤子
婴幼儿的反应	接受	高高兴兴、轻松愉快、心不在焉、急促
	拒绝	有明显需求，但却拒绝上托幼机构的马桶、不愿与大家一起上厕所
婴幼儿是否有紧张或恐惧的现象	无	/
	有	哭泣、抓住生殖器、身体僵硬
婴幼儿的兴趣	兴趣的高低	兴趣高、兴趣低

续表

关注事项	活动细节	
婴幼儿的如厕过程	如厕状态	轻松、严肃
婴幼儿是否能够自理	自理程度	利落、笨拙、快速、缓慢
婴幼儿如厕的方式	如厕态度	特别随意、过分遮掩、过度暴露
	性别差异	表现出性别差异的意识、对性别差异或相似表现出兴趣
	互动情况	口头交流、具体的互动活动
	性知识	口头或行动显示异常的性知识

(四)睡眠活动

午睡是托幼机构生活活动的重要组成部分，是帮助婴幼儿补充睡眠，消除疲劳，促进生长发育，更好地进行游戏、学习、生活活动的重要环节。婴幼儿的睡眠质量直接影响着他们的身体健康、生长发育与学习状况。不仅如此，婴幼儿在午睡前后还需要穿脱、整理衣帽，这不仅能发展他们的精细动作，还能锻炼他们的自我服务意识，增强他们独立生活的能力。在睡眠活动中，教师应关注的细节详见表 9-4。

表 9-4　教师应关注的婴幼儿睡眠活动细节

关注事项	活动细节	
睡眠环境	睡眠地点	活动室、专门午睡室、走廊、其他
	光线	明亮刺眼、舒适柔和
	温度	室温
		空调、风扇等外力调节
	睡前事件	音乐
		多媒体播放的故事、儿歌
		教师自备故事
午睡前的检查	婴幼儿身体状况	正常、发热、出汗
	是否携带异物	无
		口袋中有细小物品，携带剪刀、滚珠等危险物品
婴幼儿如何入睡	主动	规定时间内主动躺下
	被动	教师强制、命令婴幼儿入睡
婴幼儿的反应	接受	平静、欣然接受
	抵制	说话、不回应、经常要求上厕所、经常要求喝水
	拒绝	哭泣、绕着屋子跑、跑到屋外、中途离开
是否需要成人的特别照应	不需要	/
	需要	拍抚、靠近坐、带到其他房间

续表

关注事项	活动细节	
婴幼儿休息时的表现	安静入睡	安静、平缓入睡
	紧张，难以入睡	抚慰性的动作、吸吮手指、拉耳朵等
		对其他婴幼儿有性意识的动作
		寄托于其他对象：娃娃、手帕、动物、毯子、枕头、尿布、其他
		经常找借口离开小床
婴幼儿表现出需要休息的迹象	疲倦的迹象	打哈欠、红眼睛、心情不愉快、经常跌倒
	把玩物件	书、娃娃、衣角、被角
婴幼儿对群体的反应如何	躁动与不安	大喊大叫、大声唱歌、乱跑、小跑步、吵别人、跟邻床交谈等
	察知其他婴幼儿的需求	轻声低语、悄声走路
午睡如何结束	唤醒婴幼儿的方式	轻音乐、闹钟、教师语言唤醒
	婴幼儿如何醒来	笑着、说着、啜泣着、哭着、疲累着、清醒着
	婴幼儿醒来时做什么	安静地躺着、叫老师、冲向厕所、开始玩

（五）过渡环节

过渡环节是指两个活动的中间环节，是一日生活中最容易发生混乱同时也最能体现教师的教育智慧的环节，它是联系婴幼儿生活活动、学习活动、游戏活动的纽带，具有转换和承上启下的作用。过渡环节虽然时间短暂、零散，但仍具有独特的教育价值，合理的过渡活动能够使各个环节衔接更自然、更顺畅，使婴幼儿生活更有秩序，更具安全感。在过渡环节，教师应注意的细节详见表 9－5。

表 9－5　教师应注意的过渡环节细节

关注事项	细节	
过渡环节如何开始	过渡环节开始的标志	无明显标志
		固定的时间、地点
	教师如何提醒婴幼儿开始过渡环节	突然地、平缓地、教师提醒还有几分钟就会开始
过渡环节的活动内容	不变	持续一致、固定不变
	有所变化	根据临时状况有所调整
过渡环节开始后，婴幼儿做了什么	从容、有序	婴幼儿知道下一步该怎么办
	无所适从	表现得急不可耐、犹豫不定、困惑、抵制、失控、想哭、漫不经心
能否按照要求完成任务	能	主动完成过渡环节任务
	不能	中途游戏、做其他事情、在教师再次要求下完成

案例

请小朋友们安静、有序地上厕所

晨间谈话活动结束后，实习生贾老师正在组织婴幼儿进行如厕活动。

“好，现在请小朋友全部都去上厕所，然后搬椅子回座位。”小朋友们听后立刻涌入了卫生间，狭小的卫生间瞬间被堵得水泄不通，不一会儿就传出了小朋友频频的告状声，“老师，有人插队”“老师，有人挤我”“老师，他打到我了”……贾老师见状赶忙上前制止，却发现早已控制不住场面，赶紧求助于班主任崔老师。

崔老师见状立马组织所有小朋友停止如厕，快速回到自己的座位上，并给贾老师亲自示范如何组织婴幼儿安静、有序地上厕所。“小朋友们，晨间谈话活动已经结束了，接下来要进行时间较长的教学活动，但是，在教学活动前需要小朋友们都去上厕所，然后再搬椅子回座位。上厕所前呢我要提几点小小的要求：第一，卫生间地方比较小，要安静、有序、排队上厕所；第二，卫生间地板很硬、很滑，请小朋友一定小心脚下，更不要在里面推搡、打闹；第三，卫生间的气味可能不太好闻，小朋友们一定不要在里面聊天，上完厕所就快速回到活动室。小朋友们，听清楚我的要求了吗？好，那从现在开始，谁的坐姿最漂亮，我就请谁去上厕所，被摸到头的小朋友就去。”

此时此刻，被摸到头的小朋友安静、有序地上厕所，没有被摸到头的小朋友端坐等待，教室里又恢复了秩序。

案例分析：过渡环节看似简单，实则最容易发生混乱，最能体现教师的教育机智，一个小小的上厕所的过渡环节，也需要教师精心设计与安排。实习生贾老师在组织幼儿上厕所时，让全部幼儿都去上厕所，结果导致全班幼儿涌入厕所，最后难以收场。而有经验的崔老师则不然，在组织幼儿上厕所前说明事情原委，讲清纪律与规则，组织幼儿安静、有序地上厕所，从而使过渡环节秩序井然。

二、社交活动中的细节

婴幼儿期是一个人社会性发展的关键时期，《3—6 岁儿童学习与发展指南》明确指出：“人际交往和社会适应是幼儿社会学习的主要内容，也是其社会性发展的基本途径。”婴幼儿只有在与成人和同伴的友好交往中，才能获得安全感和信任感，发展自尊和自信，遵守规则，形成积极的情感，塑造健全的人格。婴幼儿社会交往是婴幼儿与周围人们相互交流信息、沟通情感、协同活动的一种交际活动过程，主要包括交往态度、交往技能和策略、建立良好同伴关系、积极友好的交往行为等几个方面。在婴幼儿社交活动中，教师应关注的细节详见表 9－6。

表 9－6　教师应关注的婴幼儿社交活动细节

关注事项	活动细节	
交往意愿与态度	主动	主动与其他婴幼儿打招呼、积极参与小组游戏与集体活动
	被动	在其他婴幼儿邀请下被动交往、游戏
		在成人或教师的命令、要求下进行交往
		拒绝交往或参加游戏、集体活动
交往策略与技巧	主动邀请	有明确的指向对象、无明确的指向对象
		物质诱惑、向同伴展示某一玩具的新玩法以吸引同伴的注意力
	合作	与他人共同完成某件事情、担任主要角色
	联合	附和他人的提议与说法、与他人做一样的事情
	攻击	言语攻击、身体攻击、威胁、破坏他人正在进行的游戏、破坏他人游戏成果、抢他人玩具
遇到问题冲突如何解决	态度	接受与理解、反对与拒绝
	语言	平和沟通、激烈争吵、沉默不语
	行为	沉默走开、肢体冲突

三、游戏活动中的细节

《幼儿园工作规程》指出，幼儿园要“以游戏为基本活动”“应当将游戏作为对幼儿进行全面发展教育的重要形式”。游戏是婴幼儿基本的活动状态，是婴幼儿学习的基本途径，最符合婴幼儿的年龄特点。婴幼儿喜欢游戏，在游戏活动中婴幼儿的主动性、积极性、创造性都能较好地发挥，婴幼儿的认知、情感、个性、社会性、身体等各方面都能得到更加全面的发展。托幼机构中常见的游戏有区域游戏、规则游戏、创造性游戏等。

（一）区域游戏

区域游戏是指婴幼儿按自己的兴趣和意愿在教师提前设置的各个区角（角色扮演区、建构区、图书区、益智区等）内进行的一种游戏活动。在区域游戏中，婴幼儿能够自由选择区域、自主确定游戏主题、自由选择游戏伙伴等，拥有较大的游戏自主权，这不仅能够激发婴幼儿的游戏热情与积极性，还能满足婴幼儿的多方面需求，对婴幼儿语言交流、社会交往、情绪情感、动手能力等多方面发展都具有积极作用。区域游戏一般包括准备、区域选择、自主活动、整理收拾、交流分享等几个环节。在区域游戏中，教师应注意的细节详见表 9－7。

表 9－7　教师应注意的婴幼儿区域游戏细节

环节	游戏细节	
准备环节	物质准备	材料齐全、数量充足
	经验准备	了解区域的划分、区域的规则、游戏的基本玩法
区域选择环节	选择方式	自主选择、教师指派、抽签决定
自主活动环节	婴幼儿要求	请求教师帮助解决困难、邀请教师加入游戏
	教师介入	教师扮演的角色（合作者、引导者、支持者、纪律维持者、安全守护者）
		介入方式（平行式、交叉式、垂直式）、介入情感（正性、中性、负性）、介入结果（有效、无效、负效）
整理收拾环节	区域游戏结束标志	固定时间点结束、教师语言提醒、播放轻音乐结束
	区域收拾与整理	胡乱丢弃、直接离开
		婴幼儿分工合作、几名婴幼儿主动收拾、教师指派几名婴幼儿共同收拾
交流分享环节	交流的方式	反映式、交往式、情感式、创造式、参与式
	交流的内容	过程、结果、情绪、交往、问题、建议

（二）规则游戏

规则游戏是教师根据一定的教育教学目的及孩子的兴趣、需要，以各种互动方式、实物、情节为主要手段，在与孩子们共同商讨制定规则的基础上产生的寓教于乐的游戏活动。遵守游戏规则是这类游戏得以良好开展的前提与基础。规则游戏不仅可以锻炼婴幼儿的规则意识，还能激发婴幼儿对规则的探索欲望与竞争意识。一般而言，规则游戏可以分为体育游戏、音乐游戏、益智游戏，《老鹰捉小鸡》《小兔和狼》《飞行棋》等都是常见的规则游戏。在规则游戏中，教师应关注的细节详见表 9－8。

表 9－8　教师应关注的婴幼儿规则游戏细节

环节	游戏细节	
准备环节	物质准备	材料齐全、数量充足
	经验准备	了解游戏的规则与玩法
导入环节	如何开始	直接导入，故事、图片、游戏导入
主体环节	教师	教师对于规则与玩法的讲解是否清晰
		教师扮演的角色（合作者、引导者、支持者、纪律维持者、安全守护者）
		介入方式（平行式、交叉式、垂直式）、介入情感（正性、中性、负性）、介入结果（有效、无效、负效）
	婴幼儿	是否理解游戏的规则与玩法
		是否能够很好地遵守游戏规则
		获得胜利运用的游戏策略

续表

环节	游戏细节	
结束环节	结束的标志	固定时间点结束、教师语言提醒、播放轻音乐结束
交流分享环节	交流的方式	反映式、交往式、情感式、创造式、参与式
	交流的内容	过程、结果、情绪、遵守规则、问题、建议

（三）创造性游戏

创造性游戏是婴幼儿根据自己的生活经验，以想象为中心，主动地、创造性地反映周围现实生活的游戏。在创造性游戏中，婴幼儿完全可以按照自己的需要、兴趣和意愿来进行游戏，不受外显规则的约束，因而能够最大限度地满足婴幼儿的胜任感与愉悦感。创造性游戏多具有自主性、假想性、多样性、内隐性、社会性等特点，一般包括角色游戏、结构游戏、表演游戏等三种，可以分为准备、导入、主体、结束、交流分享等环节。在创造性游戏中，教师需要关注的细节详见表 9－9。

案例评析：创造性游戏

表 9－9　婴幼儿创造性游戏细节

环节	游戏细节	
准备环节	物质准备	材料齐全、数量充足、游戏场地与空间适宜
	经验准备	婴幼儿前期生活相关经验是否足以支撑游戏的开展
导入环节	如何开始	直接导入，谈话、故事、图片、游戏导入，其他
主体环节	游戏主题（角色）选择	教师分配、师幼协商、自主选择
	游戏互动	社会互动、情感发展、语言沟通
	持续时间	少于 2 分钟、2～5 分钟、5～10 分钟、10～15 分钟、15 分钟以上
	教师介入	教师扮演的角色（合作者、引导者、支持者、纪律维持者、安全守护者）
		介入方式（平行式、交叉式、垂直式）、介入情感（正性、中性、负性）、介入结果（有效、无效、负效）
结束环节	结束的标志	固定时间点结束、教师语言提示、播放轻音乐结束
	收拾与整理	胡乱丢弃、直接离开
		婴幼儿分工合作、几名婴幼儿主动收拾、教师指派几名婴幼儿收拾
交流分享环节	交流的方式	反映式、交往式、情感式、创造式、参与式
	交流的内容	主题、过程、结果、情绪、问题、建议

同步练习

1. 在婴幼儿午睡活动中，教师需要关注的细节有哪些？

2. 婴幼儿社交活动中常见的交往策略有哪些？

3. 在婴幼儿规则游戏中，教师应关注的细节有哪些？

情景任务探索

儿童社交活动观察

知识拓展

如厕故事：小猪拉臭臭

学习评价与反思

学习情况评价表

姓名：________　　　　　　　　　　　　　　　　　　　　学号：________

评价项目		评价标准	状态水平描述		
			自我评价	小组评价	教师评价
学习内容评价	教师的自我观察	是否了解教师在观察中容易出现的问题			
		是否掌握提高教师观察分析能力的策略			
	掌握观察记录师幼互动的技巧	是否了解不同情境中师幼互动的特点			
		能否对不同情境中的师幼互动行为进行科学观察和分析			
	关注婴幼儿行为的细节	是否掌握婴幼儿一日活动中的观察细节			
		是否掌握婴幼儿社交活动中的观察细节			
		是否掌握婴幼儿游戏活动中的观察细节			
学习表现评价	学习能力	能否正确运用教材中的观察记录表进行观察记录			
		能否独立设计一份婴幼儿行为观察计划			
		能否结合本模块知识点对托幼机构教育实践进行反思			
		能否主动查阅相关专业书籍进行拓展阅读			
	学习态度	是否认真听讲本模块的知识点			
		是否在课堂上积极参与到小组讨论当中			
		是否认真完成本模块的同步练习			
		对于本模块的困惑是否有请教了同学或者老师			
综合评价	自我评价： 小组评价： 教师评价：				

任课教师：________　　　　　　　　　　　　　　　　　　评价日期：________

参考文献

［1］李季湄，冯晓霞.《3—6 岁儿童学习与发展指南》解读［M］. 北京：人民教育出版社，2013.

［2］秦元东，王春燕. 幼儿园区域活动新论：一种生态学的视角［M］. 北京：北京师范大学出版社，2008.

［3］蔡春美，洪福财，邱琼慧，等. 幼儿行为观察与记录［M］. 2 版. 上海：华东师范大学出版社，2020.

［4］侯素雯，林建华. 幼儿行为观察与指导这样做［M］. 2 版. 上海：华东师范大学出版社，2019.

［5］杨枫. 学前儿童游戏［M］. 北京：高等教育出版社，2019.

［6］钱文. 0～3 岁儿童社会性发展与教育［M］. 上海：华东师范大学出版社，2014.

［7］文颐. 0～3 岁婴幼儿保育与教育［M］. 北京：高等教育出版社，2016.

［8］施燕，章丽. 幼儿行为观察与记录［M］. 2 版. 上海：华东师范大学出版社，2021.

［9］宋文霞，王翠霞. 幼儿园一日生活环节的组织策略［M］. 北京：中国轻二业出版社，2012.

［10］刘晶波. 学前教育研究方法［M］. 北京：人民教育出版社，2014.

［11］李晓巍. 幼儿行为观察与分析［M］. 北京：中国人民大学出版社，2019.

［12］范明丽，朱学英. 幼儿游戏与指导［M］. 2 版. 北京：北京师范大学出版社，2021.

［13］沃伦 · R. 本特森. 观察儿童：儿童行为观察记录指南［M］. 2 版. 于开莲，王银玲，译. 北京：人民教育出版社，2016.

［14］王晓芬. 幼儿行为观察与分析［M］. 上海：复旦大学出版社，2019.

［15］董旭花，韩冰川，刘霞，等. 幼儿园自主游戏观察与记录：从游戏故事中发现儿童［M］. 北京：中国轻工业出版社，2015.

［16］罗秋英. 儿童行为观察与指导［M］. 上海：复旦大学出版社，2018.

［17］周念丽. 0～3岁婴幼儿观察与评估［M］. 上海：华东师范大学出版社，2021.

［18］周欣. 托幼机构教育质量的内涵及其对儿童发展的影响［J］. 学前教育研究，2003（Z1）.

［19］虞永平. 幼儿园课程发展与教师成长［J］. 学前教育研究，2007（12）.

［20］高宏钰，霍力岩. 幼儿园教师观察能力的理论意蕴与提升路径：基于“观察渗透理论”的思考［J］. 学前教育研究，2021（05）.

［21］刘昆. 幼儿园教师的儿童行为观察与支持素养的提升研究：以2～5年教龄的适应期教师为例［D］. 上海：华东师范大学，2018.

图书在版编目（CIP）数据

婴幼儿行为观察与指导 / 艾桃桃，李玥婧，张文军主编. -- 北京 : 中国人民大学出版社，2022.6
新编 21 世纪职业教育精品教材
ISBN 978-7-300-30684-1

Ⅰ. ①婴… Ⅱ. ①艾… ②李… ③张… Ⅲ. ①婴幼儿－行为分析－职业教育－教材 Ⅳ. ① B844.11

中国版本图书馆 CIP 数据核字（2022）第 095911 号

新编 21 世纪职业教育精品教材
婴幼儿照护类专业系列教材
婴幼儿行为观察与指导
主　编　艾桃桃　李玥婧　张文军
副主编　田园园　付红珍　宋木子　陆　瑶　陆丽冕
参　编　秦国梅　周亚云　潘　云　冼心媛　覃小珊　张　筠　李　维　唐　媚
Yingyou'er Xingwei Guancha yu Zhidao

出版发行	中国人民大学出版社		
社　址	北京中关村大街 31 号	**邮政编码**	100080
电　话	010－62511242（总编室）		010－62511770（质管部）
	010－82501766（邮购部）		010－62514148（门市部）
	010－62515195（发行公司）		010－62515275（盗版举报）
网　址	http://www.crup.com.cn		
经　销	新华书店		
印　刷	天津鑫丰华印务有限公司		
规　格	185 mm × 260 mm　16 开本	**版　次**	2022 年 6 月第 1 版
印　张	17	**印　次**	2023 年 11 月第 3 次印刷
字　数	363 000	**定　价**	45.00 元